演習で理解する

基礎物理学

―電磁気学―

御法川幸雄
新居　毅人 [著]

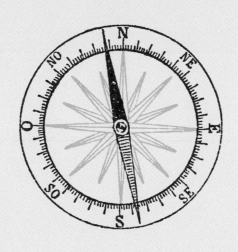

共立出版

はじめに

　本書は，『演習で理解する基礎物理学–力学–』の続編として，理工系学部学生の基礎課程における電磁気学の教科書として編まれたものです．電磁気学は力学と並んで物理学の基礎をなす重要な柱となる分野のひとつです．

　しかし，電磁気学は力学に比べるとその内容が多方面にわたり，難解であるといわれています．力学は対象となる現象は直接，目に見える物体の運動を扱うため，日常的な感覚でとらえやすく，物理法則も比較的シンプルで全体像がイメージしやすいが，電磁気学の対象となる現象は目に見えても，その本質がすっきりしない上，物理法則も多岐にわたるため，全体像がイメージしにくいことに原因があるものと思われます．

　その理由として考えられるのは，基本的には力学はミクロからマクロ領域まで，質量が関与する物理学で，質量の織りなす物理法則も比較的単純で，日常的な感覚で捕らえやすいが，電磁気学はミクロの電荷の作る電場と，電荷の運動，すなわち電流の作る磁場が関与する物理学で，これらが織りなす物理法則は，複雑さを増し日常的な感覚を超えていることにありそうです．

　このような観点から，第0章では，摩擦電気と磁石に始まる電気と磁気の正体が電荷とその運動にあり，やがて主役として登場する電場と磁場といった場の概念の導入により，電磁気学へと飛躍的に発展していく歴史的過程を丹念にたどることにより，力学と同様に感覚的に親しみを覚え，なるほどと納得して使える物理，応用できる物理にしていくことを目指します．

　この目標を達成するため，本書は次のような編集方針で執筆しました．

(1)　章立ては，高校の教科書と同様，電磁気の歴史に沿う流れ（静電気—電流—電流と磁場—電磁誘導—電磁波）にする．

(2)　重要な概念と法則は高校教科書程度の平易な表現で説明してあり，式の導出も詳しく行なう．

(3)　ややレベルが高いが，専門の電磁気学では重要になる事項は「発展」欄に掲げ，次のステップにつなげる役割をもたす．

(4)　図を多用し，法則や式の持っている意味が視覚的にも理解できるように工夫する．

(5)　物理法則とその使い方の理解を容易にするために，例題と演習を豊富に入れ詳解する．例題は本文に記述した内容の確実な理解を助けるために設ける．演習問題は物理法則を，具体的に使いこなせる力をつけるため，応用的テーマも取り上げる．

(6)　物理法則の定式化で必要となる数学は，高校で習う微積分やベクトルのレベルを念頭においてやさしく説明し，大学の基礎数学で習う事項は付録に掲げ，力学編の付録とあわせて活用す

れば，他書を参考することなく理解できるよう工夫する．

　本書を力学編と合わせて読むことにより，この宇宙の中で，主役を演じる質量と電荷とは性質は異なるが，非常に似たはたらきがあることに気がつけばしめたものです．質量があると，その周りの空間をゆがめて重力場をつくり出す．同様に，電荷があると電場をつくり，電荷が運動すると磁場をつくり出す．さらにミクロのレベルでは電荷による電気力が万有引用に比べて圧倒的に大きいが，マクロな宇宙レベルでは逆に万有引力が電気力に打ち勝つ，なぜでしょう．電荷は質量と異なり正負の2種類あることに原因があるのです．このように一見力学と電磁気学は関係がなさそうですが，自然の奥深いところで互いに関連しあっていることが見てとれます．将来，質量と電荷のブラックホールやダークマター（暗黒物質）との関係が解明され，質量星に対応した電荷星が発見されるかもしれません．

　理工系学部の学生のみなさんに対して，電磁気学の基礎について十分な知識を与えるとともに，専門分野の橋渡しに役立つことが現下の目的ですが，長期的には，宇宙の始まりであるビッグバンから宇宙の終わりであるビッグクランチまで質量と電荷がどう関わっていくのか，質量と電荷の他に第3の場を作る物理量はないのかなど，宇宙の本質に迫るヒントを与えることができれば，こんなすばらしいことはありません．

　さあ，はじめはバラバラだったいろいろな法則が最後にマクスウエルの方程式に鮮やかにまとめられて，電磁波が発生するフィナーレを迎えるストーリーを堪能しましょう．

　最後に，本書の執筆にあたり，"わかりやすい電磁気学"を常日頃要望され，この目標達成のため，長い執筆時間を与えてくださった共立出版の寿日出男氏と本書の出版にあたってお世話になった共立出版の中川暢子氏に深く感謝いたします．

　　2016 年 10 月

御法川幸雄

新居　毅人

目　　次

第0章
電気と磁気から電磁気学への歩み

■ 電気と磁気の発見

　いろいろな電気と磁気の現象は，古代ギリシャからすでに知られていた．紀元前7世紀頃，ターレスは毛皮でこすったこはく（化石化した樹脂）が麦わらの小片などを引きつける摩擦電気力について記している．また，アリストテレスは電気なまずが獲物を気絶させたり人間にショックを与える電気現象についてコメントしている．

　紀元前1世紀頃，詩人のレクレティウスは小アジアのマグネシア (Magnesia) 地方に産出する天然の磁石である磁鉄鉱 (Fe_3O_4) がこすらなくても鉄を引きつける電気力とは異なる神秘的な力について記している．電気を表す electricity はこはくを意味するギリシャ語の elektron に，磁気を表す magnet は Magnesia という地名に由来するといわれている．

　しかし，この頃は電気力と磁気力は自然界に存在する不思議な力と認識し，好奇の対象ではあってもそれ以上にはならなかった．11世紀頃，中国やアラビアの船乗り達は，水に浮かべた磁鉄鉱がなぜ常に北を指すかわからないまま羅針盤（方位磁針）として用いたとの文献が見つかっている．13世紀後半から少しづつ磁気と電気を学問の対象として取り上げ始めた．

■ 電気と磁気の研究の始まり

　1269年，ピエール・マリコートは磁針を用いて球形にした磁石（磁鉄鉱）のまわりの磁気力の方向をたどり力線 (lines of force) を描くとそれらはすべて両端の点に収束することを発見した．この2つの点を磁石の磁極（N極，S極）と名付けた．

　1600年，イギリスのギルバートは「磁石について」(De Magnete) を著し，地球自身が巨大な磁石であることを示唆した．吊された棒磁石が地理学的N極を向く端をN極と呼んだ．これは，1つの磁石のN極は他の磁石のS極を引きつけ，N極をはねつけることを意味する，したがって地理学的N極は磁石のS極になる．棒磁石を2つに割るとそれぞれがまた2つの磁気力を発するようになるため，N極とS極は分けることができないことにも言及している．さらに，ギルバートは電気と磁気の現象は異なる原理の力によることを始めて示した．まさつ電気はこはくにかぎらず，多くの他の物質でもこすることによって生じることを明らかにした．電気的 (electricus) という言葉も初めて用いた．

　電気の研究では，1750年にアメリカのフランクリンは系統的な摩擦電気の実験から電気には「正の電気」と「負の電気」があることを見出した．また，2つの物体をこすり合わせると，電気

の一部が一方の物体から他方の物体へ移動し，2 つの物体は異符号で等量の電気を帯びる（電気量は保存される）ことを示唆した．今日，電気や電気量（電気の量）は電荷 (charge) と呼ばれている．1752 年には「たこあげ実験」を行い，雷の稲妻の本性は電気現象（空中放電）であることを明らかにした．

■ 電気と磁気の法則の発見

　イギリスで産業革命が起こった 18 世紀後半に大きな転機が訪れる．これまでの電気と磁気の現象が従う規則を法則として表現する方法がとられ始めた．1750 年頃にイギリスのジョン・ミッチェルはねじり天秤を考察し，磁石の磁極が互いに引力あるいは斥力を及ぼし合うこと，またこれらの力が磁極間の距離の 2 乗に反比例することを証明した．

　1772 年，イギリスのキャベンディシュは帯電した金属球の間にはたらく電気力は球間の距離の 2 乗に反比例することを実験的に確かめた．

　1785 年，フランスのクーロンはねじれ天秤を用いた精密測定を行い，電気を帯びた物体間にはたらく静電気力は，それぞれの物体が帯びた正負を区別する電気量の積に比例し，物体間の距離の 2 乗に反比例すると表現した．これは「クーロンの法則」と呼ばれている．

　磁石の磁極（N 極，S 極）間にはたらく磁気力についても逆 2 乗の法則が成り立つことを実験で示した．クーロンの法則は電気と磁気の世界で初めて発見された「法則」といわれている．

■ 電池の発見

　1791 年に生理学者であるイタリアのガルバーニはカエルの脊髄に真鍮のフックをつけ，カエルを鉄柵に吊し，フックが鉄柵に触れるとカエルの筋肉がけいれんすることを発見した．彼は，この現象は「動物電気」によるものと考えた．

　1796 年，イタリアのボルタは，ガルバーニの「動物電気」はカエルの体そのものが電気を発生させているものではなく，2 種類の金属の接触により摩擦電気とは異なる電気が発生したものであることを発見した．

　1799 年に彼は 2 種類の金属（Cu と Zn）対の組合せで電気の流れである電流を連続的に供給できる「ボルタのパイル」と呼ばれる電池を発明した．電池の発明は，人類が初めて定常的な電流を手にしたことを意味し，電気と磁気の数量的な研究が一気に進む契機となった．

■ オームの法則の発見

　電気の分野では，1826 年にドイツのオームは電流の流れ方を数量的に調べた結果，電流，電位差（電圧），抵抗という概念を導入すると，これらはきれいな形にまとまることを発見した．これはオームの法則と呼ばれている．

■ 電気と磁気の相互関係

　磁気の分野では，1820 年にデンマークのエールステッドは電流が流れている導線の近くの磁針が振れることを偶然に発見した．これは電流が磁気効果を生み出すこと意味しており，今まで別物と考えられていた電気と磁気が奥深いところで密接にからみあっていることが明らかにされた

最初の年であった．これを契機に電気と磁気が相互に関連していることを示す重要な研究結果が相次いで発表されていった．しかも，電気と磁気が従う「法則」を数式で表す手法がとられるようになる．

　1820 年に，フランスのビオとサバールは任意の形の導線を流れる電流のつくる磁場（磁気力がはたらく空間）を数式で表すことに成功した．1820 年に，フランスのアンペールは電流の流れている 2 本の平行導線間に磁気力（アンペールの力）がはたらくことを発見した．その実験結果を電流とそのまわりにできる磁場との関係を式で表すアンペールの法則にまとめた．1821 年頃には，磁石の正体が少しづつ明らかになっていく．

■ 磁石の正体は分子電流

　1820 年の終わり頃，フランスのアラゴは電流の流れているソレノイドの中の鉄は磁石になることを見出している．1821 年にアンペールは電流の流れているコイルを吊すと棒磁石のようにふるまう（コイル面の法線方向が磁針のように南北を指す）ことや，電流の流れている 2 本の導線が互いに力を及ぼし合うことを発見している．このことから，彼はコイルに流れている電流が磁石と同等であるとの考えに達した．そして磁石の中にミクロなループ電流（これを分子電流と呼んだ）を無数に含み，向きがそろうと磁石の側面に沿ったマクロなループ電流になるという分子電流モデルを提案した．

■ 電磁誘導発見の芽生え

　1825 年，アラゴはのちの電磁誘導発見への道を拓いた重要な発見をしている．早く回転する磁石が銅の円盤を回転させたり，逆に早く回転する円盤が磁針を回転させることを示した．また，回転する円盤の上に吊されたソレノイドがその向きを変えることも観察している．電気と磁気の間に密接な関係があることがヘンリーとファラデーによって独立に実証されていく．1830 年，アメリカのヘンリーはアラゴの円盤の謎を解くきっかけになる「磁気の変化が電気をひき起こす」現象を観察している．

■ 電磁誘導の法則の発見

　自然界の持つ法則の対称性から，電気か磁気が生じるなら，磁気から電気が生じるだろうといろいろ試みられたがうまくいかなかった．つまり，時間的に変化しない定常電流は磁場をつくれたが，定常磁場からは電場（電気力がはたらく空間）をつくれなかった．1831 年に，イギリスのファラデーは定常電流を流したコイル 1 のつくる磁場中におかれたコイル 2 には電流が流れないが，コイル 1 のスイッチを ON，OFF にした瞬間にコイル 2 に電流が流れることを観測した．さらに，コイル 1 の代わりに磁石を用いて同様の実験を行ったところ，磁石を静止させておくとコイル 2 に電流が流れないが，磁石をコイル 2 の中に入れたり出したりするとき，コイル 2 に電流が流れることも観測した．これらの結果をもとに，ファラデーは磁気から電気を生じる現象「電磁誘導」を「ファラデーの電磁誘導の法則」にまとめている．磁気から電気を生じさせるためには，電流が時間的に変化したり，磁石が運動して磁場を時間的に変化させなければならないことがわかったのである．

■ 電場と磁場の概念の誕生

　この頃から，電気と磁気の現象を「電場」や「磁場」で解釈する「場」の考え方が生まれてくるのである．ファラデーは磁石の磁極が発する「磁場」や電流が発する「磁場」やそれらを視覚化する力線 (field line) の考えを導入したが，数式表現は行わなかった．

　ドイツの数学者であるガウスは，ある面を流れる流体の流線に似た電荷が発する「電場」の力線—電気力線—を考え，ある面を貫く電気力線の本数に対応する電気力線束 (electric flux) という量を導入し，クーロンの法則と等価なガウスの法則を定量的な形で表現した．

 Coffee break

電磁気ポルカ

　1852 年，ウィーン工科大学の学生を支援する舞踏会のためにヨハン・シュトラウス 2 世は「電磁気ポルカ」（2015 年ウィーン・フィルのニューイヤー・コンサートで演奏された）を作曲している．これは，電気と磁気に関する諸法則発見のきっかけを作ったエールステッドの功績を讃えるためといわれている．

■ 変位電流の発見

　ファラデーの電磁誘導の法則は，時間的に変化する磁場が電場を生むことを意味している．電場と磁場の対称性から，変化する電場は磁場を生むことが予想された．この現象は簡単に見つからなかった．しかし，1864 年にイギリスのマクスウェルが，定常電流がつくる磁場に対して成り立つアンペールの法則が，時間変化している非定常電流に対しては成り立たない場合があることに気がついたことにより事態が大きく動いていく．

　コンデンサーを電源につなぎ充電する場合，導体部分には時間的に変化する伝導電流が流れ始めるが，極板間の空間には伝導電流は流れていない．したがって，導体部分にはアンペールの法則が適用できるが，極板間には適用できない．明らかに電流の保存の法則を破っている．マクスウェルは，この矛盾に気がつき，アンペールの法則を生かすためには，コンデンサーの極板間に何かが流れているとひらめいた．コンデンサーの極板間の時間的に変化する電場を電流とみなし，この電流もふつうの伝導電流と同じように磁場をつくる新しい源になるという考えに達し，この不思議な電流を変位電流と名づけた．

■ アンペール・マクスウェルの法則の発見

　こうしてマクスウェルは，アンペールの法則に変位電流を取り込み，定常，非定常いずれでも成り立つ，拡張されたアンペールの法則を提唱した．1864 年のことである．これは，アンペール・マクスウェルの法則と呼ばれている．

■ マクスウェルの方程式の発見

この法則も考慮に入れて，マクスウェルは，それまでに発見された電気と磁気に関するすべての法則が，次のような4つの方程式で統一的に記述できることを見つけた．

(1) hosi 電場についてのガウスの法則
(2) 磁場についてのガウスの法則
(3) 電磁誘導のファラデーの法則
(4) 電流・磁場についてのアンペール・マクスウェルの法則

である．この方程式群をマクスウェルの方程式とよんでいる．こうして，マクスウェルのひらめきによって導入された変位電流を橋渡しにして電場が磁場を生む現象も数式化された．

■ 電磁波の予言

さらに，彼は1873年に電荷も伝導電流もない真空中や空気中の場合について，方程式(1)～(4)を解くと驚くべき結果が予言できることを発見した．変位電流を取り込んだ方程式(4)によれば，伝導電流がなくても，運動する電荷が発する電場の時間的変化があればそのまわりに磁場を生み出す．磁場が生じるということは，磁場が変化することである．磁場の変化があると方程式(3)より今度は，そのまわりに電場を生み出す．こうして，電場と磁場は互いに相手を源として生み出しあいながら，からみあって電磁波（横波）としてどちらも光速に等しい速さで空間を伝わっていくこと，すなわち「光は電磁波（の一種）である」ことを予言した．

■ 電磁波の検出

1888年にドイツのヘルツによる一連の火花放電の実験で，マクスウェルの予言した通り電磁波が空間を光の速さ（1秒間に30万km）で伝播し，これが光と同一の性質（反射，屈折，回折，偏光）をもつことを実証した．こうして，磁場とは運動する電荷によって発生する，また，加速度運動する電荷の振動（火花放電）にともなって電磁波が発生することが次第に明らかになっていく．

このように，はじめは互いに無関係だと考えられていた電気 (electricity) と磁気 (magnetism) は電場 (electric field) と磁場 (magnetic field) という「場 (field)」を通して統一され，電磁気学 (Electromagnetism) が完成の域に達していく．

■ ローレンツ力の発見

ところで，19世紀後半にもう一つ大きな発見が行われている．1892年にオランダのローレンツは電磁場（電場と磁場をまとめていう）の中を運動する電荷は電場から電気力を，磁場から磁気力を受けることを発見し，定式化した．電気力と磁気力を合わせた電磁気力，または磁気力をローレンツ力という．

■ 電磁気学の完成

ビオ・サバールの法則は，電流が磁場をつくることを表す．これから，電流は運動する電荷で

あるから，運動する電荷は磁場をつくることが予想される．1876 年にアメリカのローランドは，帯電（電気を帯びること）した円板を回転させると，そのまわりに磁場が発生することを発見した．これは，運動している電荷も電流と同じように磁場をつくることを示したはじめての実験であった．これから，電気力と磁気力について次のようにまとめることができる．電荷はそのまわりに電場をつくり，その中にある別の電荷はこの電場による力（電気力）がはたらく．この場合，どちらの電荷も静止していても運動していてもよい．電荷が運動すると，そのまわりに電場のほかに新たに磁場をつくり，その中にある別の運動している電荷には，この磁場による力（磁気力）が加わる．電気力とは電荷（静止していても運動していてもよい）どうしが及ぼし合う力，磁気力とは運動している電荷どうしが及ぼし合う力ということができる．電場と磁場の共通の源は電荷であり，磁場の源は運動する電荷であることがますます明白になっていく．

　マクスウェルの方程式とローレンツ力を合わせて用いると，電磁気学で学ぶほとんどすべての電磁現象を表すことができる．こうして，古典電磁気学は完成していく．

　これが，電気と磁気から電磁気学に至る大まかな発見の歴史である．本書では，「電気と磁気の正体は何か」という謎の解をひとつずつ解き明かしていった先人達の歴史の流れを参考にして，「電磁気学のエッセンシャル」を演習を通して体系的に理解していくことを目指す．

 Coffee break _____

超巨大ブラックホールからの電磁波と重力波

　マクスウェルが理論的に導いた，空間を光速で横波として伝わる電磁波は，ヘルツによって初めて実験的に検証された．赤外線や紫外線，X 線，ガンマ線なども，電波や可視光線と同じ電磁波の一種である．電磁波のスペクトル図を下に掲げる．可視光線の波長領域は，電磁波全体からみるとわずか (380–750 nm)(1 nm $= 10^{-9}$ m) 領域を占めているにすぎない．紫 (380–450 nm)，青 (450–495 nm)，緑 (495–570 nm)，黄 (570–590 nm)，橙 (590–620 nm)，赤 (620–750 nm) である．

　電荷があると空間をゆがませる．この電荷が加速度運動するとゆがみが空間を伝わる．これが電磁波である．質量についてはどうであろうか．日常世界で加速度運動する質量と力の関係はニュートンの運動法則の式で表されている．宇宙規模ではどうなるだろうか．巨大な質量があると空間をゆがませる．この質量が加速度運動すると，質量で生じたゆがみが重力波となって光速で空間を伝わる．重力波の存在は，1916 年にアインシュタインの一般相対性理論によって予言された．しかし，時空のさざなみである重力波を直接検出するには長い年月を要した．2016 年 2 月に転機が訪れた．

　10 億年以上前のブラックホール連星（太陽の質量の 30 倍程度）の合体により発生した重力波が，さざ波のように宇宙空間を伝わり地球を通過したところを，米国にある LIGO（レーザー干渉計型重力波検出器）は捉えた．人類は何千年も前から可視光領域で恒星や惑星を光学望遠鏡で観測してきた．近年，マイクロ波，赤外線，X 線，ガンマ線の観測が可能になり，事態は一変した．なかでも宇宙のビッグバンの高熱の名残りである宇宙マイクロ波背景放射

や，ブラックホールの周辺（シュヴァルツシルト半径の外側）で発生する X 線が観測されたことで，宇宙の始まりや，ブラックホールの生じる仕組みが徐々に解明され始めた．これら電磁波に加え，理論の域を出なかった重力波が実際に観測されたことで，いろいろなタイプのブラックホールの誕生するからくりがいっそう鮮明になる可能性が出てきた．

ブラックホールを特徴づける物理量としては，質量，角運動量，電荷がある．電磁波と重力波の共通項は時空のゆがみが光速で伝わることである．ブラックホールの連星に中性子星がある．ブラックホールや中性子星の合体が重力波源だとすると，電荷ブラックホールが存在し，これらの合体で電磁波を発生させてもよさそうである．しかし，ブラックホールからあらゆる電磁波は抜け出せないとされている．

超巨大ブラックホールの合体そのものから，重力波に伴って強い電磁波が観測されれば，質量と電荷のブラックホールでの激しいせめぎあいと，地球上での両者の静かな住み分けを支配する宇宙の大物理法則が発見されるかもしれない．

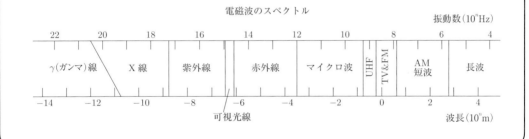

電磁波のスペクトル

第1章
電荷とクーロンの法則

1.1 原子の構造と電気の正体

■ 原子の構造と電荷

物体は，多数の原子からできている．その原子はさらに，陽子と中性子からなる原子核と，そのまわりをまわっている電子とからできている（図1.1）．陽子，中性子，電子は「質量」という基本量をもつが，陽子や電子はこの他に「電荷」と呼ばれる基本量をもっている。この陽子や電子がもつ電荷こそが電気の正体である．電子は負 (−) 電荷，陽子は正 (+) 電荷をもち，中性子は電荷をもたない．陽子や電子のもつ電荷の絶対値はこれ以上細分できない最小単位で，**電気素量**または**素電荷**といい，記号 e で表す．電荷の量を**電気量**，もしくは単に**電荷**という．電気量（電荷）の単位にはクーロン [C] が用いられ，$e = 1.60 \times 10^{-19}$ C である（表1.1）．原子番号 Z の原子は，ともに Z 個の陽子と電子をもつので，原子核の電気量の総和は $+Ze$，電子の電気量の総和は $-Ze$ になるので，その原子は全体として電気的に中性（$+Ze - Ze = 0$）である．

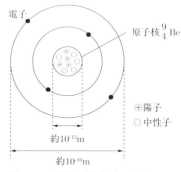

図 **1.1** 原子の構造（ベリリウム原子 $_4$Be の場合）

表 **1.1** 原子を構成する基本粒子の質量と電荷

粒子	記号	質量 [kg]	電荷 [C]
電荷	e^-	9.11×10^{-31}	-1.60×10^{-19}
陽子	p	1.673×10^{-27}	$+1.60 \times 10^{-19}$
中性子	n	1.675×10^{-27}	0

■ 原子の構造とイオンができるしくみ

しかし，原子は電子を放出したり取りこんだりすることがある．このようにして電荷を帯びた原子をイオンという．電子を放出した原子は正電荷を帯びて陽イオンに，電子を取りこんだ原子は負電荷を帯びて陰イオンになる．たとえば，ナトリウム原子 Na は電子1個を放出してナトリウムイオン Na$^+$ となり，塩素原子 Cl は電子1個を取りこみ塩化物イオン Cl$^-$ になる（図1.2）．

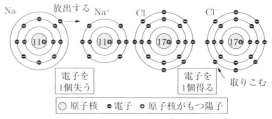

図 **1.2** 原子とイオンの例（イオンのできるしくみ）

$$\text{Na} -e^- = \text{Na}^+, \quad \text{Cl} +e^- = \text{Cl}^-$$

■ 電気量（電荷）保存の法則

非常に多くの原子からなる物体でも，物体中の陽子の正電荷と電子の負電荷の代数和が 0 であれば，物体全体としては電気的に中性である．しかし，電気的に中性な 2 つの物体をこすり合わせるとき，原子核と電子の結合の強さの違いのため，原子核からの束縛の弱い電子は原子から離れ，他の物体へ移る．いま，物体 A から物体 B へ n 個の電子が移動した場合を考える．このとき，A は原子核の電荷が電子の電荷より勝って，全体として $+ne$ の，逆に B は $-ne$ の電荷を帯びる．この結果，A は正に帯電し，B は負に帯電する．しかし，A，B を全体としてみると，電荷の増減はない．このように，物体間で電荷のやり取りがあっても，各物体のもつ電荷の代数和は変わらない．これを**電気量（電荷）保存の法則**という．

■ 帯電列

物体 A，B の表面を電子が移動する向き（A→B か B→A か）は，こすり合わせる物体 A，B の組み合わせによって決まる．具体的には，どちらが正に帯電しやすいか，負に帯電しやすいかを表した**帯電列**（図 1.3）が用いられる．たとえば，エボナ

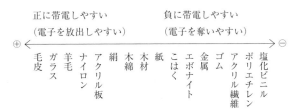

図 1.3 ファラデーの帯電列

イト棒と毛皮をこすり合わせると，エボナイト棒は負に帯電し，毛皮は正に帯電する．これは毛皮からエボナイト棒へ電子の一部が移動するからである．ガラス棒を絹の布でこすり合わせると電子はガラス棒から絹の布に移動し，ガラス棒は正に帯電する．歴史的には，エボナイト棒に帯電する電荷を負電荷，ガラス棒に帯電する電荷を正電荷と定め，それに基づいて電荷の正負が決められた．物体のもつ電荷はつねに電気素量 e の整数倍である．しかし，マクロな電気現象では，そこに現れる電荷は e に比べるとはるかに大きいから，電荷は質量と同じく連続量と見なしてもかまわない．また，どれだけの電荷がどう分布し，どう運動しているかを考えることが多く，電荷の実体が何（電子，陽子など）であるかを問題にしなくてもよい場合が多い．

■ 静電気力

電荷の間には**静電気力**がはたらく．引力しかはたらかない質量の場合とは異なり，静電気力は電荷の正・負によって引力になったり斥力になったりする．負に帯電したエボナイトと正に帯電したガラス棒は引き合い，エボナイト棒同士，ガラス棒同士は反発し合う．このように，同種（同符号）の電荷は互いに斥力をおよぼし合い，異種（異符号）の電荷は互いに引力をおよぼし合う．大きさが無視できる小さな点状の電荷を，力学の質点（点状の質量）に対応させて**点電荷**という．

■ 静電気力と万有引力

静電気力は万有引力に似ているが，その強さはミクロなスケールでは万有引力に比べて圧倒的に大きい．しかし，宇宙スケールでは引力と斥力がある静電気力は相殺されてしまうが，引力し

かない万有引力は足し合わされていっそう強くなる．電気振り子と電荷の間の静電気力などは万有引力と同レベルの力の大きさをもっている．自然の世界はそのスケールに応じ主役となる力が異なっている．質量に関する物理が力学であるのに対し，電磁気学は電荷および電荷の流れである電流に関する物理である．

1.2 クーロンの法則

■ 静電気力（クーロン力）

原点 O に点電荷 Q （電気量 Q の電荷）があるとき，位置ベクトル $\vec{r}$ （距離 $r = |\vec{r}|$）の点においた電荷 q にはたらく**静電気力（クーロン力）** $\vec{F}$ [N] は，

$$\vec{F} = k\frac{qQ}{r^2}\frac{\vec{r}}{r} = k\frac{qQ}{r^2}\vec{e_r} \quad (\vec{e_r} \text{ は } \vec{r} \text{ の向きの単位ベクトル}) \tag{1.1}$$

と表される．力の大きさは電荷の量（電気量）の積に比例し，距離の 2 乗に反比例する．力の方向は 2 つの電荷を結ぶ直線方向で，向きは $Qq > 0$ （Q と q が同符号）のときは $\vec{r}$ 方向の斥力，$Qq < 0$ （Q と q が異符号）のときは $-\vec{r}$ 方向の引力となる（図 1.4）．(1.1) 式を静電気力に関する**クーロンの法則**という．比例定数 k は SI 単位系で，

$$k = \frac{1}{4\pi\varepsilon_0} = 8.988 \times 10^9$$
$$= c^2 \times 10^{-7} \text{ N} \cdot \text{m}^2/\text{C}^2$$

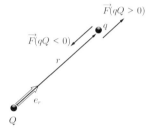

図 **1.4** 静電気力（クーロン力）

である．ここで，$c = 2.99792458 \times 10^8$ m/s は光速である．ε_0 （イプシロン・ゼロと読む）を真空の誘電率という．

$$\varepsilon_0 = \frac{10^7}{4\pi c^2} = 8.854 \times 10^{-12} \text{ C}^2/\text{N} \cdot \text{m}^2$$

である．

■ 重ね合わせの原理

n 個の点電荷 $Q_1, Q_2, \cdots, Q_n$ が別の点電荷 q に及ぼす力 $\vec{F}$ は，各点電荷 Q_i $(i = 1, 2, \cdots, n)$ が独立に点電荷 q に及ぼす力のベクトルの和 $\displaystyle\sum_{i=1}^{n} \vec{F_i}$ で与えられる（図 1.5）．このような性質を**重ね合わせの原理**という．

$$\vec{F} = \sum_{i=1}^{n} \vec{F_i} = kq \sum_{i=1}^{n} \frac{Q_i}{r_i^2} \frac{\vec{r_i}}{r_i}$$

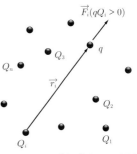

図 **1.5** 重ね合わせの原理

$\vec{r_i}$ は Q_i から考えている q に引いた位置ベクトルである．ただし，点電荷 q が自分自身に及ぼす力は考えない．

例題 1–1　クーロンの法則

クーロンの法則の比例定数を k [N·m^2/C^2] として，次の各問いに答えよ.

〔1〕 2 つの同じ大きさで小さい導体球 A, B がそれぞれ $+q$ [C], $-2q$ [C] $(q > 0)$ に帯電している. この 2 つの導体球を図 1.6 のように原点 O $(x = 0 \text{ m})$ および点 P $(x = 3r \text{ [m]})$ の位置にそれぞれ固定した.

図 1.6

(1) 導体球 A と B の間にはたらく静電気力の向き（引力・斥力）と大きさを求めよ.

(2) さらに図 1.7 のように，導体球 A, B と同じ大きさで $+q$ [C] に帯電している導体球 C を点 Q $(x = r \text{ [m]})$ の位置に固定した. 導体球 C が受ける静電気力の向きと大きさを求めよ.

A C B
$+q$ $+q$ $-2q$ x[m]
O Q P
0 r $3r$

図 1.7

〔2〕 図 1.8 のように，一辺の長さが a [m] の正三角形 ABC の各頂点に正の点電荷 $+q$ [C] を固定した. このとき，点 C にある点電荷が受ける静電気力の大きさを求めよ.

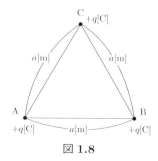

図 1.8

【解答】

〔1〕(1)　両球の電荷は異符号なので、両球間にはたらく静電気力の向きは引力となる. また，静電気力の大きさを F とすると，

$$F = k\frac{|+q||-2q|}{(3r)^2} = \frac{2kq^2}{9r^2} \text{ [N]}$$

(2)　導体球 C が導体球 A から受ける静電気力 $\overrightarrow{F_{\mathrm{A}}}$ の

向き $\cdots$ 右向き　　　大きさ $\cdots F_{\mathrm{A}} = k\frac{|+q||+q|}{r^2} = \frac{kq^2}{r^2}$ [N]

導体球 C が導体球 B から受ける静電気力 $\overrightarrow{F_\mathrm{B}}$ の

　　　向き $\cdots$ 右向き　　　大きさ $\cdots F_\mathrm{B} = k\dfrac{|+q||-2q|}{(2r)^2} = \dfrac{kq^2}{2r^2}$ [N]

よって，導体球 C が受ける静電気力 $\overrightarrow{F}$ の

　　　向き $\cdots$ 右向き　　　大きさ $\cdots F = F_\mathrm{A} + F_\mathrm{B} = \dfrac{3kq^2}{2r^2}$ [N]

〔2〕　点 C にある点電荷が，点 A および点 B にある点電荷から受ける力 $\overrightarrow{F_\mathrm{A}}$ および $\overrightarrow{F_\mathrm{B}}$ の大きさはそれぞれ，

$$F_\mathrm{A} = k\frac{q^2}{a^2}\ [\mathrm{N}], \qquad F_\mathrm{B} = k\frac{q^2}{a^2}\ [\mathrm{N}]$$

となる．また，$\overrightarrow{F_\mathrm{A}}$ および $\overrightarrow{F_\mathrm{B}}$ の向きは図 1.9 のようになる．よって，点 C にある点電荷が受ける静電気力 $\overrightarrow{F}$ の向きは図 1.9 の方向で，大きさ F は，

$$F = k\frac{q^2}{a^2} \times \left(\frac{\sqrt{3}}{2} \times 2\right) = \frac{\sqrt{3}kq^2}{a^2}\ [\mathrm{N}]$$

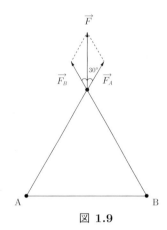

図 1.9

例題 1–2 クーロンの法則のベクトル表示

次の□に適当な式または語句を入れよ．また，（　）は適当と思われるものを選べ．

〔1〕 図 1.10 のように，xy 平面内の原点 O，点 P にそれぞれ Q_1 [C]，Q_2 [C] の点電荷を固定した．ここで，クーロンの法則の比例定数を k [N·m²/C²] として，点 P の位置ベクトルを $\vec{r}$，OP $= r$ [m] とすると，点 P にある点電荷が受ける静電気力 $\vec{F}$ の

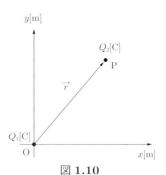

図 1.10

大きさ：$\boxed{1}$ [N]

　向き：$Q_1 Q_2 > 0$ のときは $\vec{r}$ と（2：同じ・逆）向き

　　　　：$Q_1 Q_2 < 0$ のときは $\vec{r}$ と（3：同じ・逆）向き

となる．ここで，$\vec{r}$ と同じ方向の単位ベクトルは $\dfrac{\vec{r}}{r}$ と表すことができるので，静電気力 $\vec{F}$ は，

$$\vec{F} = \boxed{4} \times \frac{\vec{r}}{r} = \boxed{5}\ \vec{r}\ \text{[N]}$$

と書き表すことができる．また，$\vec{r} = (x, y)$ とすると，

$$\vec{F} = \boxed{6}\ (x, y)\ \text{[N]}$$

と書ける．

〔2〕 真空中の誘電率を ε_0 として，以下の問いに答えよ．

(1) 図 1.11(a) のように，原点 O に電気量 q_1，点 A($\vec{r}$) に電気量 q_2 の点電荷を固定した．

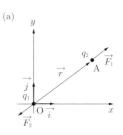

　(i) 点 A にある点電荷が原点 O にある点電荷から受ける力 $\vec{F_1}$ を求めよ．

　(ii) $\vec{r} = (x, y)$ として，$\vec{F_1}$ を成分表示せよ．

　(iii) $\vec{F_1}$ を x 軸，y 軸方向の単位ベクトル $\vec{i}$，$\vec{j}$ を用いて表せ．

　(iv) 原点 O にある点電荷が点 A にある点電荷から受ける力 $\vec{F_2}$ を求めよ．

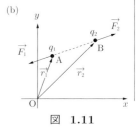

図 1.11

(2)　図 1.11(b) のように，点 A($\vec{r_1}$) に電気量 q_1，点 B($\vec{r_2}$) に電気量 q_2 の点電荷を固定した.

　　(i)　点 B にある点電荷が点 A にある点電荷から受ける力 $\vec{F_1}$ を求めよ.

　　(ii)　点 A にある点電荷が点 B にある点電荷から受ける力 $\vec{F_2}$ を求めよ.

〔3〕　図 1.12 のように，xy 平面上の原点 O，点 P $(3, 4)$ にそれぞれに電気量 Q の点電荷を固定した. クーロンの法則の比例定数を k とする.

(1)　OP 間の距離 r を求めよ.

(2)　点 P の位置ベクトル $\vec{r}\,(=\overrightarrow{\mathrm{OP}})$ を成分表示せよ.

(3)　点 P にある点電荷が受ける静電気力 $\vec{F}$ を成分表示せよ.

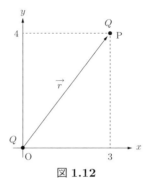

図 1.12

【解答】

〔1〕　(1) $\cdots\ k\dfrac{|Q_1||Q_2|}{r^2}$　　(2) $\cdots$ 同じ　　(3) $\cdots$ 逆

　　(4) $\cdots\ k\dfrac{Q_1Q_2}{r^2}$　　(5) $\cdots\ k\dfrac{Q_1Q_2}{r^3}$　　(6) $\cdots\ k\dfrac{Q_1Q_2}{(x^2+y^2)^{3/2}}$

〔2〕(1)(i)　$\vec{F_1}=\dfrac{1}{4\pi\varepsilon_0}\dfrac{q_1q_2}{|\vec{r}|^3}\vec{r}$

　　(ii)　$\vec{F_1}=\dfrac{1}{4\pi\varepsilon_0}\dfrac{q_1q_2}{(x^2+y^2)^{3/2}}(x,y)$

　　(iii)　$\vec{F_1}=\dfrac{1}{4\pi\varepsilon_0}\dfrac{q_1q_2}{(x^2+y^2)^{3/2}}(x\,\vec{i}+y\,\vec{j})$

　　(iv)　$\vec{F_2}=-\dfrac{1}{4\pi\varepsilon_0}\dfrac{q_1q_2}{|\vec{r}|^3}\vec{r}$

　(2)(i)　$\vec{F_1}=\dfrac{1}{4\pi\varepsilon_0}\dfrac{q_1q_2}{|\vec{r_2}-\vec{r_1}|^3}(\vec{r_2}-\vec{r_1})$

　　(ii)　$\vec{F_2}=\dfrac{1}{4\pi\varepsilon_0}\dfrac{q_1q_2}{|\vec{r_1}-\vec{r_2}|^3}(\vec{r_1}-\vec{r_2})$

〔3〕(1)　$r=\sqrt{3^2+4^2}=5$

　(2)　$\vec{r}=(3,4)$

　(3)　$\vec{F}=k\dfrac{Q\cdot Q}{r^3}\vec{r}=\dfrac{kQ^2}{125}(3,4)$

演習問題
A

1.1 エボナイト棒を毛皮でこすったところ，エボナイト棒に -3.2×10^{-6} C の電荷が生じた．電気素量 $e = 1.6 \times 10^{-19}$ C とする．

(1) 毛皮に生じた電荷の正負とその大きさを求めよ．

(2) 毛皮からエボナイト棒に移動した電子の数を求めよ．

1.2 2 つの同じ大きさで小さい導体球 A, B がそれぞれ $+3.0$ μC，-1.0 μC に帯電している．クーロンの法則の比例定数を 9.0×10^9 N·m^2/C^2 とする．

(1) この 2 球を 0.30 m はなして固定した．2 球間にはたらく静電気力の向き（引力・斥力）と大きさを求めよ．

(2) 次に，この 2 球を接触させた後に 0.30 m はなして固定した．2 球間にはたらく静電気力の向き（引力・斥力）と大きさを求めよ．

1.3 3 つの同じ大きさで小さい導体球 A, B, C がそれぞれ $+q$ [C]，$-2q$ [C]，$+3q$ [C] $(q > 0)$ に帯電している．この 3 つの導体球を図

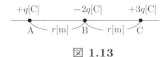

図 **1.13**

1.13 のように距離 r [m] だけはなして等間隔に固定した．クーロンの法則の比例定数を k [N·m^2/C^2] とする．

(1) 導体球 A が受ける静電気力の向きと大きさを求めよ．
(2) 導体球 B が受ける静電気力の向きと大きさを求めよ．
(3) 導体球 C が受ける静電気力の向きと大きさを求めよ．

1.4 図 1.14 のように，1 辺の長さが a [m] の正方形 OABC があり，頂点 A, C に $+q$ [C]，B に $-2q$ [C] $(q > 0)$ の点電荷を固定した．クーロンの法則の比例定数を k [N·m^2/C^2] とする．

(1) 点 B にある点電荷が受ける静電気力の合力の大きさを求めよ．

(2) 次に，ある点電荷を点 O に固定したところ，点 B にある点電荷が受ける静電気力の合力の大きさが 0 となった．点 O に固定した点電荷の電気量を求めよ．

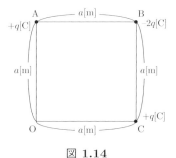

図 **1.14**

1.5 図 1.15 のように，xy 平面上の 3 点 O $(0,0)$，A $(a,0)$，B (a,a) のそれぞれに $+q$ $(q>0)$ の点電荷を固定した．クーロンの法則の比例定数を k とする．

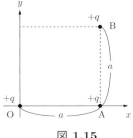

図 **1.15**

(1) 点 B の点電荷が点 O の点電荷から受ける静電気力 $\vec{F_1}$ を成分表示せよ．

(2) 点 B の点電荷が点 A の点電荷から受ける静電気力 $\vec{F_2}$ を成分表示せよ．

(3) 点 B の点電荷が受ける静電気力 $\vec{F}$ の成分表示を $\vec{F} = \vec{F_1} + \vec{F_2}$ を計算することにより求めよ．

演習問題
B

1.6 1 辺の長さが $2\sqrt{3}\,a$ の正四面体 PABC の各頂点に $+q$ $(q>0)$ の点電荷を固定した．点 P にある点電荷が受ける静電気力 $\vec{F}$ を求めたい．クーロンの法則の比例定数を k とする．

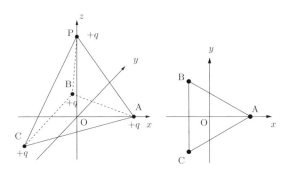

図 **1.16**

(1) 点 P から平面 ABC におろした垂線の足を原点 O として，図 1.16 のように座標軸を定める．点 A，B，C，P の座標をそれぞれ求めよ．

(2) $\vec{r_1} = \overrightarrow{\mathrm{AP}}$ を成分表示せよ．

(3) 点 P の点電荷が，点 A の点電荷から受ける静電気力 $\vec{F_1}$ を成分表示せよ．

(4) 点 P の点電荷が，点 B，C の点電荷から受ける静電気力 $\vec{F_2}$，$\vec{F_3}$ をそれぞれ成分表示せよ．

(5) 点 P の点電荷が受ける静電気力 $\vec{F}$ を $\vec{F} = \vec{F_1} + \vec{F_2} + \vec{F_3}$ を計算することにより求めよ．

例題 1–3　クーロン力の力学への応用

図 1.17 のように，質量 m [kg] の小球 A を糸で吊し，それに Q [C] の電荷を与えた．これに q [C] の電荷をもつ小球 B を右から近づけたところ，A は B と同じ水平面上で r [m] の距離まで引き寄せられ，糸は鉛直線から θ だけ傾いた．重力加速度の大きさを g [m/s^2]，クーロンの法則の比例定数を k [N·m^2/C^2] とする．

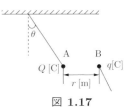

図 1.17

(1) A，B 間にはたらく引力の大きさを求めよ．
(2) 小球 B がもつ電荷 q [C] を求めよ．

【解答】

(1) 糸の張力の大きさを T，A と B の間にはたらく引力の大きさを F とおく．小球 A にはたらく力は図 1.18 のようになる．小球 A にはたらいている力はつり合っており，水平方向，鉛直方向の力の和は 0 となるので，

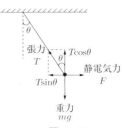

図 1.18

$$\text{水平方向} \cdots T\sin\theta = F$$

$$\text{鉛直方向} \cdots T\cos\theta = mg$$

これらより T を消去して，

$$F = mg\tan\theta$$

(2) A，B の間にはたらく引力 F は，小球 A と B の間にはたらく静電気力であるので，クーロンの法則を用いて表すと，

$$F = k\frac{|q||Q|}{r^2}$$

となる．よって，

$$k\frac{|q||Q|}{r^2} = mg\tan\theta$$

$$|qQ| = \frac{mgr^2\tan\theta}{k}$$

となる．AB 間にはたらく静電気力が引力となるためには q と Q は異符号でなければいけないので，$qQ < 0$ となり $|qQ| = -qQ$ となる．よって，

$$q = -\frac{mgr^2\tan\theta}{kQ}$$

演習問題
A

1.7 図 1.19 のように,長さが l [m] の 2 本の
糸に,それぞれ質量 m [kg] の小球をつけて
天井から吊す.2 つの小球に $+Q$ [C] の電荷
を与えたところ,図のような状態でつり合っ
た.それぞれの小球に帯電している電気量 Q
を k_0, l, m, g および θ を用いて表せ.た
だし,重力加速度の大きさを g [m/s^2],クー
ロンの法則の比例定数を k [N·m^2/C^2] とする.

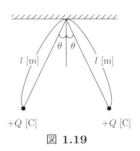

図 **1.19**

1.8 図 1.20 のように,1 辺の長さが
$2a$ [m] の正方形 ABCD があり,各
頂点に q [C] の点電荷を固定した.
さらに,正方形の対角線の交点 O
に Q [C] の点電荷を置き,それぞれ
の点電荷の固定をはずしたところ,
平衡状態(すべての点電荷にはたら
く力がつり合った状態)になった.
このときの Q を q を用いて表せ.

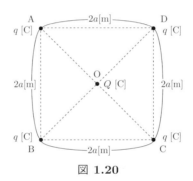

図 **1.20**

演習問題
B

1.9 図 1.21 のように,x 軸上の点 A $(x = -r[m])$,B $(x = r[m])$ のそれ
ぞれに $+Q$ [C] $(Q > 0)$ の点電荷を固定した.このとき,$+q$ [C] $(q > 0)$
の電荷をもつ質量 m [kg] の小物体を点 P $(x = a$ [m]$)$ に静かにおいたと
ころ,小物体は運動をはじめた.$a \ll r$ とし,クーロンの法則の比例定数
を k [N·m^2/C^2] とする.

図 **1.21**

(1) 運動している小物体 A が位置 x $(0 \leqq x \leqq a)$ を通過するとき,この小
物体にはたらく静電気力の合力を求めよ.また,$x \ll r$ より $(x/r)^2 \ll 1$
として,この合力が変位 x に比例することを示せ.

(2) この小物体が点 P から動きだし,はじめて原点 O に達するまでの時
間を求めよ.

例題 1–4　静電気力と万有引力の比較

$+e$ [C] の正電荷をもつ質量 M [kg] の点電荷 A （陽子）を中心として，$-e$ [C] の負電荷をもつ質量 m [kg] の点電荷 B （電子）が半径 r [m] で等速円運動しているとする．この円運動の向心力は 2 つの点電荷間にはたらく静電気力 F_e と万有引力 F_g の合力である．このとき，静電気力 F_e と万有引力 F_g の比 F_e/F_g を求めよ．ただし，

$$e = 1.60 \times 10^{-19} \text{ C},$$
$$M = 1.67 \times 10^{-27} \text{ kg},$$
$$m = 9.11 \times 10^{-31} \text{ kg},$$

として，万有引力の比例定数 G を 6.67×10^{-11} N· m^2 / kg^2，クーロンの法則の比例定数 k を 8.99×10^9 N·m^2/C^2 とせよ．

【解答】

静電気力 $F_e = k\dfrac{e^2}{r^2}$，万有引力 $F_g = G\dfrac{mM}{r^2}$ であるので，

$$\frac{F_e}{F_g} = \frac{k\dfrac{e^2}{r^2}}{G\dfrac{mM}{r^2}} = \frac{ke^2}{GmM}$$

これに数値を代入して，

$$
\begin{aligned}
\frac{F_e}{F_g} &= \frac{(8.99 \times 10^9) \times (1.60 \times 10^{-19})^2}{(6.67 \times 10^{-11}) \times (9.11 \times 10^{-31}) \times (1.67 \times 10^{-27})} \\
&= \frac{8.99 \times (1.60)^2}{6.67 \times 9.11 \times 1.67} \times 10^{9+(-38)-(-11)-(-31)-(-27)} \\
&= 0.2267 \times 10^{40} \\
&= 2.27 \times 10^{39}
\end{aligned}
$$

例題 1–5　はく検電器

図 1.22 のように,帯電していないはく検電器を用いて次のような実験をした.次の各問いに答えよ.

(1) 負に帯電した塩化ビニル菅を上部の金属板に近づけたところ,はくは開いた.はくの電荷および金属板の電荷は正,負のいずれか.

(2) 近づけた塩化ビニル菅はそのままにして,はく検電器の金属板を指で触れてアース(接地)した.はくはどうなるか.

(3) はく検電器から指を離し,その後に塩化ビニル菅を遠ざけた.はくはどうなるか.また,このときはくの電荷は正,負のいずれか.

図 **1.22**

【解答】

(1) 電荷の分布は図 1.23(a) のようになる.よって,はくの電荷は負,金属板の電荷は正.

(2) アース(接地)することにより,自由電子が手を通って移動するため,はくの電荷は逃げて 0 になる.よって,はくは閉じる.電荷の分布は図 1.23(b) のようになる.

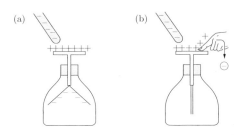

図 **1.23** (a,b)

(3) 塩化ビニル菅を遠ざけることにより,金属板の正電荷がはく検電器全体に分布する.そのために,はくはその正電荷の反発力で開く.はくの電荷は正.電荷の分布は図 1.23(c) のようになる.

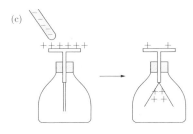

図 **1.23** (c)

第2章
電　場

2.1　電場

■ 電場

(1.1) 式は，

$$\vec{F} = q\vec{E}, \quad \vec{E}(\vec{r}) = k\frac{Q}{r^2}\frac{\vec{r}}{r}$$

と書き直すことができる．この式の内容を次のように理解する．

真空中に点電荷 Q をおくと，そのまわりの空間が，電荷がなかったときに比べてゆがんだ状態になる．その状態にある空間のことを**電場**といい，ベクトル $\vec{E}$ で表す．電場内に**試験電荷** q が持ち込まれると，q はその空間つまり電場から静電気力（クーロン力）$\vec{F} = q\vec{E}$ を受ける．$\vec{E} = \dfrac{\vec{F}}{q}$ と書き直すと，電場は単位電荷にはたらく力なので，電場の単位は N/C となる．

■ 電場の重ね合わせ

クーロン力の式から明らかなように，点電荷が n 個あるときには，電場 $\vec{E}$ は各電荷が単独でつくる電場のベクトル $\vec{E_i}$ の和で与えられる（**電場の重ね合わせ**）．（図 1.5 で $q = +1$，$\vec{F_i} \to \vec{E_i}$ として得られる）

$$\vec{E} = \sum_{i=1}^{n} \vec{E_i} = \sum_{i=1}^{n} k\frac{Q_i}{r_i^2}\left(\frac{\vec{r_i}}{r_i}\right)$$

時間的に変動しない場合の電場を**静電場**（**クーロン電場**）という．

■ 静電気力と重力

静電気力と重力を比較する．

$$\vec{F} = q\vec{E}, \quad \vec{E} = k\frac{Q}{r^2}\frac{\vec{r}}{r}$$
$$\vec{F} = m\vec{g}, \quad \vec{g} = -G\frac{M}{r^2}\frac{\vec{r}}{r}$$

電場 $\vec{E}$ と重力加速度 $\vec{g}$ が対応していることがわかる．

$\vec{g}$ は質量 M の質点がそのまわりにつくりだす空間のゆがみ – 重力場（万有引力の場）– で

あり，この重力場の中に試験質量 m の質点がおかれると，その質点は $\vec{F} = m\vec{g}$ の力を受けると考えることができる．$\vec{g}$ は原点に向かい $\vec{r}$ と反対向きであるので，つねに負号 (−) がつくことが $\vec{E}$ との決定的な違いである．

　電荷が連続的に分布している場合は，それを点電荷とみなせる電荷要素に分割し，それぞれの電荷要素が作る電場を重ね合わせれば，その電荷分布全体の作る電場を求めることができる．

2.2　連続的に分布する電荷がつくる電場

■ 電荷が体積分布する場合

　電荷が体積 V 内に体積電荷密度 ρ で連続的に分布しているとき，観測点 P につくる電場 $\vec{E}$ は，次のように和を積分に置き換えて得られる。

$$\vec{E} = \sum_i \vec{E_i} = \sum_i k \frac{Q_i}{r_i^2} \left(\frac{\vec{r_i}}{r_i} \right)$$

$$\downarrow$$

$$\vec{E} = \int_V d\vec{E} = \int_V k \frac{dq}{r^2} \left(\frac{\vec{r}}{r} \right) = \int_V k \frac{\rho}{r^2} \left(\frac{\vec{r}}{r} \right) dV$$

この式は，体積要素 dV 内の電荷要素 dq が点 P につくる電場 $d\vec{E}$ を体積 V 全体にわたって積分して得られることを示している（図 2.1）．dV はデカルト座標と極座標で表すと

$$dV = dxdydz = r^2 \sin\theta dr d\theta d\phi$$

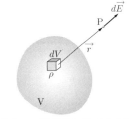

図 2.1　連続的に分布する電荷がつくる電場

となる．$\vec{r}$ は dq から見た点 P の位置ベクトルである．
$dq = \rho dV$ で ρ は C/m^3 の単位をもつ．全電荷 Q が体積 V 内に一様に分布しているときは，$dq = \rho dV \rightarrow Q = \int dq = \int \rho dV = \rho \int dV = \rho V$ となり，ρ は $\rho = \dfrac{Q}{V}$ で求められる．

■ 電荷が面分布する場合

　電荷が面積上に面電荷密度 σ で分布しているとき，電荷が直線上に線電荷密度 λ で分布しているとき，dq はそれぞれ次のように変更される．

$$dq = \sigma dS, \quad dq = \lambda dx$$

ここで，σ, λ の単位はそれぞれ C/m^2，C/m である．面積要素 dS をデカルト座標と極座標で表すと

$$dS = dxdy = rdrd\phi$$

となる．

■ 電荷が一様分布する場合

Q が面積 S の表面上に一様に分布しているときや，Q が長さ l の線分上に一様に分布しているときは，それぞれ

$$dq = \sigma dS \quad \rightarrow \quad Q = \int dq = \sigma \int dS = \sigma S$$

$$dq = \lambda dx \quad \rightarrow \quad Q = \int dq = \lambda \int dx = \lambda l$$

となり，σ，λ はそれぞれ $\sigma = \dfrac{Q}{S}$，$\lambda = \dfrac{Q}{l}$ で求められる.

2.3　電気力線とガウスの法則

■ 電気力線

電荷が周りの空間につくる電場を目に見えるように表すには，電気力線を書くとわかりやすい.

電気力線は，電場の中に正電荷を置き，この電荷が受ける静電気力の向きに，電荷を少しずつ動かしていったとき，正電荷の描く向きの矢印をつけた線である.

電気力線の各点での接線がその点での電場の向きを示す（図 2.2）. 電気力線の密度によって電場の強さを表すことができる. 電場の強さが E [N/C] のところでは，電場に垂直な面の単位面積を E [本] の電気力線が通るものと約

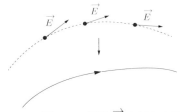

図 2.2　電場 $\vec{E}$ と電気力線

束する. 実際上は，E に比例して電場の強いところは密に，弱いところは疎（まばら）に引けばよい（図 2.3）. 電気力線の相対的数密度に意味がある. こうして描いた電気力線は次のような性質がある.

(1) 電気力線は，正電荷から出て無限遠へいくか，無限遠から来て負電荷に入るか，正電荷から出て負電荷に入るかのいずれかで，途中で発生したり消滅したりしない（図 2.4）.

(2) 電場のある空間の各点で電場の向きは決まっているから，電気力線はひと続きで折れ曲がったり，枝分かれしたり，交わったりすることはない.

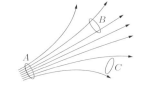

電気力線と電場の強さ
A：密度大（強い電場）
B：密度小（弱い電場）
C：電場は 0 ではなく，電気力線
の数を増やしていくと現れる.
図 2.3　電気力線と電場の強さ

■ 球の中心から出る電気力線の数

電荷と電気力線の数との関係について考えてみよう. 真空中に Q [C] の正の点電荷があるとき，電気力線は点電荷から出て無限遠にいたる放射状の直線である. この点電荷を中心とした半径 r [m] の球面 S（閉曲面）を考える. この面上での電場の強さはどこでも $E = k\dfrac{Q}{r^2}$ である. この球面上の小さな面積 dS（電場に垂直な断面）を貫く電気力線の数は，この面上での電場ベクトル $\vec{E}$ で代表させ，dS から出ていく電気力線の本数はすべて平行と考えてよいので，

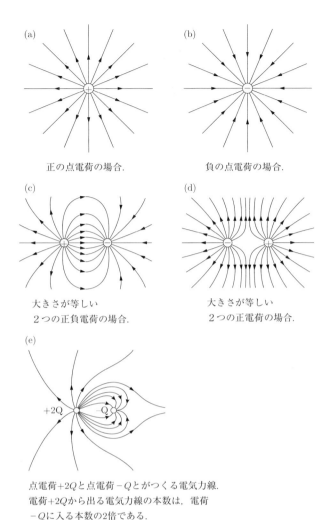

(a)

正の点電荷の場合.

(b)

負の点電荷の場合.

(c)

大きさが等しい
2つの正負電荷の場合.

(d)

大きさが等しい
2つの正電荷の場合.

(e)

+2Q   −Q

点電荷+2Qと点電荷−Qとがつくる電気力線.
電荷+2Qから出る電気力線の本数は，電荷
−Qに入る本数の2倍である.

図 2.4　電気力線

$$dN = EdS = k\frac{Q}{r^2}dS$$

となる．したがって，この球面全体（閉曲面）から出ていく電気力線の総本数は，

$$N = \oint_S EdS = E\oint_S dS$$
$$= ES = k\frac{Q}{r^2}\cdot 4\pi r^2 = 4\pi kQ = \frac{Q}{\varepsilon_0}[\text{本}]$$

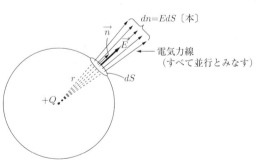

$dn = EdS\,[\text{本}]$

$\vec{n}$　$\vec{E}$

電気力線
（すべて並行とみなす）

r　dS

$+Q$

図 2.5　点電荷 Q から出る電気力線の
　　　総本数 N

となる（図 2.5）．ただし，上式から決まる N の単位は $\text{N·m}^2/\text{C}$ である．

■ 閉曲面内の電荷から出る電気力線の数

　球面でなく，任意の閉曲面 S の場合について考える．閉曲面 S 上の一点 P に，面積要素 dS をとる．ここで，図 2.6 のように面 dS に垂直な面要素ベクトル $d\vec{S}$ を導入する．$d\vec{S}$ は，dS に垂直な単位法線ベクトル $\vec{n}$（向きは曲面 S の内側から外側に向かう）を用いて，

$$d\vec{S} = \vec{n}\,dS$$

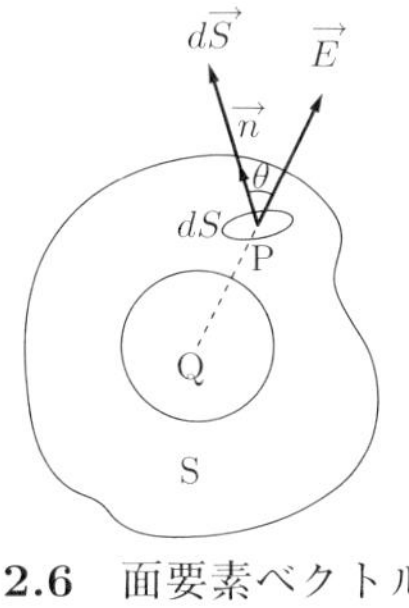

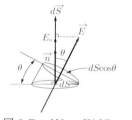

図 **2.6**　面要素ベクトル $d\vec{S}$

と表すことができる．点 P での電場を $\vec{E}$ とすると，$\vec{E}$ が面 dS を垂直に貫く場合の電気力線の本数は EdS であるが，$\vec{E}$ と $d\vec{S}$ とが垂直でない場合は，

$$dN = \vec{E} \cdot d\vec{S} = \vec{E} \cdot \vec{n}\,dS = EdS\cos\theta = E_n dS$$

となる．θ は $\vec{n}$ と $\vec{E}$ とのなす角である．$E_n(= E\cos\theta)$ は $\vec{E}$ の法線方向（面に垂直）の成分を表している（図 2.7）．

　この図で $\theta = 0°$ の場合が図 2.5 に相当する．一般に閉曲面 S 全体を貫いている電気力線の総本数 N は，

$$N = \oint_S \vec{E} \cdot d\vec{S} = \oint_S E_n dS$$

となる．この値は閉曲面 S 内の電荷 Q のみで決まり，

$$N = \oint_S \vec{E} \cdot d\vec{S} = \frac{Q}{\varepsilon_0}$$

図 **2.7**　$dN = E(dS\cos\theta)$
$= E_n dS$

となる．この法則は，閉曲面 S 内に点電荷が 2 個以上ある場合にも成り立つ．

■ ガウスの法則

　一般に，閉曲面 S 内に n 個の点電荷 Q_1，Q_2，$\cdots$，Q_n があるとき，面 S 上の電場 $\vec{E}$ はそれぞれの電荷がつくる電場 $\vec{E_1}$，$\vec{E_2}$，$\cdots$，$\vec{E_n}$ を重ね合わせて得られる．

　閉曲面 S を貫く電気力線の総本数 N に対応する量である**電気力線束**を Φ_E(electric flux) と定義すると，

$$\Phi_E(= N) = \oint_S \vec{E} \cdot d\vec{S} = \oint_S (\vec{E_1} + \vec{E_2} + \cdot + \vec{E_n}) \cdot d\vec{S}$$

$$= \oint_S \vec{E_1} \cdot d\vec{S} + \oint_S \vec{E_2} \cdot d\vec{S} + \cdots + \oint_S \vec{E_n} \cdot d\vec{S}$$

$$= \frac{Q_1}{\varepsilon_0} + \frac{Q_2}{\varepsilon_0} + \cdots + \frac{Q_n}{\varepsilon_0} = \frac{1}{\varepsilon_0}\sum_{i=1}^{n} Q_i$$

が成り立つ．これを静電場に関する**ガウスの法則**という．

　ガウスの法則の右辺の $\sum_i Q_i$ は閉曲面 S 内の点電荷の全電気量を表している．閉曲面 S 内に

電荷が連続的に一様に，

(1) l の長さに線密度 λ で分布しているとき

$$\sum_i Q_i \to \int_0^l \lambda dx = \lambda l$$

(2) S の面積に面密度 σ で分布しているとき

$$\sum_i Q_i \to \int_S \sigma dS = \sigma S$$

(3) V の体積に体積密度 ρ で分布しているとき

$$\sum_i Q_i \to \int_V \rho dV = \rho V$$

に置き換えればよい．さらに，電荷分布が対称的に分布しているときはガウスの法則を用いて電場の強さ E が簡単に求められる．

2.4 ガウスの法則の応用

■ 直線上に分布した電荷による電場

無限に長い直線上に線密度 λ の電荷が一様に分布している．直線から距離 r 離れた点における電場を求めてみよう (図 2.8)．

電荷分布の対称性（直線のまわりの回転で不変）から，電場は直線に垂直に放射状に広がり，電場の強さは，直線からの距離 r だけで決まり，方向にはよらない．直線を中心軸とする半径 r，高さ h の円筒を閉曲面 S にとる．電場 $\vec{E}$ は直線に垂直で円筒の側面では法線 $\vec{n}$ と平行になる．円筒の底面では $\vec{E}$ と $\vec{n}$ が直交する．したがって，ガウスの法則の左辺の積分は側面のみをとればよい．側面での電場の強さを $E(r)$ とすると，

$$\oint_S \vec{E} \cdot d\vec{S} = \oint_S \vec{E} \cdot \vec{n} dS = \int_{側面} E(r) dS = E(r) \cdot 2\pi rh$$

一方，右辺は全電気量は λh であるから，

$$E(r) \cdot 2\pi rh = \frac{1}{\varepsilon_0} \lambda h$$

$$\therefore\ E(r) = \frac{\lambda}{2\pi\varepsilon_0 r}$$

が得られる．

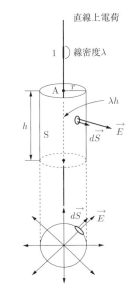

図 2.8 直線上に分布した電荷による電場

■ 平面上に分布した電荷による電場

無限に広がった平面の上に一様な面密度 σ で分布している電荷のつくる電場を求めてみよう

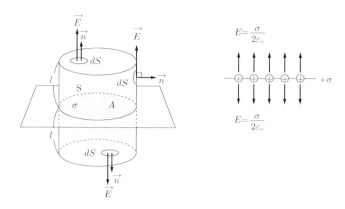

図 **2.9**　平面上に分布した電荷による電場

(図 2.9).

　電荷分布の対称性（面に垂直な直線のまわりの回転で不変）から，電場はこの平面に垂直で上，下に対称である．平面に垂直で底面積が A，平面から上下面までの距離が l に等しい円筒を閉曲面 S にとる．電場 $\vec{E}$ は円筒の上面，下面上では法線 $\vec{n}$ に平行で，円筒の側面では $\vec{E}$ と $\vec{n}$ は直交する．したがって，ガウスの法則の左辺の積分は上下面のみをとればよいから，

$$\oint_S \vec{E} \cdot \vec{n} \, dS = \int_{上面+下面} E \, dS = 2(EA)$$

一方，右辺は S 内の全電気量は σA となることを用いて，

$$2EA = \frac{1}{\varepsilon_0} \sigma A$$
$$\therefore \ E = \frac{\sigma}{2\varepsilon_0}$$

が得られる．

■ **2 つの平面に分布した電荷による各領域における電場**

　無限に広い 2 つの平面が平行におかれ，それぞれの平面上に電荷が一様な面電荷密度 σ，$-\sigma$ で分布している．平面によって分けられた各領域での電場 $\vec{E}$ を求めてみよう (図 2.10).

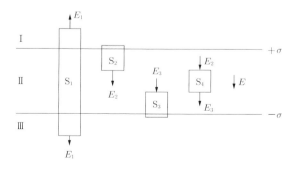

図 **2.10**　2 つの平行な平面に分布した電荷による電場

2つの平行な平面により3つの領域 I 〜 III に分けられる.閉曲面として (S_1) 〜 (S_4) の直円筒を考え,それぞれの直円筒上の上面,下面の電場の向きと強さを図のように仮定してガウスの法則を適用する.すべての直円筒の底面積を dS とする.外向きの電場のとき $\vec{E} \cdot \vec{n} = E$ $(d\vec{A} = \vec{n}dA)$,内向きのとき $\vec{E} \cdot \vec{n} = E \cos \pi = -E$ に注意すれば,

S_1 について
$$2E_1 dS = \frac{0}{\varepsilon_0} = 0 \ \ \text{より,} \ E_1 = 0 \ \text{となる.}$$

したがって,S_2 については上面からの寄与はないので,
$$E_2 dS = \frac{1}{\varepsilon_0}\sigma dS \quad \therefore E_2 = \frac{\sigma}{\varepsilon_0}$$

S_3 については
$$-E_3 dS = \frac{1}{\varepsilon_0}(-\sigma)dS \quad \therefore E_3 = \frac{\sigma}{\varepsilon_0}$$

S_4 については
$$-E_2 dS + E_3 dS = 0 \quad \therefore E_2 = E_3$$

となる.以上の結果から,I, III 領域の電場は 0 で,II 領域には向きは下向きで強さが $E = E_2 = E_3 = \dfrac{\sigma}{\varepsilon_0}$ の一様な電場が生じている.

（別解）

平面上に分布した電荷による電場の結果と電場の重ね合わせを用いるとより簡単に求められる.

$+\sigma$ 平面がつくる電場を実線で,その大きさを E_+ で表し,$-\sigma$ 平面がつくる電場を破線で,その大きさを E_- で表す（図 2.11）.(1) の結果より,$E_+ = E_- = \dfrac{\sigma}{2\varepsilon_0}$ である.下向きを電場の正の向きにすれば,領域 I, III での電場はそれぞれ $-E_+ + E_- = 0$,$E_+ - E_- = 0$ となるが,領域 II では $E_+ + E_- = 2E_+$ となって強め合い,大きさは $\dfrac{\sigma}{2\varepsilon_0} \times 2 = \dfrac{\sigma}{\varepsilon_0} = E$ となる.

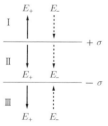

図 **2.11** 電場の重ね合わせによる方法

■ 球内に分布した電荷による電場

半径 a の球内に全電荷 Q が一様に分布しているとき,球の中心から距離 r の距離にある点における電場を求めてみよう（図 2.12）.

電荷分布の球対称性により,球の中心 O から距離 r の点における電場の強さ E を求める.半径 r の同心球面を閉曲面 S にとる.明らかに電場 $\vec{E}$ は球面 S 上で半径方向外向きで,その大きさは一定で,S の法線ベクトル $\vec{n}$ と平行になって,

$$\vec{E} \cdot d\vec{S} = \vec{E} \cdot \vec{n}dS = E$$

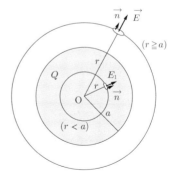

図 **2.12** 球内に分布した電荷による電場

である.ガウスの法則を $r < a$ と $r \geqq a$ の場合に分けて適用する.

(i) $r < a$ のとき

球内の電荷密度を ρ とする.ただし,$\rho = \dfrac{Q}{\frac{4}{3}\pi a^3}$.このとき,半径 r の球内の電気量（電荷

の総量）$Q(r)$ は $Q(r) = \dfrac{4}{3}\pi r^3 \rho = Q\left(\dfrac{r}{a}\right)^3$ と表せる．したがって，

$$4\pi r^2 E(r) = \frac{1}{\varepsilon_0}Q(r) = \frac{1}{\varepsilon_0}Q\left(\frac{r}{a}\right)^3$$

$$\therefore E(r) = \frac{Q}{4\pi\varepsilon_0 a^3}r$$

(ii)　$r \geqq a$ のとき

$$4\pi r^2 E(r) = \frac{1}{\varepsilon_0}Q$$

$$\therefore E(r) = \frac{1}{4\pi\varepsilon_0}\frac{Q}{r^2}$$

電場の大きさ $E(r)$ と r との関係をグラフに表すと図 2.13 のようになる．とくに，$r \geqq a$ の結果は，球対称に分布した電荷が球の外につくる電場は，その電荷がすべて球の中心に集まってできる点電荷 Q がつくる電場に等しいことを示している．この結果は，球対称に質量が分布した物体がつくる重力場は，すべての質量が中心に集まってできる質点がつくる重力場に等しくなる結果と似ている．次のような対応関係が成り立っている．

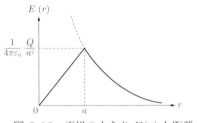

図 **2.13**　電場の大きさ $E(r)$ と距離 r との関係

$$
\begin{array}{ccc}
 & \text{電場} & \text{重力場} \\
E = +\dfrac{1}{4\pi\varepsilon_0}\dfrac{Q}{r^2} & & -g = -G\dfrac{M}{r^2} \\
 & Q \longleftrightarrow M & \\
+\dfrac{1}{4\pi\varepsilon_0} & \longleftrightarrow & -G \\
 & E \longleftrightarrow -g &
\end{array}
$$

これから，静電気力 $(q\vec{E})$ と重力 $(m\vec{g})$ とは，本質的に同じ運動学に従うことがわかる．

2.5　導体と不導体

■ 導体

　物体には電気をよく通す**導体**と，電気を通しにくい**不導体**（**絶縁体**）がある．自由に動ける電荷をもつ物体が**導体**である．電荷の担い手は正負のイオンと電子である．たとえば，食塩水（電解質溶液と呼ばれる）は自由に動ける Na^+ イオンと Cl^- イオンが電荷の担い手になる導体である．金属では一部の電子が原子核の束縛を離れて，陽イオン（残った電子と原子核）の間を自由に動きまわっている．したがって，金属は電子が電荷の担い手になる導体である．

■ 不導体

　一方，ガラスやエボナイトなどの原子はすべての電子が原子核に強く結合していて，電子は自由に動きまわることができず，これらは**不導体**である．図 2.14 に導体，不導体の構造を金属

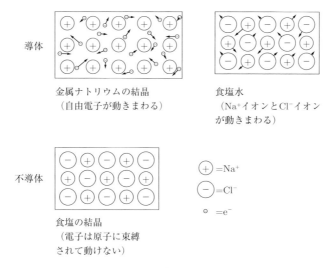

図 **2.14** 導体と不導体

ナトリウム，食塩水，食塩の結晶の例として示した．

2.6 静電誘導

■ 静電誘導

図 2.15 のように金属板に負に帯電したエボナイト棒を近づけると，エボナイト棒に近い側は正に，遠い側は負に帯電する．これは，金属板中の自由電子が，負に帯電しているエボナイト棒の電荷からクーロン力によって反発されて遠い側に動き，その結果，エボナイトに近い側には規則正しく並んだ陽イオン（動かない）が過剰になり正に帯電するからである．このような現象を**静電誘導**という．静電誘導で生じた正負電荷の大きさは等しく $(+Q, -Q)$，$(+Q) + (-Q) = 0$ が成り立ち電荷は保存している．静電誘導で生じた正負の電荷は分離できる．図 2.16 のように接触している金属板 A，B に負に帯電したエボナイト棒をもってきて静電誘導を起こさせ，金属棒

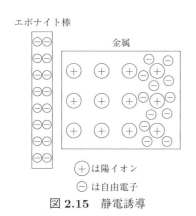

⊕は陽イオン
⊖は自由電子

図 **2.15** 静電誘導

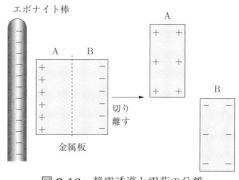

図 **2.16** 静電誘導と電荷の分離
帯電体を近づけたままで AB を離すと，正負の電荷に分離できる．

A，B をはなしてからエボナイト棒を遠ざけると，A は正に，B は負に帯電し，正負の電荷は分離できる．それらはいずれも表面に分布する（図 2.16）．これから，導体に余剰電荷が与えられると，これらの電荷がすべて表面に分布することがわかる．電場の中に導体をおくと（図 2.17a），静電誘導により導体の表面に生じた正負の電荷が外部の電場と反対向きの電場を新しくつくる（図 2.17b）．この電場がちょうど外部の電場を打ち消すように電子が配置され，全体として導体内部のいたるところで電場が 0 になったとき，自由電子の移動が終わる（図 2.17c）．この平衡状態に達するまでの時間はきわめて短い（10^{-16} s 程度）．また，平衡状態では導体表面では電場（電気力線）は導体表面に垂直である．なぜなら，導体表面で，電気力線が導体表面に垂直でなければ，つまり，導体表面での電場が表面に垂直でなければ，表面にはたらく電気力には表面に平行な成分があるので，表面に沿って電荷の移動が起こることになり，導体の平衡状態に反するからである．したがって，導体が帯電したとき，電荷の分布は表面に限られる．静電誘導により発生した電荷を**誘導電荷**という．

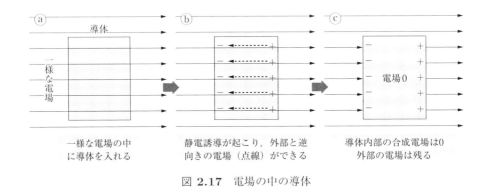

図 **2.17**　電場の中の導体

■ 導体表面付近の電場

導体についてのこれらの性質から，導体表面付近の外側の電場を求めることができる．これは次のようにして求めることができる．表面上に小さな円を考える．この円は十分に小さく，そこは平面と考えることができる．導体表面の電荷密度を σ としてガウスの法則を適用する．このためにこの円に垂直な円筒を考える（図 2.18）．閉曲面（円筒）についての積分を考えると，側面では電場はこれに平行，また下面（導体内部）では電場が 0 なので，上面だけが残る．したがってガウスの法則は，円の面積を S として，

$$\oint_S \overrightarrow{E} \cdot d\overrightarrow{S} = \int_{\text{上面}} \overrightarrow{E} \cdot \overrightarrow{n} \, dS = E \int_{\text{上面}} dS = ES = \frac{\sigma S}{\varepsilon_0} \quad (\because \ \overrightarrow{E} \ /\!/ \ \overrightarrow{n})$$

$$\therefore E = \frac{\sigma}{\varepsilon_0}$$

である．これが導体近くの電場の強さである．

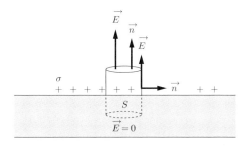

図 **2.18**　導体表面の電場

■ 静電遮蔽（しゃへい）

　導体の内部に空洞がある場合を考える.

　空洞内に電荷がない場合には，導体に外から与えた電荷も，静電
誘導による誘導電荷も，空洞がないときと同様，電荷はすべて導体
の外側の表面に集まる. これは空洞を閉局面 S を導体内にとってガ
ウスの法則を適用すれば明らかで

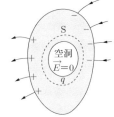

図 **2.19**　静電遮蔽

$$\oint_{S} \vec{E} \cdot d\vec{S} = 0 = \frac{q}{\varepsilon_0} \ (\because \text{S 上で} \vec{E} = \vec{0})$$

から $q = 0$ となり，空洞の表面に電荷は現れないことがわかる. したがって，空洞内はそこに導
体があるときと同様，電場も 0 になっている（図 2.19）. これは，外部の電場は導体内の空洞に影
響を与えないことを示している. これを**静電遮蔽（シールド）**という. 雷が発生した場合，自動
車の中にいると安全といわれるのは，静電遮蔽のおかげである. 空洞内に電荷 q が存在する場合
は，空洞内の電荷を囲む閉局面 S_1，導体内を通る閉局面 S_2，導体全体を囲む閉局面 S_3 を考え，
それぞれにガウスの法則を適用すると，図 2.20 のように電荷が分布することがわかる. 導体を接
地すると，導体の外側の電荷 q は地面に逃げる. この結果，導体の外側には電荷が現れず，電場
も 0 になる. この場合も，導体の外と内は静電気的に完全に遮断される.

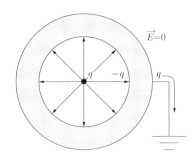

図 **2.20**　空洞内に電荷 q がある場合の静電遮蔽

例題 2-1　電場の定義

〔1〕　次の □ に適当な式または語句を入れよ．また，（　　）は適当と思われるものを選べ．

電荷に静電気力を及ぼす空間を □1 という．電場の様子は電荷が受ける静電気力の向きと大きさによって表される．

電場中に +1 C の試験電荷を置いたとき，この電荷が受ける静電気力の向きを電場の向き，この電荷が受ける力の大きさを電場の強さと決める．このように，電場は向きと大きさを持つ（2：スカラー・ベクトル）で表される．電場を表すベクトルを $\vec{E}$ [N/C] とし，電場 $\vec{E}$ 中にある電荷 q [C] の受ける静電気力を $\vec{F}$ [N] とすれば，次の関係式が成り立つ．

$$\vec{F} = \boxed{\ 3\ }$$

〔2〕　次の各問いに答えよ．

(1)　点 P にある -2.0×10^{-6} C の点電荷が右向きに 6.0×10^{-4} N の静電気力を受けた．この点 P の電場の向きと強さを求めよ．

(2)　点 Q での電場の向きは右向き，強さは 3.0×10^2 N/C であったとする．この点 Q に $+1.0 \times 10^{-6}$ C の点電荷を置いたとき，この点電荷が受ける力の向きと大きさを求めよ．また，点 Q に -1.0×10^{-6} C の点電荷を置いたとき，この点電荷が受ける力の向きと大きさを求めよ．

【解答】

〔1〕(1) … 電場　　　　　　(2) … ベクトル　　　　(3) … $(\vec{F} =) q\vec{E}$

〔2〕(1)　向き … 負電荷は電場と逆向きに静電気力を受けるので，電場の向きは左向き

$$大きさ \cdots E = \frac{6.0 \times 10^{-4}}{|-2.0 \times 10^{-6}|} = 3.0 \times 10^2 \,\mathrm{N/C}$$

(2)　$+1.0 \times 10^{-6}$ C の点電荷をおいたとき

向き … 右向き（電場と同じ向き）

$$大きさ \cdots F = |+1.0 \times 10^{-6})| \times (3.0 \times 10^2) = 3.0 \times 10^{-4} \,\mathrm{N}$$

-1.0×10^{-6} C の点電荷をおいたとき

向き … 左向き（電場と逆向き）

$$大きさ \cdots F = |-1.0 \times 10^{-6})| \times (3.0 \times 10^2) = 3.0 \times 10^{-4} \,\mathrm{N}$$

例題 2-2　点電荷がつくる電場

図 2.21 のように, 6.0 m 離れた 2 点 A, B にそれぞれ $+2.0\mu$C, -3.0μC の点電荷を固定した. クーロンの法則の比例定数を 9.0×10^9 N·m^2/C^2 とする.

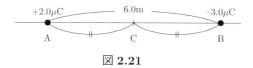

図 **2.21**

(1)　線分 AB の中点 C の電場の向きと強さを求めよ.

(2)　点 C に -4.0μC の点電荷を置いたとき, この点電荷が受ける力の向きと大きさを求めよ.

【解答】

(1)　A にある点電荷が C につくる電場の向きは右向きで, 大きさ E_A は,

$$E_A = (9.0 \times 10^9) \times \frac{|+2.0 \times 10^{-6}|}{3.0^2} = 2.0 \times 10^3 \text{ N/C}$$

B にある点電荷が C につくる電場の向きは右向きで, 大きさ E_B は,

$$E_B = (9.0 \times 10^9) \times \frac{|-3.0 \times 10^{-6}|}{3.0^2} = 3.0 \times 10^3 \text{ N/C}$$

よって, C の電場の向きは右向きで, 大きさ E は,

$$E = 2.0 \times 10^3 + 3.0 \times 10^3 = 5.0 \times 10^3 \text{ N/C}$$

(2)　負電荷は電場と逆向きの静電気力を受けるので力の向きは左向き, 静電気力の大きさ F は,

$$F = |-4.0 \times 10^{-6}| \times (5.0 \times 10^3) = 2.0 \times 10^{-2} \text{ N}$$

演習問題
A

2.1 次のそれぞれの場合について，A ～ D の各点での電場の向きを矢印で示せ．ただし，(3) の点電荷の電気量の大きさ（絶対値）は等しいものとする．

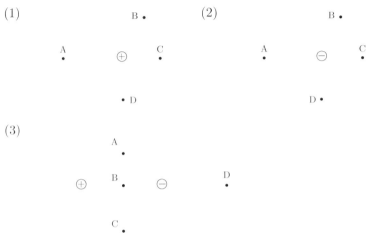

図 **2.22**

2.2 x 軸上の原点 O に Q [C] の点電荷を置く．このとき，点 A ($x = 3.0$ m)，B ($x = -2.0$ m) での電場の向きと強さを次のそれぞれの場合について求めよ．ただし，クーロンの法則の比例定数を 9.0×10^9 N·m²/C² とする．

(1) $Q = 2.0 \times 10^{-6}$ C の場合．

(2) $Q = -3.0 \times 10^{-6}$ C の場合．

2.3 図 2.23 のように，x 軸上の点 A ($x = -a$) に $-2Q$ の負電荷，点 B ($x = a$) に $+Q$ の正電荷を固定した．クーロンの法則の比例定数を k とする．

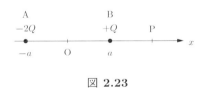

図 **2.23**

(1) 原点 O ($x = 0$) での電場 $\overrightarrow{E_1}$ の向きと強さを求めよ．

(2) 点 P ($x = 2a$) での電場 $\overrightarrow{E_2}$ の向きと強さを求めよ．

(3) 電場の強さが 0 となる位置を求めよ．

2.4　図 2.24 のように，xy 平面上の点 A $(a,0)$ に $+Q$ の正電荷，点 B $(0,a)$ に $-Q$ の負電荷を固定した．クーロンの法則の比例定数を k とする．

(1)　点 C (a,a) での電場 $\overrightarrow{E_1}$ を成分表示せよ．
(2)　点 D $(2a,a)$ での電場 $\overrightarrow{E_2}$ を成分表示せよ．

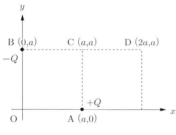

図 **2.24**

2.5　図 2.25 のように，xy 平面上の点 A $(a,0)$ に $-Q$ の負電荷，点 B $(-a,0)$ に $+Q$ の正電荷を固定した．このとき，点 P $(0,b)$ での電場 $\overrightarrow{E}$ の向きと強さを求めよ．ただし，クーロンの法則の比例定数を k とする．

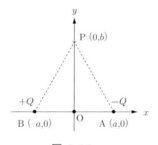

図 **2.25**

演習問題
B

2.6　図 2.26 のように，点 A $(0,a)$ に $+Q$ の正電荷，点 B $(0,-a)$ に $-Q$ の負電荷を固定した．クーロンの法則の比例定数を k とする．

(1)　x 軸上の点 P $(x,0)$ での電場の向きとその強さ $E_1(x)$ を求めよ．
(2)　y 軸上の点 Q $(0,y)$ での電場の向きとその強さ $E_2(y)$ を，

　　　(i) $y < -a$,　　　　(ii) $-a < y < a$,　　　(iii) $a < y$

の場合についてそれぞれ求めよ．

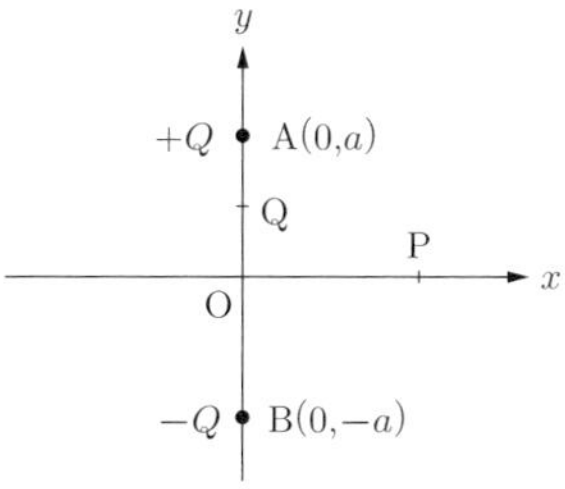

図 **2.26**

例題 2–3　電気力線

〔1〕　電気力線の性質について，次の □ に適当な語句を入れよ．また，
（　　）は適当な方を選べ．

(1)　電気力線上のある点の接線方向はその点の □1 の方向と一致
する．

(2)　電気力線は □2 から出て □3 で終わり，途中で増減しない．

(3)　電気力線同士は途中で □4 したり，□5 したりしない．

(4)　電場の強さは電気力線の □6 で表され，電場の強いところでは
電気力線は（7：疎・密），弱いところでは（8：疎・密）となる．ま
た，電場の強さが E [N/C] の場所では，電場に垂直な断面を単位
面積あたり □9 本の電気力線が貫くものとする．

〔2〕　次のそれぞれの場合について，点電荷のまわりの電気力線の概略を書
き入れよ．

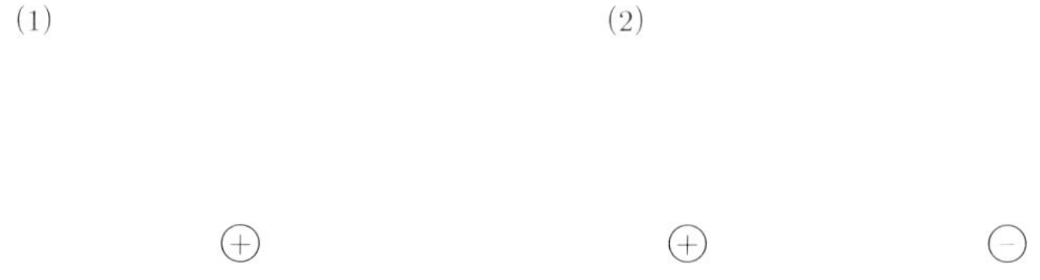

(1)　　　　　　　　　　　　　　　　(2)

⊕　　　　　　　　⊕　　　　　　　　○

図 2.27

【解答】

〔1〕　(1) … 電場　　　　(2) … 正電荷　　　(3) … 負電荷

(4) … 交差　　　　(5) … 分岐　　　(6) … 密度

(7) … 密　　　　　(8) … 疎　　　　(9) … E

〔2〕

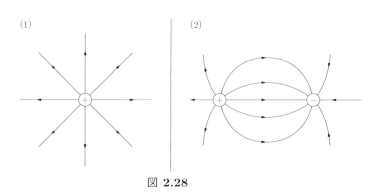

図 2.28

演習問題
A

2.7　図 2.29 は，$+20Q$ [C] の正電荷と $-8Q$ [C] の負電荷を置いたときの，その周囲の電気力線の様子を描いたものである．このとき，図中の A ～ D の各点での電場の向きを矢印で書き入れよ．

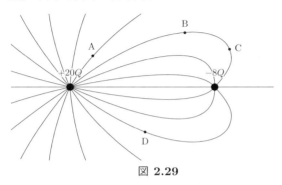

図 **2.29**

演習問題
B

2.8　強さ E [N/C] の一様な電場 $\vec{E}$ がある．電気力線は図 2.30(a) のようにそれぞれ平行である．この電場中にある面 S （面積 ΔS）を貫く電気力線の本数を求めたい．次の $\boxed{}$ に適当な式を入れよ．

(1)　図 2.30(b) のように，面 S が電場 $\vec{E}$ に垂直であるとき，この面 S を貫く電気力線の本数 N_1 は $\boxed{1}$ となる．

(2)　図 2.30(c) のように，面 S が電場 $\vec{E}$ に垂直な面と θ の角をなす場合を考える．このとき，面 S を電場 $\vec{E}$ に垂直な面に射影したとき，その面積は $\boxed{2}$ であるので，面 S を貫く電気力線の本数 N_2 は $\boxed{3}$ となる．ここで図 2.30(c) のように，面 S に垂直な単位ベクトル $\vec{n}$ を考える．$\vec{E}$ と $\vec{n}$ のなす角は $\boxed{4}$ であるので，$\vec{E} \cdot \vec{n} = |\vec{E}||\vec{n}| \boxed{5} = E \boxed{5}$ となる．よって，N_2 は $\vec{E}$，$\vec{n}$ および ΔS を用いて $\boxed{6}$ と書き表すことができる．

(a)
E [N/C]

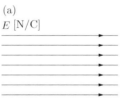

(b)
E [N/C]

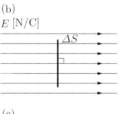

(c)
E [N/C]

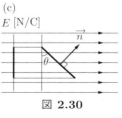

図 **2.30**

例題 2–4　ガウスの法則

次の □ に適当な式または語句を入れよ.

Q の正電荷から出る電気力線の本数 N を
求めよう. 図 2.31 のように, 点電荷を中
心とする半径 r [m] の球面を考える. この
球面上ではどこも正電荷からの距離が r と
なるので, どこも電場の強さは等しくなる.
クーロンの法則の比例定数を k とすると,
球面上の電場の強さ E は, E = □ 1 と
なる. 電気力線は正電荷より放射状に広が

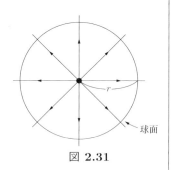

図 2.31

り, この球面を垂直に貫く. よって, この球面の単位面積あたりを貫く電
気力線の本数（密度）は □ 2 本である. 電気力線は途中で消滅したり分
岐したりしないので, 点電荷から出る電気力線の本数 N は, この球面を
貫く電気力線の本数と等しくなり,

$$N = （電気力線の密度）\times（球の表面積）= \boxed{3}$$

となる. また, これは真空中の誘電率 ε_0 を用いて

$$N = \boxed{4}$$

と表すこともできる.

これらのことは, 球面だけではなく任意の閉曲面に対して, また, その閉
曲面の中に多くの電荷が分布している場合に対してでも成り立つ. 一般に,
任意の閉曲面内の全電荷が Q [C] であるとき,

$$その閉曲面から出ていく電気力線の総本数 = \frac{\boxed{5}}{\varepsilon_0}$$

となる. これを □ 6 という. なお, 閉曲面内の電荷が負の場合は同数の
電気力線が閉曲面内に入る.

【解答】

$(1) \cdots (E =)\ k\dfrac{Q}{r^2}$　　　　　　　　$(2) \cdots E$ または $k\dfrac{Q}{r^2}$

$(3) \cdots \left(N = k\dfrac{Q}{r^2}\times 4\pi r^2 =\right)\ 4\pi kQ$　　$(4) \cdots (N =)\ \dfrac{Q}{\varepsilon_0}$

$(5) \cdots Q$　　　　　　　　　　　　　　$(6) \cdots$ ガウスの法則

演習問題
A

2.9 図2.32のように，$+2Q$ [C] の正電荷と $-Q$ [C] の負電荷がある．閉曲面 S_1，S_2，S_3，S_4 を貫く電気力線の総本数を求めよ．ただし，閉曲面を貫いて出ていく本数を $+$，入る本数を $-$ として答えよ．ただし，真空中の誘電率を ε_0 とする．

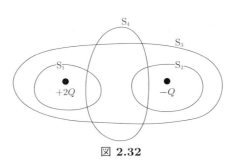

図 **2.32**

演習問題
B

2.10 ガウスの法則を数式を用いて表したい．次の □ に適当な式を入れよ．

図2.33のように，Q [C] の正電荷を囲む閉曲面 S を考える．この閉曲面をこまかく分割し，その1つの部分（面積要素 dS）に注目する．dS が非常に小さいときは，この部分を平面とみなすことができ，この面に垂直な単位ベクトルを $\vec{n}$ とする．

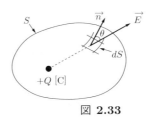

図 **2.33**

この部分での電場を $\vec{E}$ (大きさ E)，$\vec{E}$ と $\vec{n}$ のなす角を θ とすると，この面積要素を貫いて出ていく電気力線の総数 dN は，

$$dN = \boxed{1} \times dS$$

となる．したがって，この閉曲面 S を貫いて出ていく電気力線の総本数 N は，

$$N = \int_S \boxed{1} \, dS$$

と表せる．この総本数が $\boxed{2}$ であるので（例題2-4を参照），ガウスの法則は，

$$\boxed{\qquad 3 \qquad}$$

と書き表すことができる．

例題 2–5　連続分布した電荷が作る電場（ガウスの法則の応用）

図 2.34 のように，無限に長い直線上に線密度 λ の電荷が一様に分布している．このとき，直線より r だけ離れた点 P での電場の強さを求めよ．ただし，誘電率を ε_0 とする．

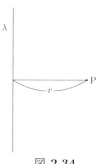

図 2.34

【解答】

（解法 1）

クーロンの法則の比例定数を k とする．図 2.35 のように x 軸，y 軸および原点 O を定めて，y 軸上の微小部分 dy を考える．この微小部分にある電荷 dQ は，

$$dQ = \lambda dy$$

となるので，微小部分から点 P までの距離を R とすると，微小部分が点 P につくる電場の強さ $\overrightarrow{dE}$ は，

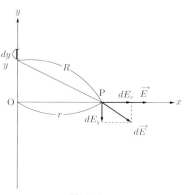

図 2.35

$$\overrightarrow{dE} = k\frac{dQ}{R^3}(r, -y) = \frac{k\lambda dy}{(y^2 + r^2)^{\frac{3}{2}}}(r, -y)$$

となり，$\overrightarrow{dE} = (dE_x, dE_y)$ として成分ごとに書くと，

$$dE_x = \frac{k\lambda r dy_i}{(y^2 + r^2)^{\frac{3}{2}}}$$

$$dE_y = -\frac{k\lambda y dy}{(y^2 + r^2)^{\frac{3}{2}}}$$

となる．よって，直線全体の電荷によってつくられる点 P の電場 $\overrightarrow{E}$ の x 成分 E_x，y 成分 E_y はそれぞれ次のようになる．

$$E_x = \int_{-\infty}^{\infty} \frac{k\lambda r}{(y^2 + r^2)^{3/2}} dy$$

$$E_y = -\int_{-\infty}^{\infty} \frac{k\lambda y}{(y^2 + r^2)^{3/2}} dy$$

ここで，$y = r\tan\theta$ とおくと，$\dfrac{dy}{d\theta} = \dfrac{r}{\cos^2\theta}$，

y	$-\infty$	$\to$	∞
θ	$-\frac{\pi}{2}$	$\to$	$\frac{\pi}{2}$

であり，

$$\frac{1}{(y^2+r^2)^{3/2}}=\frac{\cos^3\theta}{r^3}$$

であるので，

$$E_x = \int_{-\frac{\pi}{2}}^{\frac{\pi}{2}}\frac{k\lambda r\cos^3\theta}{r^3}\frac{r}{\cos^2\theta}d\theta = \frac{k\lambda}{r}\int_{-\frac{\pi}{2}}^{\frac{\pi}{2}}\cos\theta d\theta$$

$$= \frac{k\lambda}{r}\Big[\sin\theta\Big]_{-\frac{\pi}{2}}^{\frac{\pi}{2}} = \frac{2k\lambda}{r}$$

$$E_y = -\int_{-\frac{\pi}{2}}^{\frac{\pi}{2}}\frac{k\lambda r\tan\theta\cos^3\theta}{r^3}\frac{r}{\cos^2\theta}d\theta = -\frac{k\lambda}{r}\int_{-\frac{\pi}{2}}^{\frac{\pi}{2}}\sin\theta d\theta$$

$$= -\frac{k\lambda}{r}\Big[-\cos\theta\Big]_{-\frac{\pi}{2}}^{\frac{\pi}{2}} = 0$$

以上より，点 P での電場の向きは x 軸の正の向きで，その強さ E は，

$$E = \frac{2k\lambda}{r} = \frac{\lambda}{2\pi\varepsilon_0 r}$$

（解法 2）

　直線から等しい距離の位置ではどこも電場の強さは等しくなるので，閉曲面 S を図 2.36 のような半径 r，高さ l の円柱にとる．このとき，面に垂直な単位ベクトルを $\vec{n}$ とすると，上面と下面では $\vec{E}\perp\vec{n}$，側面では $\vec{E}/\!/\vec{n}$ となり，側面上ではどこも電場の強さは等しくなる．また，この閉曲面 S 内の電荷は $Q=\lambda l$ となる．よって，点 P での電場の強さを E とすると，ガウスの法則 $\displaystyle\int_{\mathrm{S}}\vec{E}\cdot\vec{n}\,dS=\frac{Q}{\varepsilon_0}$ より，

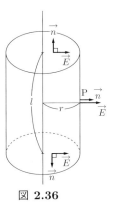

図 **2.36**

$$\int_{上面}\vec{E}\cdot\vec{n}\,dS + \int_{側面}\vec{E}\cdot\vec{n}\,dS + \int_{下面}\vec{E}\cdot\vec{n}\,dS = \frac{Q}{\varepsilon_0}$$

$$0 + E\times(2\pi r\cdot l) + 0 = \frac{\lambda l}{\varepsilon_0}$$

$$\therefore E = \frac{\lambda}{2\pi\varepsilon_0 r}$$

演習問題

A

2.11　図 2.37 のように，十分に広くて薄い平板に面密度 σ の電荷が一様に分布している．この平面より d だけ離れた点 P での電場の強さをガウスの法則を用いて求めよ．ただし，真空中の誘電率を ε_0 とする．

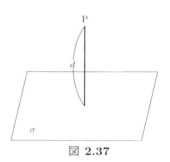

図 2.37

2.12　十分に広くて薄い 2 枚の平板 A，B にそれぞれ面密度 $+\sigma$，$-\sigma$ $(\sigma > 0)$ の電荷が一様に分布している．この 2 枚の平板を図 2.38 のように距離 d だけ隔てて平行に置いた．点 P，Q，R での電場の向きと強さをそれぞれ求めよ．ただし，真空中の誘電率を ε_0 とする．

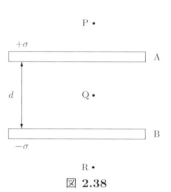

図 2.38

演習問題

B

2.13　図 2.39 のように，原点 O を中心とする半径 R の球面内に $+Q$ の電荷が一様に分布している．このとき，原点 O からの距離が r の点 P での電場

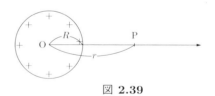

図 2.39

の強さを次のそれぞれの場合について求めよ．ただし，真空中の誘電率を ε_0 とする．

(1)　点 P が球面の外部にある，つまり $r \geqq R$ の場合．

(2)　点 P が球面の内部にある，つまり $r < R$ の場合．

例題 2–6　円板がつくる電場

　図 2.40 のように，十分に薄い半径 R の円板上に面密度 σ の電荷が一様に分布している．誘電率を ε_0 とする．

(1)　円板の中心軸上で円板の中心 O から距離 z だけ離れた点 P での電場の強さ E を求めよ．

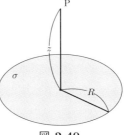

図 2.40

(2)　$z \ll R$ のとき，点 P での電場の強さは

$$E \fallingdotseq \frac{\sigma}{2\varepsilon_0}$$

と表されることを示せ．

(3)　$z \gg R$ のとき，円板の総電気量を Q とすると，点 P での電場の強さは

$$E \fallingdotseq \frac{1}{4\pi\varepsilon_0}\frac{Q}{z^2}$$

と表されることを示せ．なお，必要であれば $x \ll 1$ のとき近似式 $(1 \pm x)^n \sim 1 \pm nx$ が成り立つことを用いよ．

【解答】

(1)　図 2.41 のように，座標軸等を定める．図 2.40 の微小部分の面積 dS は，

$$dS = r dr d\theta$$

となり，微小部分の電荷 dQ は，

$$dQ = \sigma dS = \sigma r dr d\theta$$

となる．よって，微小部分から点 P までの距離を R とおくと，微小部分が点 P につくる電場 $d\vec{E}$ の大きさ dE は，

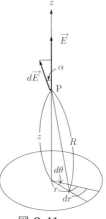

図 2.41

$$dE = \frac{1}{4\pi\varepsilon_0}\frac{dQ}{R^2} = \frac{1}{4\pi\varepsilon_0}\frac{\sigma r dr d\theta}{R^2}$$

となる．円板上の電荷によってつくられる点 P の電場 $\vec{E}$ の向きは対称性より明らかに z 軸の方向となるので，点 P での電場の強さ E は $d\vec{E}$ の z 成分だけを考えて足し合わせをすればよい．よって，円板の領域を

S として，図 2.40 のように角 α とおくと，

$$
\begin{aligned}
E &= \iint_{\mathrm{S}} dE \cos \alpha \\
&= \int_0^{2\pi} \int_0^R \frac{1}{4\pi\varepsilon_0} \cdot \frac{\sigma r}{R^2} \cdot \cos \alpha \; dr d\theta \\
&= \int_0^{2\pi} \int_0^R \frac{1}{4\pi\varepsilon_0} \cdot \frac{\sigma r}{R^2} \cdot \frac{z}{R} dr d\theta \\
&= \int_0^{2\pi} \int_0^R \frac{1}{4\pi\varepsilon_0} \cdot \frac{\sigma r z}{R^3} \; dr d\theta \\
&= \int_0^{2\pi} \int_0^R \frac{1}{4\pi\varepsilon_0} \cdot \frac{\sigma r z}{(z^2 + r^2)^{3/2}} \; dr d\theta \\
&= \frac{\sigma z}{4\pi\varepsilon_0} \int_0^R \int_0^{2\pi} \frac{r}{(z^2 + r^2)^{3/2}} \; d\theta dr \\
&= \frac{\sigma z}{4\pi\varepsilon_0} \int_0^R \frac{r}{(z^2 + r^2)^{3/2}} \Big[\theta \Big]_0^{2\pi} \; dr \\
&= \frac{\sigma z}{4\pi\varepsilon_0} \cdot 2\pi \cdot \int_0^R \frac{r}{(z^2 + r^2)^{3/2}} \; dr
\end{aligned}
$$

となる．ここで，$z^2 + r^2 = X$ とおくと，$2r \dfrac{dr}{dX} = 1$，

$\begin{array}{c|ccc} r & 0 & \to & R \\ \hline X & z^2 & \to & z^2 + R^2 \end{array}$ となるので，

$$
\begin{aligned}
\int_0^R \frac{r}{(r^2 + z^2)^{3/2}} dr &= \int_{z^2}^{z^2 + R^2} \frac{1}{2X^{\frac{3}{2}}} dX \\
&= -\left[\frac{1}{\sqrt{X}} \right]_{z^2}^{z^2 + R^2} \\
&= -\frac{1}{\sqrt{z^2 + R^2}} + \frac{1}{z}
\end{aligned}
$$

以上より，

$$
\begin{aligned}
E &= \frac{\sigma z}{4\pi\varepsilon_0} \cdot 2\pi \cdot \left(-\frac{1}{\sqrt{z^2 + R^2}} + \frac{1}{z} \right) \\
&= \frac{\sigma}{2\varepsilon_0} \left(-\frac{z}{\sqrt{z^2 + R^2}} + 1 \right)
\end{aligned}
$$

(2) $z \ll R$ のとき，$\dfrac{R}{z} \gg 1$ なので，

$$
\frac{z}{\sqrt{z^2 + R^2}} = \frac{1}{\sqrt{1 + \left(\dfrac{R}{z} \right)^2}} \to 0
$$

となる．よって，

$$
E \fallingdotseq \frac{\sigma}{2\varepsilon_0}
$$

(3) $z \ll R$ のとき, $\dfrac{R}{z} \ll 1$ なので,

$$\frac{z}{\sqrt{z^2 + R^2}} = \frac{1}{\sqrt{1 + \left(\dfrac{R}{z}\right)^2}} = \left\{ 1 + \left(\frac{R}{z}\right)^2 \right\}^{-\frac{1}{2}} \to 1 - \frac{1}{2}\left(\frac{R}{z}\right)^2$$

となる. よって,

$$E \fallingdotseq \frac{\sigma}{2\varepsilon_0} \left[-\left\{ 1 - \frac{1}{2}\left(\frac{R}{z}\right)^2 \right\} + 1 \right] = \frac{\sigma}{4\varepsilon_0} \cdot \frac{R^2}{z^2}$$

となり, $\sigma = \dfrac{Q}{\pi R^2}$ であるので,

$$E \fallingdotseq \frac{1}{4\varepsilon_0} \cdot \frac{Q}{\pi R^2} \cdot \frac{R^2}{z^2} = \frac{1}{4\pi\varepsilon_0} \frac{Q}{z^2}$$

例題 2-7　電場中の荷電粒子の運動

　図 2.42 のように，2 枚の極板を平行におき，それぞれを正極と負極に接続したところ，極板間には一様な電場ができ，極板間の電圧は V となった．極板間隔は d であり，極板の長さは l である．また，x 軸，y 軸，原点 O を図 2.42 のように定める．いま，質量 m，電荷 $-e$ の電子を初速度の大きさ v_0 で原点 O より x 軸に沿って極板間の中央に打ち込んだところ，電子は点 A で極板間を抜け，距離 L だけ離れた蛍光板に点 B で衝突した．重力の影響は無視できるものとする．

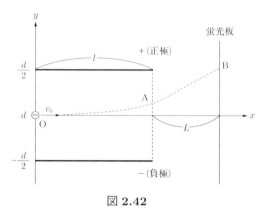

図 2.42

(1)　極板間につくられた電場の向きとその強さ E を求めよ．

(2)　電子が極板を抜けた点 A での電子の速度の x 成分，y 成分を求めよ．

(3)　電子が蛍光板に衝突した点 B の y 座標を求めよ．

【解答】

(1)　上の極板が正，下の極板が負なので，極板間にできる電場の向きは下向きとなり，その強さ E は $V = Ed$ より，

$$E = \frac{V}{d}$$

(2)　電子の x 方向の運動は等速度なので，点 A での v_x（速度の x 成分）は，

$$v_x = v_0$$

となり，点 A に到達するまでの時間（極板を通り抜けるまでの時間）は，$t = \dfrac{l}{v_0}$ となる．また，y 方向は $ma = eE = e\dfrac{V}{d}$ より，$a = \dfrac{eV}{md}$ となるので，点 A での v_y（速度の y 成分）は，

$$v_y = at = \frac{eVl}{mdv_0}$$

(3) 点 A での y 座標 y_A は

$$y_A = \frac{1}{2}at^2 = \frac{eVl^2}{2mdv_0{}^2}$$

となる．また，AB 間には電場
がないので電子は等速直線運動
をする．図 2.43 のように，電子
が点 A を通過するときの水平
との角を θ とすると，点 B の
y 座標 y_B は，

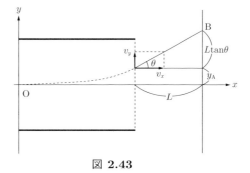

図 **2.43**

$$
\begin{aligned}
y_B &= y_A + L\tan\theta \\
&= y_A + L\frac{v_y}{v_x} \\
&= \frac{eVl^2}{2mdv_0{}^2} + L\frac{eVl}{mdv_0{}^2} \\
&= \frac{eVl(l+2L)}{2mdv_0{}^2}
\end{aligned}
$$

第3章
電　位

3.1　電位

■ 電位

　図3.1のように，強さ E [N/C] の一様な電場の中に，基準点 A に電荷 q をおくと静電気力 qE がはたらく．この電荷を点 A から d の距離にある点 B まで静電気力につり合う外力 F_e を加えてゆっくりと動かすとき，外力 F_e のした仕事は $F_e d = qEd$[J] となる．この仕事を基準点 A に対する点 B でのこの電荷の静電気力による**ポテンシャルエネルギー**（位置エネルギー）といい，

$$U = qEd$$

で表す.

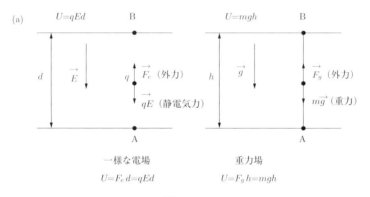

図 3.1

　以上のことは，図3.2に示すように，重力 mg に逆らって物体を h の高さまで重力につり合う外力 F_g を加えてゆっくりと運び上げるとき，外力 F_g のした仕事は $F_g h = mgh$ となり，これが物体の重力による位置エネルギーといい，$U = mgh$ で表すのに対比される．静電気力や重力は保存力であるので，それらの位置エネルギーは途中の経路によらず初めの位置と終わりの位置で決まる特徴がある．このことは，図3.2に示すように，電荷 q を静電気力に逆らって点 A から点 B まで経路 C_1（A→B），C_2（A→A′→B）に沿って外力 $\vec{F_e}$ のする仕事はともに qEd になることからもわかる．経路は C_1，C_2 にかぎらず任意の経路 C について同じ値（qEd）になることが示される．比較のため同様の関係が重力の場合についても示してある．

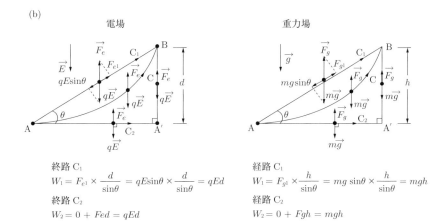

図 **3.2**

さて，点 B での 1 C あたりの静電気力によるポテンシャルエネルギーを，基準点 A に対する点 B の**電位**または**静電ポテンシャル**といい，V または ϕ で表す．

$$V = \frac{U}{q}(= Ed)$$

電位の単位は J/C となるが，これをボルト（記号 V）という．したがって，$1\,[\mathrm{V}] = 1\,[\mathrm{J/C}]$ である．$E = \dfrac{V}{d}\,[\mathrm{V/m}]$，$U = qV\,[\mathrm{J}]$ の関係が成り立っている．

■ 電位差

電荷 $q\,[\mathrm{C}]$ を電位 $V_\mathrm{A}\,[\mathrm{V}]$ の点 A から電位 $V_\mathrm{B}\,[\mathrm{V}]$ の点 B まで，静電気力に逆らってゆっくり動かすのに必要な外力のする仕事，すなわちポテンシャルエネルギー U は，静電気力が点 B から点 A までする仕事 W に等しい．

$$U = W = q(V_\mathrm{B} - V_\mathrm{A}) = qV$$

となる．静電ポテンシャルの差 $V = V_\mathrm{B} - V_\mathrm{A}$ は位置 B と位置 A の電位の差で**電位差**または**電圧**と呼ばれる．

電場が一様でないときの静電ポテンシャルエネルギーは，電荷 $q\,[\mathrm{C}]$ を静電気力 $q\vec{E}$ に逆らって点 A から点 B までゆっくり運ぶとき，外力がしなければならない仕事として，

$$U = -\int_\mathrm{A}^\mathrm{B} q\vec{E} \cdot d\vec{s}$$

で求められる．電位は上式で $q = 1\mathrm{C}$ として

$$V = -\int_\mathrm{A}^\mathrm{B} \vec{E} \cdot d\vec{s}$$

で求められる．

■ 点電荷による電位

点電荷のまわりの電位を求めてみよう．原点にある点電荷 Q が位置ベクトル $\vec{r}$ の点 P につ

くる電場は

$$\overrightarrow{E} = k\frac{Q}{r^2}\frac{\overrightarrow{r}}{r}$$

で，電場の強さは

$$E = k\frac{Q}{r^2}$$

である．基準点 O $(r = \infty)$ での電位を 0 に選ぶと，点 P での電位は

$$V_{\mathrm{P}} = -\int_{\mathrm{O}}^{\mathrm{P}} \overrightarrow{E} \cdot d\overrightarrow{s} = -\int_{\mathrm{O}}^{\mathrm{P}} \overrightarrow{E} \cdot d\overrightarrow{r} = -kQ\int_{\infty}^{r_{\mathrm{P}}} \frac{1}{r^2}dr = k\frac{Q}{r_p}$$

となる．ここで，微小変位 $d\overrightarrow{s}$ は $\overrightarrow{r}$ 方向の微分変位 $d\overrightarrow{r}$ に等しいので

$$\overrightarrow{E} \cdot d\overrightarrow{s} = \overrightarrow{E} \cdot d\overrightarrow{r} = Edr = k\frac{Q}{r^2}dr$$

となることを用いた．

点 B と点 A 間の電位差は

$$
\begin{aligned}
V_{\mathrm{AB}} \ &= V_{\mathrm{B}} - V_{\mathrm{A}} = -\int_{\mathrm{A}}^{\mathrm{B}} \overrightarrow{E} \cdot d\overrightarrow{s} \\
&= -\int_{\mathrm{O}}^{\mathrm{B}} \overrightarrow{E} \cdot d\overrightarrow{s} - \left(-\int_{\mathrm{O}}^{\mathrm{A}} \overrightarrow{E} \cdot d\overrightarrow{s}\right) \\
&= +k\frac{Q}{r_{\mathrm{B}}} - k\frac{Q}{r_{\mathrm{A}}} = kQ\left(\frac{1}{r_{\mathrm{B}}} - \frac{1}{r_{\mathrm{A}}}\right)
\end{aligned}
$$

となる（図 3.3）．

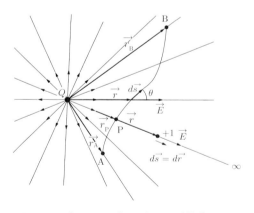

図 **3.3** 点 A から点 B までの電位差 V_{AB}

■ 複数の点電荷による電位

複数の点電荷 Q_i $(i = 1, 2, \cdots, n)$ からそれぞれ距離 r_i だけ離れた任意の点 P の電位は

$$V_{\mathrm{P}} = \sum_{i=1}^{n} k\frac{Q_i}{r_i}$$

で与えられる．ここで，Q_i は正負の符号をもつ量で，電位はスカラーであるので，電場の場合（ベクトル和）と異なりスカラー和（代数和）となる．

■ 連続的に分布する電荷による電位

電荷が

(1) 曲線（直線）l 上に線電荷密度 λ で分布しているとき，

(2) 面 S 上に面電荷密度 σ で分布しているとき，

(3) 体積 V 内に体積電荷密度 ρ で分布しているとき，

それぞれの電荷が空間の点 P につくる電位（静電ポテンシャル）ϕ_1, ϕ_2, ϕ_3 は $\displaystyle\sum_i \frac{Q_i}{r_i}$ を $\displaystyle\int_{l,S,V} \frac{dq}{r}$ に変え，$dq = \lambda dl, \sigma dS, \rho dV$ として

$$\phi_1 = k \int \frac{\lambda dl}{r}$$

$$\phi_2 = k \int \frac{\sigma dS}{r}$$

$$\phi_3 = k \int \frac{\rho dV}{r}$$

から求めることができる．ここで r は dq と点までの距離を表している．

■ 電位とエネルギー保存の法則

静電気力は重力（万有引力）と同様，保存力であるので，エネルギー保存の法則が成り立つ．電場中で運動する質量 m，電荷 q の荷電粒子に対し次のように表される：

$$\frac{1}{2}mv^2 + qV = 一定$$

これは重力（万有引力）の場合に成り立つ力学的エネルギー保存の法則

$$\frac{1}{2}mv^2 + mgh \left(-G\frac{mM}{r} \right) = 一定$$

に対応する．

3.2 等電位面

■ 等電位面（線）

電位の等しい点を連ねてできる面を**等電位面**といい，等電位面上の任意の曲線は**等電位線**という．2 次元でプロットした等電位線は，電位を山の高さにみたてると，地図上の等高線のように考えることができる．一様な電場の等電位面は平面に，点電荷のまわりの等電位面は球面になる．等電位面上で微小変位 $d\vec{s}$ の間の電位差 dV は

$$dV = -\vec{E} \cdot d\vec{s}$$

と表される．$dV = 0$（等電位）なので $\vec{E} \cdot d\vec{s} = 0$ となる．すなわち，電場は等電位面に垂直である．したがって，電気力線と等電位面（線）は直交する．また，等電位面に垂直な電場の方向に $d\vec{s}$ をとると

$$E = -\frac{dV}{ds}$$

が成り立つ．これは電場の強さが**電位の勾配**であることを示す．

■ 等電位線と電気力線

これから，等電位線を等しい電位差の間隔で描くと，等電位線の間隔が狭いところでは電場が強くなり，間隔が広いところでは電場が弱くなることがわかる．図3.4に (1) 正の電荷，(2) 正負等量の点電荷，(3) 2つの等量の正の点電荷がまわりにつくる2次元の等電位線を電気力線とあわせて示した．

以上の結果と，導体の自由電荷が静止した静電平衡状態が成り立っていた (1) 導体表面の電気力線は表面に垂直，(2) 導体内部の電場は 0，をあわせると，(1) から，導体表面は等電位面であること，また，(2) より導体内部の電位もまた表面と同じであることがわかる．つまり，導体の表面および内部はいたるところ等電位である．

(1)

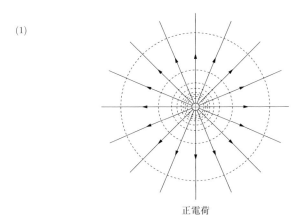

正電荷

(2)

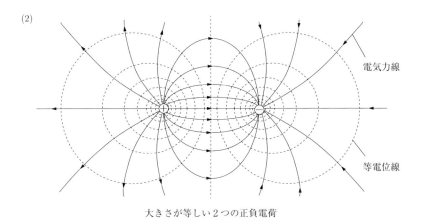

電気力線

等電位線

大きさが等しい2つの正負電荷

(3)

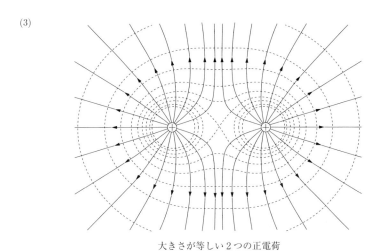

大きさが等しい2つの正電荷

図 **3.4** 等電位線（点線）と電気力線（実線）

例題 3–1 電位の定義

〔1〕 次の ☐ に適当な式または語句を入れよ.

電場中の点 P にある点電荷がもつ 静電気力によるポテンシャルエネルギー U はその電気量 q に比例する. そこで, 単位正電荷あたりの静電気力によるポテンシャルエネルギーを ☐1 という. 単位には ☐2 が使われる. つまり, 電場中の点 P の電位が V [V] であるとき, 点 P にある q [C] の電荷がもつポテンシャルエネルギー U [J] は,

$$U = \boxed{} \quad 3$$

となる. また, 2 点間の電位の差を ☐4 という. ☐4 の単位も ☐5 が使われる.

電位 V は基準から点 P まで単位正電荷を静かに動かすとき, 電荷にはたらく静電気力に逆らった力がした仕事に等しい. x 軸上のある位置 x の電場を $E(x)$ とすると, 単位正電荷にはたらく静電気力は $F = \boxed{} \ 6$ となるので, 電位の基準を原点 O ($x = 0$) として, 点 P ($x = r$) の電位 $V(r)$ は,

$$V = \boxed{} \quad 7$$

と表される.

〔2〕 次の各問いに答えよ.
(1) 電位 100 V の位置に 2.0 μC の点電荷がある. この点電荷が持つ静電気力によるポテンシャルエネルギーを求めよ.
(2) x 軸の正の方向に 200 V/m の一様な電場がある. このとき, x 軸上の 6.0 m は離れた 2 点間の電圧（電位差）を求めよ.
(3) 1.0 V の電位差で電子を加速するとき, 電子が得る運動エネルギーを求めよ. ただし, 電子の電荷を $e = -1.6 \times 10^{-19}$ C とする.

【解答】

〔1〕(1) $\cdots$ 電位   (2) $\cdots$ V（ボルト）   (3) $\cdots$ $(U =)\ qV$
(4) $\cdots$ 電圧（電位差）   (5) $\cdots$ V（ボルト）
(6) $\cdots$ $(F = 1 \times E =)\ E$ (7) $\cdots$ $\left(V = \displaystyle\int_0^r (-E)dx = \right) -\int_0^r E dx$

〔2〕(1) $U = (2.0 \times 10^{-6}) \times 100 = 2.0 \times 10^{-4}$ J
(2) $V = 200 \times 6 = 1200$ V
(3) $U = (1.6 \times 10^{-19}) \times 1.0 = 1.6 \times 10^{-19}$ J

<h1 align="center">演習問題</h1>
<h1 align="center">A</h1>

3.1　図 3.5 のように，$d = 6.0$ cm の
間隔で平行においた極板 X, Y に電圧
$V = 12$ V を加え，XY 間に一様な電
場をつくった．また，図 3.5 に示すよ
うな位置に点 A, B, C をとる．

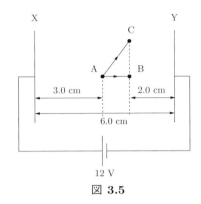

図 **3.5**

(1)　点 A，B の電場の向きと強さを
それぞれ求めよ．

(2)　極板 X の電位を 0（基準）とし
たとき，点 A, B の電位をそれぞ
れ求めよ．

(3)　極板 Y の電位を 0（基準）としたとき，点 A, B の電位をそれぞれ
求めよ．

(4)　電気量 $Q = +1.6 \times 10^{-19}$ C の点電荷を A → B，A → C の経路
に沿って移動させるときの静電気力がした仕事をそれぞれ求めよ．

<h1 align="center">演習問題</h1>
<h1 align="center">B</h1>

3.2　図 3.6 のように，xy 平面上
に電場 $\vec{E} = (x^2 + 2y, 2x + y)$
がある．また，各点の座標は，
原点 O $(0,0)$，点 A $(3,2)$，点
B $(3,0)$ である．このとき，電
気量 q の点電荷を原点 O から
点 A まで静かに移動させたと
きの，静電気力 $\vec{F}$ がした仕事

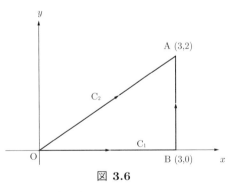

図 **3.6**

$$W = \int_{O}^{A} \vec{F} \cdot d\vec{s} = \int_{O}^{A} q\vec{E} \cdot d\vec{s}$$

を次のそれぞれの経路に沿って移動させた場合について求めよ．

(1)　経路 C_1：O→B→A に沿って静かに移動させたとき

(2)　経路 C_2：直線 OA に沿って静かに移動させたとき

例題 3-2　点電荷のまわりの電位

〔1〕　図 3.7 のように，x 軸上の原点 O に
$+1.0 \times 10^{-10}$ C の点電荷を固定した.
クーロンの法則の比例定数を 9.0×10^{9}
N·m²/C² とする. また，無限遠点を電位の基準にとる.

図 3.7

(1)　点 P ($x = 0.30$ m) の電位を求めよ.

(2)　さらに，点 P に -1.5×10^{-10} C の点電荷を固定した. この時,
線分 OP 間で電位が 0 となる位置を求めよ.

〔2〕　図 3.8 のように，1 辺の長さが $2a$ [m] の
正三角形 ABC がある. 2 つの頂点 A，B に
それぞれ電気量 $+Q$ [C] ($Q > 0$) の点電荷
を固定した. クーロンの法則の比例定数を k
[N·m²/C²] とする.

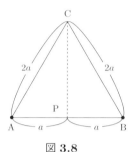

図 3.8

(1)　点 C の電位を求めよ.

(2)　線分 AB の中点 P の電位を求めよ.

(3)　$+q$ [C] の点電荷を点 C から点 P に
ゆっくりと移動させるのに必要な仕事を求めよ.

【解答】

〔1〕(1)　$V = (9.0 \times 10^{9}) \times \dfrac{1.0 \times 10^{-10}}{0.30} = 3.0$ V

(2)　電位が 0 となる位置の座標を x とすると,

$$(9.0 \times 10^{9}) \times \frac{+1.0 \times 10^{-10}}{x - 0} + (9.0 \times 10^{9}) \times \frac{-1.5 \times 10^{-10}}{0.30 - x} = 0$$

$$\therefore \ x = 0.12 \text{ m}$$

〔2〕(1)　点 C の電位を V_{C} とすると,

$$V_{\mathrm{C}} = k\frac{Q}{2a} + k\frac{Q}{2a} = \frac{kQ}{a} \text{ [V]}$$

(2)　点 P の電位を V_{P} とすると,

$$V_{\mathrm{P}} = k\frac{Q}{a} + k\frac{Q}{a} = \frac{2kQ}{a} \text{ [V]}$$

(3)　ゆっくりと移動させるのに必要な力（静電気力に逆らった力）がした
仕事 W は点電荷がもつポテンシャルエネルギーの変化量と等しく,

$$W = U_{\mathrm{P}} - U_{\mathrm{C}} = q(V_{\mathrm{P}} - V_{\mathrm{C}}) = q\left(\frac{2kQ}{a} - \frac{kQ}{a}\right) = \frac{kqQ}{a} \text{ [J]}$$

演習問題
A

3.3 図 3.9 のように，1 辺の長さが a の正方形の頂点 A，B，C にそれぞれ $+Q$，$-4Q$，$+Q$ $(Q > 0)$ の点電荷を固定した．クーロンの法則の比例定数を k とする．また，無限遠点を電位の基準にとる．

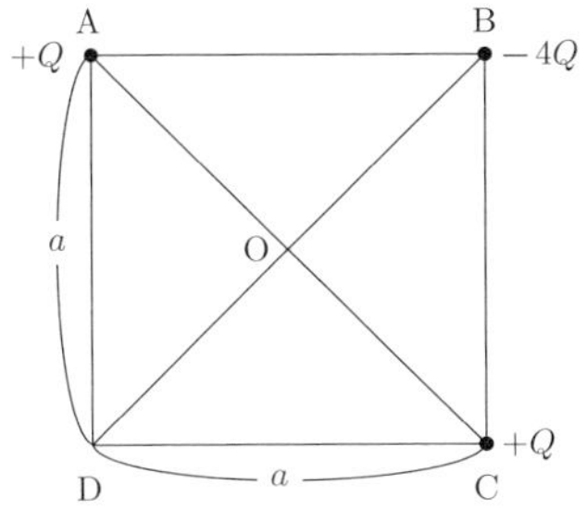

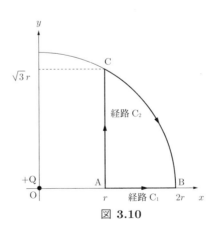

図 **3.9**

(1) 正方形の対角線の交点 O での電位 V_1 および点 D での電位 V_2 をそれぞれ求めよ．

(2) $+q$ $(q > 0)$ の電荷をもつ小物体を点 O から点 D までゆっくりと移動させるのに必要な仕事 W を求めよ．

(3) (2) の小物体の質量を m とする．この小物体を点 D に静かに置いたところ，静電気力を受けて点 O の方向に運動をはじめた．この小物体が点 O に達したときの速さを求めよ．

演習問題
B

3.4 図 3.10 のように，xy 平面上の原点 O に $+Q$ $(Q > 0)$ の正電荷がある．また，A $(r, 0)$，B $(2r, 0)$，C $(r, \sqrt{3}r)$ とする．このとき，2 点 AB 間の電位差 V を，次のそれぞれの経路に沿って

$$V = V_{\mathrm{B}} - V_{\mathrm{A}} = -\int_{\mathrm{A}}^{\mathrm{B}} \overrightarrow{E} \cdot d\vec{s}$$

を計算することにより求めよ．
また，それらが等しくなることを確かめよ．

図 **3.10**

(1) 経路 C_1：A $\to$ B（x 軸に沿って）

(2) 経路 C_2：A $\to$ C $\to$ B（C$\to$B は半径 $2r$ の円弧に沿って）

例題 3-3 等電位線

図 3.11 は，xy 平面上の原点 O にある正電荷による等電位線を示す．点 A の電位は 50V で，各等電位線は 5V ごとに描かれている．

(1) 点 A を通る電気力線を描け．
(2) 点 B，C の電位を求めよ．
(3) A→B または A→C へ +2.0μC の点電荷をゆっくりと移動させるのに必要な仕事をそれぞれ求めよ．

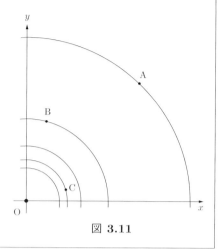

図 3.11

【解答】

(1)

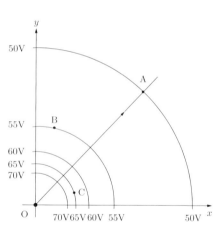

図 3.12

(2) 各等電位線の電位は図 3.12 のようになるので，

$$B\cdots55V, \qquad\qquad C\cdots65V$$

(3) ゆっくりと移動させるのに必要な仕事（静電気力に逆らった力がした仕事）は，ポテンシャルエネルギーの変化量と等しくなるので，

A → B：

$$W_1 = q(V_B - V_A) = (2.0 \times 10^{-6}) \times (55 - 50) = 1.0 \times 10^{-5}\mathrm{J}$$

A → C：

$$W_2 = q(V_C - V_A) = (2.0 \times 10^{-6}) \times (65 - 50) = 3.0 \times 10^{-5}\mathrm{J}$$

演習問題
A

3.5 図 3.13 の実線は, 2
点 A, B のそれぞれに正電
荷, 負電荷を固定したとき
の電気力線を示し, 点線は
等電位線を示す. 点 D, E
の電位はそれぞれ V_1 [V],
V_2 [V] であるとする. 次
の各問いに答えよ.

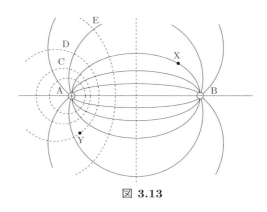

図 **3.13**

(1) 点 X を通る等電位
線の概形を点線で描
け.

(2) q [C] の点電荷を点 C を通る等電位線に沿ってゆっくりと 1 周させる
ときの外力がした仕事を求めよ.

(3) $+q$ [C] $(q > 0)$ の電荷をもつ質量 m [kg] の小物体を点 Y に静かに
置いたところ, 小物体は運動をはじめ, やがて点 E を通る等電位線を横
切った. このときの小物体の速さを求めよ.

演習問題
B

3.6 図 3.14 のように, xy 平面上の点 A
$(0, -a)$ に $-Q$ の負電荷, 点 B $(0, a)$ に
$+2Q$ の正電荷を固定した. クーロンの法
則の比例定数を k とする. また, 無限遠
点を電位の基準にとる.

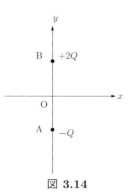

図 **3.14**

(1) xy 平面上の任意の点 P (x, y) の電
位 $V(x, y)$ を求めよ.

(2) x 軸上の電位 $V(x, 0)$ を求めよ. ま
た, そのグラフ (概形) を描け.

(3) y 軸上の電位 $V(0, y)$ を求めよ. また, そのグラフ (概形) を描け.

(4) xy 平面上で電位が 0 となる等電位線を表す式を求めよ. また, その
グラフを描け.

例題 3–4 エネルギー保存の法則

図 3.15 のように，十分広い極板 A，B を平行に置き，電圧 V の電源につないで極板 B 側を接地した．重力の影響は無視できるものとする．

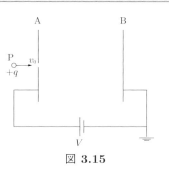

図 **3.15**

(1) 極板 A にある穴より，$+q \, (> 0)$ の電荷をもつ質量 m の小物体 P を水平右向きに初速度の大きさ v_0 で運動をさせた．この小物体が極板 B に到達する直前の速さを求めよ．

(2) 極板 A にある穴より，$-q \, (< 0)$ の電荷をもつ質量 m の小物体 Q を水平右向きに初速度の大きさ v_0 で運動をさせた．この小物体が極板 B に到達しないためには，電圧 V をいくら以上にすれば良いか求めよ．

【解答】

(1) 小物体は正電荷をもつので，電場より A $\to$ B の方向に静電気力を受けるので，小物体がされた仕事 W_1 は，

$$W_1 = qV$$

となる．よって，極板 B に到達する直前の速さを v_1 とすると，エネルギー保存の法則より，

$$\frac{1}{2}mv_0{}^2 + qV = \frac{1}{2}mv_1{}^2 \qquad \therefore \ v_1 = \sqrt{v_0{}^2 + \frac{2qV}{m}}$$

(2) 小物体は負電荷をもつので，電場より B $\to$ A の方向に静電気力を受けるので，小物体がされた仕事 W_2 は，

$$W_2 = -qV$$

となる．よって，極板 B に到達する直前の速さを v_2 とするとエネルギー保存の法則より，

$$\frac{1}{2}mv_0{}^2 + (-qV) = \frac{1}{2}mv_2{}^2 \qquad \therefore \ v_2{}^2 = v_0{}^2 - \frac{2qV}{m}$$

となる．以上より，小物体が極板 B に到達するためには，$v_0{}^2 - \dfrac{2qV}{m} \geqq 0$ であればよく，

$$V \leqq \frac{mv_0{}^2}{2q}$$

となり，小物体が極板 B に到達しないためには，

$$V > \frac{mv_0{}^2}{2q}$$

であればよい．

演習問題
A

3.7 図 3.16 のように，電気量 $+q$ $(q > 0)$ の電荷を
もつ質量 m の小物体 P を質量が無視できる長さが
l の細い棒の一端に取り付けて，棒の他端を点 O に
棒が点 O を中心になめらかに回転できるように固定
した．鉛直線から棒へ反時計回りにはかった角を θ，
重力加速度の大きさを g とする．

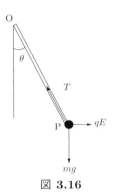

図 3.16

(1) 水平右向きに一様な電場を加えてその強さをゆっ
くりと大きくしたところ，棒は反時計回りの方向に
ゆっくりと回転し，電場の強さが E のとき $\theta = \dfrac{\pi}{3}$
となった．E を m, g および q を用いて表せ．

(2) 電場の強さを E に保ったまま，小物体 P の位置を $\theta = \pi$ まで持ち上
げて静かにはなしところ，小物体 P は時計回りの方向に運動を始めた．
小物体 P が運動を始めてから，はじめて速さが 0 となるときの角 θ を
求めよ．

3.8 図 3.17 のように，x 軸上の点 A $(x = -a)$, B $(x = a)$ にそれぞれ電
気量 $-2Q$, $+Q$ $(Q > 0)$ の点電荷を固定した．いま，質量 m，電気量
$+Q$ の点電荷 P を x 軸上を正の方向に十分離れた点に置き静かにはなした
ところ，この P は原点の方向にゆっくりと運動をはじめた．電位の基準は
無限遠点として，クーロンの法則の比例定数を k とする．また，はじめ P
を置いた位置は原点より十分に離れているので，電位は 0 とみなすことが
できるものとする．

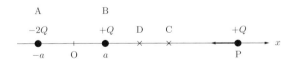

図 3.17

(1) P の速さが最大となる位置を点 C とする．点 A と点 B に固定され
た 2 つの点電荷が点 C につくる電場の強さと点 C の x 座標を求めよ．
また，P が点 C を通過するとき速さを求めよ．

(2) P は点 C を通過したのちに点 D で速さが 0 となった．点 D の x
座標を求めよ．

例題 3–5　電場と電位の関係

〔1〕　x 軸上のある点 P の電位 $V(x)$ が次のような式で与えられるとき，点 P での電場 $E(x)$ を求めよ．

$\quad$ (1)　$V(x) = 2x$ $\qquad\qquad$ (2)　$V(x) = \dfrac{1}{x}$ $\;(x > 0)$

〔2〕　図 3.18 のように，xy 平面上の原点 O を中心とする半径 a の円周上に，電荷が線密度 λ で一様に分布している．この円の中心軸を z 軸とし，真空中の誘電率を ε_0 とする．

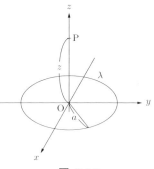

$\quad$ (1)　点 P $(0, z)$ での電位 V を求めよ．

$\quad$ (2)　点 P での電場の強さ E を $E = -\dfrac{dV}{dz}$ を計算することにより求めよ．

図 **3.18**

【解答】

〔1〕(1)　$E(x) = -\dfrac{dV}{dx} = -2$ $\qquad\qquad$ (2)　$E(x) = -\dfrac{dV}{dx} = \dfrac{1}{x^2}$

〔2〕(1)　図 3.19 に示す円周上の微小部分の長さ ds は，$ds = ad\theta$ となり，この微小部分の電荷 dQ は，

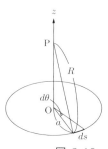

$$dQ = \lambda ds = \lambda a d\theta$$

である．よって，微小部分と点 P との距離を R とすると，点 P の電位 V は，

図 **3.19**

$$
\begin{aligned}
V &= \int_{\mathrm{C}} \frac{1}{4\pi\varepsilon_0} \frac{dQ}{R} = \int_0^{2\pi} \frac{1}{4\pi\varepsilon_0} \frac{\lambda a}{R} d\theta \\
&= \int_0^{2\pi} \frac{1}{4\pi\varepsilon_0} \frac{\lambda a}{\sqrt{z^2 + a^2}} d\theta = \frac{1}{4\pi\varepsilon_0} \frac{\lambda a}{\sqrt{z^2 + a^2}} \int_0^{2\pi} d\theta \\
&= \frac{1}{4\pi\varepsilon_0} \frac{\lambda a}{\sqrt{z^2 + a^2}} \cdot 2\pi = \frac{\lambda a}{2\varepsilon_0 \sqrt{z^2 + a^2}}
\end{aligned}
$$

(2)　点 P での電場の強さ E は，

$$E = -\frac{dV}{dz} = \frac{\lambda a z}{2\varepsilon_0 (z^2 + a^2)^{\frac{3}{2}}}$$

例題 3–6　球面上に分布する電荷による電場と電位

　半径 a の球面上に面密度 σ の電荷が一様に分布している．真空中の誘電率を ε_0 とする．

(1)　$r < a$, $r \geqq a$ の点での電場の強さ $E(r)$ を求めよ．また，$E(r)$ のグラフをかけ．

(2)　$r < a$, $r \geqq a$ の点での電位 $V(r)$ を求めよ．また，$V(r)$ のグラフをかけ．ただし，無限遠点を電位の基準とする．

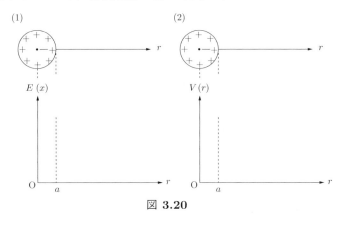

図 **3.20**

【解答】

(1)　図 3.21(a) のように，
閉曲面 S を半径 r の
球面にとる．対称性より
この閉曲面 S 上ではど
こも電場の強さは等しく
なる．これを $E(r)$ と
おく．

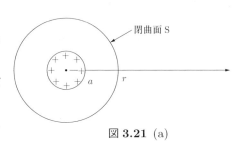

図 **3.21** (a)

(i)　$r \geqq a$ のとき
閉曲面 S 内の電荷は $Q = \sigma \times 4\pi a^2 = 4\pi a^2 \sigma$ となるので，ガウスの法則 $\displaystyle\oint_{\mathrm{S}} \vec{E} \cdot d\vec{S} = \dfrac{Q}{\varepsilon_0}$ より，

$$E \times 4\pi r^2 = \frac{4\pi a^2 \sigma}{\varepsilon_0}$$

$$\therefore\ E(r) = \frac{a^2 \sigma}{\varepsilon_0 r^2}$$

(ii) $r < a$ のとき

閉曲面 S 内の電荷は $Q = 0$ となるので, ガウスの法則 $\oint_S \vec{E} \cdot d\vec{S} = \dfrac{Q}{\varepsilon_0}$ より,

$$E \times 4\pi r^2 = 0$$
$$\therefore \ E(r) = 0$$

$E(r)$ のグラフは図 3.21(b) のようになる.

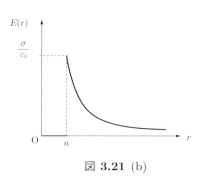

図 **3.21** (b)

(参考)

$r \geqq a$ のとき, 球面上の電荷を Q とおくと, $Q = 4\pi a^2 \sigma$ となるので, 電場 $E(r)$ は,

$$E(r) = \frac{Q}{4\pi \varepsilon_0 r^2}$$

と表すことができる.

---

(2) 図 3.21(c) のように, x 軸をとる.

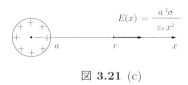

図 **3.21** (c)

(i) $r \geqq a$ のとき

ある位置 x での電場の強さは

$E(x) = \dfrac{a^2 \sigma}{\varepsilon_0 x^2}$ なので, $x = r$ での電位 $V(r)$ は,

$$
\begin{aligned}
V(r) &= -\int_\infty^r E(x) dx \\
&= -\int_\infty^r \frac{a^2 \sigma}{\varepsilon_0 x^2} dx
\end{aligned}
$$

$$= -\frac{a^2\sigma}{\varepsilon_0} \int_\infty^r \frac{1}{x^2}dx$$

$$= -\frac{a^2\sigma}{\varepsilon_0} \left[-\frac{1}{x}\right]_\infty^r$$

$$= \frac{a^2\sigma}{\varepsilon_0 r}$$

(ii) $r < a$ のとき

ある位置 x での電場の強さは,

$$E(x) = \begin{cases} \dfrac{a^2\sigma}{\varepsilon_0 x^2} & (x \geqq a \text{ のとき}) \\ \\ 0 & (x < a \text{ のとき}) \end{cases}$$

なので, $x = r$ での電位 $V(r)$ は,

$$\begin{aligned} V(r) &= -\int_\infty^r E(x)dx \\ &= -\left(\int_\infty^a E(x)dx + \int_a^r E(x)dx\right) \\ &= -\left(\int_\infty^a \frac{a^2\sigma}{\varepsilon_0 x^2}dx + \int_a^r 0dx\right) \\ &= -\frac{a^2\sigma}{\varepsilon_0}\left[-\frac{1}{x}\right]_\infty^a \\ &= \frac{a\sigma}{\varepsilon_0} \end{aligned}$$

$V(r)$ のグラフは図 3.21(d) のようになる.

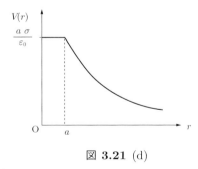

図 **3.21** (d)

(参考)

球面内では電場は 0 なので, 球面内では等電位となる. よって, 球面内の電位は球面の電位と等しくなるので, (1) の $V(r)$ に $r = a$ を代入して, $V = \dfrac{a\sigma}{\varepsilon_0}$ としてもよい.

例題 3–7　線分に分布する電荷による電場と電位

　図 3.22 のように，長さ l の細い棒に線密度 λ の電荷が一様に分布している．棒の延長線上で棒の

図 **3.22**

端から a だけ離れた点 P における電場の強さ E と電位 V を求めよ．ただし，真空中の誘電率を ε_0 とし，無限遠点を電位の基準にとる．

【解答】

（点 P での電場の強さ E ）

　図 3.23 のように x 軸を定めて，棒の中心を原点 O とする．ここで，x 軸上の位置 x での微小部分 dx を考える．この微小部分にある電荷 dQ は

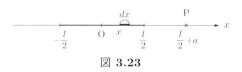

図 **3.23**

$$dQ = \lambda dx$$

となり，微小部分から点 P までの距離は $R = \frac{l}{2} + a - x$ となる．この微小部分が点 P につくる電場は x 軸の正の向きとなり，その強さ dE は

$$dE = \frac{1}{4\pi\varepsilon_0}\frac{dQ}{R^2} = \frac{1}{4\pi\varepsilon_0}\frac{\lambda}{\left(\frac{l}{2}+a-x\right)^2}dx$$

となる．よって，点 P の棒全体の電荷によってつくられる電場の強さ E は

$$
\begin{aligned}
E &= \int_{-\frac{l}{2}}^{\frac{l}{2}} dE \\
&= \int_{-\frac{l}{2}}^{\frac{l}{2}} \frac{1}{4\pi\varepsilon_0}\frac{\lambda}{\left(\frac{l}{2}+a-x\right)^2}dx \\
&= \frac{\lambda}{4\pi\varepsilon_0}\left[\frac{1}{\frac{l}{2}+a-x}\right]_{-\frac{l}{2}}^{\frac{l}{2}} \\
&= \frac{\lambda}{4\pi\varepsilon_0}\left(\frac{1}{a}-\frac{1}{l+a}\right) \\
&= \frac{\lambda}{4\pi\varepsilon_0}\frac{l}{a(l+a)}
\end{aligned}
$$

（点 P での電位 V ）

　$x = \frac{l}{2}$ から X だけ離れた点での電場の強さ $E(X)$ は (1) の結果より，

$$E(X) = \frac{\lambda}{4\pi\varepsilon_0}\frac{l}{X(l+X)}$$

となるので, 点 P での電位 V は

$$
\begin{aligned}
V &= -\int_{\infty}^{a} E(X)dX \\
&= -\int_{\infty}^{a} \frac{\lambda}{4\pi\varepsilon_0} \frac{l}{X(l+X)} dX \\
&= -\frac{\lambda}{4\pi\varepsilon_0} \int_{\infty}^{a} \left(\frac{1}{X} - \frac{1}{l+X} \right) dX \\
&= -\frac{\lambda}{4\pi\varepsilon_0} \Big[\log|X| - \log|l+X| \Big]_{\infty}^{a} \\
&= -\frac{\lambda}{4\pi\varepsilon_0} \left[\log\left| \frac{X}{l+X} \right| \right]_{\infty}^{a} \\
&= -\frac{\lambda}{4\pi\varepsilon_0} \left(\log\frac{a}{l+a} - \log 1 \right) \\
&= \frac{\lambda}{4\pi\varepsilon_0} \log\frac{l+a}{a}
\end{aligned}
$$

例題 3-8   電気双極子

図 3.24 のように，xy 平面上の点 A $(-l, 0)$ に $-Q$ の負電荷，点 B $(l, 0)$ に $+Q$ の正電荷を固定した．真空中の誘電率を ε_0 とする。

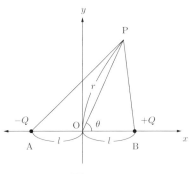

図 3.24

(1) 原点 O から x 軸と θ の角をなし，距離 r だけ離れた点 P での電位 V を r および θ を用いて表せ．

(2) 点 P が原点 O より十分離れた位置であるとき $(r \gg l)$，点 P での電位が

$$V \fallingdotseq \frac{2Ql}{4\pi\varepsilon_0} \frac{\cos\theta}{r^2}$$

となることを，$x \ll 1$ に対して成り立つ近似式 $(1+x)^n \fallingdotseq 1 + nx$ を用いて示せ．

【解答】

(1) 余弦定理より，

$$AP^2 = r^2 + l^2 - 2rl\cos(\pi - \theta) = r^2 + l^2 + 2rl\cos\theta$$
$$\therefore \quad AP = \sqrt{r^2 + l^2 + 2rl\cos\theta}$$
$$BP^2 = r^2 + l^2 - 2rl\cos\theta$$
$$\therefore \quad BP = \sqrt{r^2 + l^2 - 2rl\cos\theta}$$

よって，点 P での電位 V は，

$$V = \frac{1}{4\pi\varepsilon_0}\frac{-Q}{AP} + \frac{1}{4\pi\varepsilon_0}\frac{+Q}{BP}$$
$$= \frac{Q}{4\pi\varepsilon_0}\left(-\frac{1}{\sqrt{r^2 + l^2 + 2rl\cos\theta}} + \frac{1}{\sqrt{r^2 + l^2 - 2rl\cos\theta}}\right)$$

(2)

$$V = \frac{Q}{4\pi\varepsilon_0 r} \left(-\frac{1}{\sqrt{1 + 2\left(\frac{l}{r}\right)\cos\theta + \left(\frac{l}{r}\right)^2}} \right.$$

$$\left. + \frac{1}{\sqrt{1 - 2\left(\frac{l}{r}\right)\cos\theta + \left(\frac{l}{r}\right)^2}} \right)$$

$$= \frac{Q}{4\pi\varepsilon_0 r} \left[-\left\{1 + 2\left(\frac{l}{r}\right)\cos\theta + \left(\frac{l}{r}\right)^2\right\}^{-\frac{1}{2}} \right.$$

$$\left. + \left\{1 - 2\left(\frac{l}{r}\right)\cos\theta + \left(\frac{l}{r}\right)^2\right\}^{-\frac{1}{2}} \right]$$

$r \gg l$ より $\dfrac{l}{r} \ll 1$ なので，$\left(\dfrac{l}{r}\right)^2$ は 0 として，さらに近似式を使うと，

$$V \fallingdotseq \frac{Q}{4\pi\varepsilon_0 r} \left[-\left\{1 - \left(\frac{l}{r}\right)\cos\theta\right\} + \left\{1 + \left(\frac{l}{r}\right)\cos\theta\right\} \right]$$

$$= \frac{2Ql}{4\pi\varepsilon_0} \frac{\cos\theta}{r^2}$$

(参考)

　$r \gg l$ であるときの点 P での電場の r 方向と θ 方向の成分は，

$$E_r = -\frac{\partial V}{\partial r} = \frac{2Ql}{4\pi\varepsilon_0} \frac{2\cos\theta}{r^3}, \qquad E_\theta = -\frac{1}{r}\frac{\partial V}{\partial\theta} = \frac{2Ql}{4\pi\varepsilon_0} \frac{\sin\theta}{r^3}$$

第4章

コンデンサー

4.1 コンデンサー

■ コンデンサー

図 4.1(a) のように，2 枚の導体板 A，B を平行に向かいあわせて電池に接続し，スイッチを閉じると，電池は A の自由電子を B へ運び，A は正に，B は負に帯電する．これらの電荷は導体内の電場を 0 にするように，A, B の向かい合う側の面に等量生じる．A に $+Q$，B に $-Q$ の電荷が帯

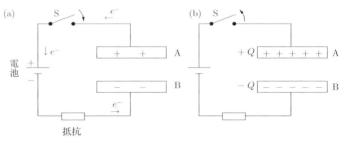

図 **4.1** コンデンサーの充電

電したとき，電子の移動が止まったとする．この時スイッチを開いても電荷はそのまま保持される（図 4.1(b)）．これら電荷が A, B の間につくる電場は A, B の面積を S とすると，ガウスの法則より，

$$E = \frac{Q}{\varepsilon_0 S}$$

となる．A と B の間の電圧は，AB 間の距離を d とすると，

$$V = Ed = \frac{Q}{\varepsilon_0 S}d$$

である．この電圧が電池の起電力 V に等しい．このような電荷を蓄える装置を**コンデンサー**といい，コンデンサーに電荷を蓄えることを**充電**という．導体板 A, B をコンデンサーの極板という．

■ 平行板コンデンサーの電気容量

とくに，同じ形の 2 枚の平行な金属板からなるコンデンサーを**平行板コンデンサー**という．

さて，上式を

$$Q = \varepsilon_0 \frac{S}{d} V$$

と変形してみる．これは，コンデンサーが蓄える電荷 Q は，コンデンサーに加える電圧に比例

し，比例定数を C とすると，

$$Q = CV$$

と表される．C は極板間を 1V の電位差で充電したときに蓄えられる電荷（電気量）を意味しており，**電気容量**または**静電容量**と呼ぶ．電気容量の単位は C/V となるが，この単位をファラド（記号 F）と呼ぶ．1F は実用上大きいので，マイクロファラド（記号 μF）やピコファラド（記号 pF）の単位がよく用いられる．

$$1\,\mu\mathrm{F} = 10^{-6}\,\mathrm{F}, \qquad 1\,\mathrm{pF} = 10^{-12}\,\mathrm{F}$$

4.2 コンデンサーの接続

　並列や直列につながれた 2 個以上のコンデンサーは，1 つのコンデンサーにおきかえることができる．その電気容量を**合成容量**という．

■ 並列接続

　電気容量が C_1，C_2 のコンデンサーを図 4.2 のようにつないで，電圧 V を加える．このようなつなぎ方を並列接続という．コンデンサーの両端 AB にかかる電圧はともに V であるから，各コンデンサーに蓄えられる電荷 Q_1，Q_2 はそれぞれ

$$Q_1 = C_1 V, \qquad Q_2 = C_2 V$$

となる．2 つのコンデンサーに蓄えられる電荷 Q は

$$Q = Q_1 + Q_2 = (C_1 + C_2)V$$

である．2 つのコンデンサーを 1 つのコンデンサーとみなした合成容量を C とすると，$Q = CV$ であるから，上式と比較して，

$$C = C_1 + C_2$$

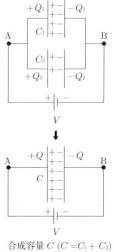

合成容量 C ($C = C_1 + C_2$)

図 **4.2**　コンデンサーの並列接続

となる．一般に，電気容量 C_1，C_2，$\cdots$，C_n のコンデンサーがすべて並列接続するとき，合成容量 C はそれぞれの電気容量の和となり，

$$C = C_1 + C_2 + \cdots + C_n$$

となる．

■ 直列接続

　電気容量が C_1，C_2 の 2 つのコンデンサーを，図 4.3 のようにつないで，電圧 V を加える．このようなつなぎ方を直列接続という．

各コンデンサーに蓄えられる電荷をそれぞれ Q_1, Q_2 とし，各コンデンサーの極板間の電圧をそれぞれ V_1, V_2 とすると，次の関係が成り立つ．

$$Q_1 = C_1 V_1, \quad Q_2 = C_2 V_2, \quad V = V_1 + V_2$$

各コンデンサーの破線部分の電荷 $-Q_1$ と Q_2 は静電誘導によって生じたので，電荷保存の法則により

$$-Q_1 + Q_2 = 0$$

の関係が成り立つ．以上の式から，$Q_1 = Q_2 = Q$ とおくと，

$$V = V_1 + V_2 = \left(\frac{1}{C_1} + \frac{1}{C_2}\right) Q$$

の関係が得られる．合成容量を C とすると $V = \dfrac{Q}{C}$ であるから，上式と比較して，

$$\frac{1}{C} = \frac{1}{C_1} + \frac{1}{C_2}$$

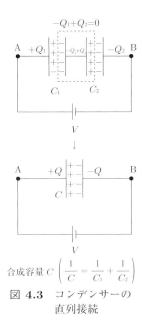

合成容量 C $\left(\dfrac{1}{C} = \dfrac{1}{C_1} + \dfrac{1}{C_2}\right)$

図 4.3　コンデンサーの直列接続

となる．一般に，電気容量 C_1, C_2, $\cdots$, C_n のコンデンサーを直列接続するとき，静電誘導によってそれぞれに大きさの等しい電荷が現れるので，合成容量 C はそれぞれの電気容量の和として

$$\frac{1}{C} = \frac{1}{C_1} + \frac{1}{C_2} + \cdots + \frac{1}{C_n}$$

となる．

4.3　静電エネルギー

■ 静電エネルギー

図4.4のように，電気容量 C のコンデンサーの極板 A, B を起電力 V の電池につなぎスイッチ S を閉じると，A から B に導線の中を電荷が移動し，コンデンサーの充電が始まる．極板 A, B の電荷が q, $-q$ のときの AB 間の電位差 v は

$$v(q) = \frac{q}{C}$$

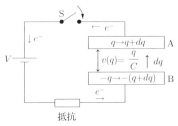

図 4.4　コンデンサーの静電エネルギー

である．このとき，極板 B から極板 A へ電荷 dq を移動して（運び上げて），極板 A, B の電荷を $q + dq$, $-(q + dq)$ にするために必要な仕事 dW は

$$dW = v dq = \frac{q}{C} dq$$

である．v が電池の起電力 V になったときに電荷の移動はとまり充電が終わる．このときコンデンサーには $Q = CV$ の電荷が蓄えられる．充電中，電荷は極板間の空間を横切るのではなく，導線部分を移動していることに注意する．したがって，充電が始まって，充電が終わるまで，すなわち $q = 0$ から $q = Q$ にするために必要な全仕事量は

$$W = \int_0^Q vdq = \int_0^Q \frac{q}{C} dq = \frac{1}{2}\frac{Q^2}{C} = \frac{1}{2}QV = \frac{1}{2}CV^2$$

となる．この仕事は，電気力による位置エネルギーとしてコンデンサーに蓄えられる．このエネルギーはコンデンサーの極板間の電場に蓄えられており，**静電エネルギー**と呼ばれている．

■ 電場のエネルギー

平行板コンデンサー（面積 S，極板間隔 d）の場合，静電エネルギー U は

$$U = \frac{1}{2}CV^2 = \frac{1}{2}C(Ed)^2 = \frac{1}{2}\left(\varepsilon_0 \frac{S}{d}\right)E^2 d^2 = \frac{1}{2}\varepsilon_0 E^2 Sd$$

となる．ここで，Sd は電場が生じている極板間の体積なので，

$$u_e = \frac{U}{Sd} = \frac{1}{2}\varepsilon_0 E^2$$

はコンデンサーの極板間の空間に単位体積当たりの静電エネルギーを表し，**電場のエネルギー密度**と呼ばれる．単位は $\mathrm{J/m}^3$ である．この式は，電場が存在すると空間に電場の2乗に比例したエネルギーが蓄えられていることを表している．2.1 節で，真空中に電荷をおくとそのまわりの空間がゆがむ，この真空からの空間のゆがみが電場である，と述べた．この考えに立つと，電場が 0（= 極板の電荷が 0）の状態から E（= 極板の電荷が $\pm Q$）の状態まで，電荷を dq ずつ運ぶために外部のなした全仕事量は空間のひずみのエネルギー（= 電場のエネルギー）として蓄えられた，と解釈できる．結論的に，「コンデンサーの静電エネルギーはコンデンサーの極板間の電場という電気的にゆがんだ空間に蓄えられている」ということができる．

■ 電池のした仕事 = 静電エネルギー + ジュール熱

さて，充電後のコンデンサーに蓄えられた静電エネルギーは

$$U = \frac{1}{2}QV$$

である．一方，電池は一定の電圧 V で電荷 Q を運んだから，この間に電池のした仕事は $W = QV$ である．$W - U = \frac{1}{2}QV$ のエネルギーは電荷が移動し始めてから終わるまでの間に抵抗 R で発生する**ジュール熱**となって失われている．また，充電中の電池の起電力 V とコンデンサーの極板間の電位差 v の差 $V - v$ は抵抗の両端での電圧降下に等しくなっている．

4.4 誘電体と分極電荷

■ 誘電体

物質には，その中を自由に動きまわれる自由電子をもつ導体のほかに，電子はすべて原子（分子）内に束縛されているため自由電子のない不導体がある．しかし，不導体 A に正の帯電体 B

を近づけると，A は B に引きつけられる．これは，図 4.5 の
ように，B に近い側の A の表面に負の電荷が，また，遠い側
には正の電荷が現れたからである．この現象は一見，導体の
静電誘導に似ているが，自由電子の移動によるものではなく，
原子（分子）に束縛されていた電子の中心と陽イオンの中心
の平均位置がわずかにずれたことによる．この現象を**誘電分
極**という．このように電場をかけたとき，誘電分極を起こす
物質を**不導体**または**誘電体**と呼ばれている．

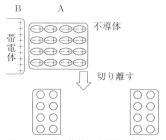

図 4.5　不導体と誘電分極
不導体を切り離したのち，帯電体
を遠く離すと表面の電荷は消える．

■ 分極電荷

　不導体の内部では正・負の電荷が打ち消され，正味の電荷は 0 であるが，表面には正・負の電
荷が現れる．これを**分極電荷**という．導体の静電誘導で生じた電荷（自由電子）は外へ取り出せ
るが，分極電荷は原子（分子）の内に束縛されているので外へ取り出せない（図 4.5）．導体の内
部の電場は 0 であったが，誘電体の内部の電場はどうなっているだろうか．

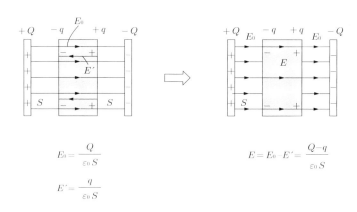

$$E_0 = \frac{Q}{\varepsilon_0 S}$$

$$E' = \frac{q}{\varepsilon_0 S}$$

$$E = E_0 - E' = \frac{Q-q}{\varepsilon_0 S}$$

図 4.6　誘電体内の電場

　極板面積 S の平行板コンデンサーに誘電体を挿入する場合を考える．極板の電荷を $\pm Q$，誘電
体の表面に現れる分極電荷を $\mp q$ とする．極板上の $\pm Q$ の電荷が極板間につくる電場 E_0 はガウ
スの法則より，

$$E_0 = \frac{Q}{\varepsilon_0 S}$$

である（図 4.6）．同様に，誘電体の分極電荷 $\pm q$ がつくる電場 E' は，E_0 と逆向きに

$$E' = \frac{q}{\varepsilon_0 S}$$

である．誘電体内の実際の電場 E は，E_0 と E' の合成電場なので，

$$E = E_0 - E' = \frac{Q-q}{\varepsilon_0 S}$$

となり，外部の電場 E_0 より小さくなる．そこで

$$\frac{E}{E_0} = \frac{Q-q}{Q} = \frac{1}{\varepsilon_r} \quad (\varepsilon_r > 1)$$

とおくと

$$E = \frac{1}{\varepsilon_r} E_0 = \frac{1}{\varepsilon_r} \frac{Q}{\varepsilon_0 S} = \frac{Q}{\varepsilon S}$$

となる. ε_r を誘電体の**比誘電率**, $\varepsilon = \varepsilon_r \varepsilon_0$ を誘電体の**誘電率**という. これらの式より,

$$q = \left(1 - \frac{1}{\varepsilon_r}\right) Q \quad (< Q)$$

の関係が得られ, q は Q に比例することがわかる.

■ 誘電体を挿入した場合の電気容量

平行板コンデンサー (面積 S, 極板間隔 d) に, 誘電体を挿入した場合, 電気容量はどのように変化するであろうか. コンデンサーの両極板には, それぞれ $+Q$, $-Q$ が蓄えられているとする. 誘電体を挿入する前のコンデンサーの電気容量 C_0, 極板間の電場と電位差をそれぞれ E_0, V_0 とすると,

$$C_0 = \varepsilon_0 \frac{S}{d}, \quad Q = C_0 V_0, \quad V_0 = E_0 d$$

の関係が成り立つ. 誘電体を挿入したときの誘電体内の電場 E と電位差 V は

$$E = \frac{E_0}{\varepsilon_r}, \quad V = Ed = \frac{V_0}{\varepsilon_r}$$

となるので, 誘電体を挿入したときの電気容量を C とすると,

$$Q = C_0 V_0 = CV$$

より

$$C_0 = \varepsilon_0 \frac{S}{d} \rightarrow C = \varepsilon \frac{S}{d} = \varepsilon_r C_0$$

の関係が導かれる.

発展　電束密度

1. 分極ベクトルと電束密度

平行板コンデンサーの極板上の電荷がつくる電場 E_0，分極電荷がつくる電場 E'，誘電体内の電場 E を面電荷密度 σ_0，σ で表すと

$$E_0 = \frac{\sigma_0}{\varepsilon_0}, \quad E' = \frac{\sigma}{\varepsilon_0}, \quad E = \frac{\sigma_0 - \sigma}{\varepsilon_0} = \frac{\sigma_0}{\varepsilon_r \varepsilon_0} = \frac{\sigma_0}{\varepsilon}$$

となる．ここで，$\sigma_0 = \dfrac{Q}{S}\,[\mathrm{C/m^2}]$，$\sigma = \dfrac{q}{S}\,[\mathrm{C/m^2}]$ である．上式から次の関係が得られる．

$$\sigma = (\varepsilon_r - 1)\varepsilon_0 E$$

$$\sigma_0 = \varepsilon_0 E + \sigma$$

ここで，$\overrightarrow{E}$ と同じ向きで大きさが σ の**分極ベクトル** $\overrightarrow{P}$ を

$$\overrightarrow{P} = (\varepsilon_r - 1)\varepsilon_0 \overrightarrow{E}$$

で導入し，さらに $\overrightarrow{P}$，$\overrightarrow{E}$ と同じ向きで大きさが σ_0 の**電束密度** $\overrightarrow{D}$ を

$$\overrightarrow{D} = \varepsilon_0 \overrightarrow{E} + \overrightarrow{P}$$

導入する．電束密度と分極の単位はともに $\mathrm{C/m^2}$ である．これから D の大きさについて

$$D = \varepsilon E = \sigma_0, \quad D = \varepsilon_0 E_0 = \sigma_0$$

の関係が成り立つ．さらに，$\overrightarrow{D}$，$\overrightarrow{E}$，$\overrightarrow{E_0}$ が同じ向きなので，

$$\overrightarrow{D} = \varepsilon \overrightarrow{E}, \quad \overrightarrow{D} = \varepsilon_0 \overrightarrow{E_0}$$

の関係も成り立っている．なお，$\overrightarrow{E'}$ は $\overrightarrow{P}$ と逆向きなので，ベクトル表示では

$$\frac{\overrightarrow{P}}{\varepsilon_0} = -\overrightarrow{E'}$$

と表される．

2. 電束線

電場 $\overrightarrow{E}$ の様子を電気力線で表したように，電束密度 $\overrightarrow{D}$ の様子を**電束線**で表すことができる．図 4.7 に，平行板コンデンサーの中に，導体，誘電体を挿入した場合の電気力線と電束線を示した．極板と誘電体の間のすき間では電場は $E_0 = \sigma_0/\varepsilon_0$，誘電体の中では $E = (\sigma_0 - \sigma)/\varepsilon_0$ なので，電気力線の数は誘電体内ではその外側（すき間）より少なくなる．一方，電束密度 D はコンデンサーの中ではどこでも $D = \sigma_0$ である．したがって，

電束線は真電荷（分極電荷ではない）のみによって生じるので，途中に誘電体があってもそこで途切れることはなく，同数の電束線が正の真電荷から始まり，負の真電荷に終わる.

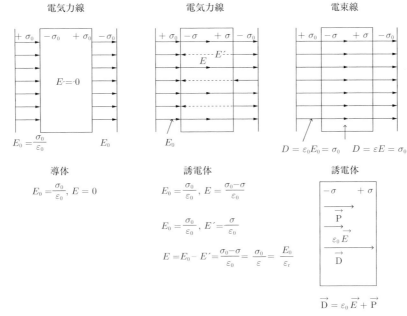

図 **4.7** 電気力線と電束線

3. 電束密度に関するガウスの法則

ここで，図 4.8 のように，誘電体を挿入した平行版コンデンサーを考える. 真電荷 Q と分極電荷 $-q$ を内に含む閉曲面 S を考え，ガウスの法則を適用すると

$$\oint_{S} \vec{E} \cdot d\vec{S} = \frac{1}{\varepsilon_0}(Q - q)$$

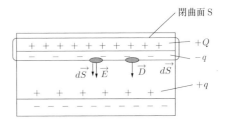

$\int_{S} \vec{E} \cdot d\vec{S} = \frac{1}{\varepsilon_0}(Q - q), \int_{S} \vec{D} \cdot d\vec{S} = Q$

図 **4.8** 誘電体がある場合の
ガウスの法則

となる. q と Q の関係式 $q = \left(1 - \dfrac{1}{\varepsilon_r}\right)Q$ を
右辺に代入すると，

$$\oint_{S} \vec{E} \cdot d\vec{S} = \frac{Q}{\varepsilon_0 \varepsilon_r}$$

となる.

$$\vec{D} = \varepsilon \vec{E} = \varepsilon_r \varepsilon_0 \vec{E}$$

の関係と合わせると

$$\Phi_D = \oint_S \vec{D} \cdot d\vec{S} = Q \,(\text{真電荷})$$

の関係式が導ける（図 4.8）．この式は，平行板コンデンサーでなくても一般的に成り立ち，**電束密度に関するガウスの法則**という．Φ_D は電束線の総本数を表し，**電束**と呼ばれている．

> 参考
>
> $\sigma = P$ であるから，
>
> $$\sigma = \frac{q}{S} \;\rightarrow\; q = PS$$
>
> の関係が出てくる．$\vec{P}$ と $\vec{S}$（面積ベクトル）は同じ向きなので
>
> $$q = \vec{P} \cdot \vec{S}$$
>
> と表される．平行版コンデンサーに限らず，一般に
>
> $$q = \oint_S \vec{P} \cdot d\vec{S} = \oint_S \vec{P} \cdot \vec{n}\, dS \quad (\vec{n} \text{ は外向き法線ベクトル})$$
>
> と表すことができる．これから，
>
> $$\oint_S \vec{E} \cdot d\vec{S} = \frac{1}{\varepsilon_0}(Q - q) = \frac{1}{\varepsilon_0}\left(Q - \oint_S \vec{P} \cdot d\vec{S}\right)$$
> $$\oint_S \left(\varepsilon_0 \vec{E} + \vec{P}\right) \cdot d\vec{S} = Q$$
> $$\rightarrow \oint \vec{D} \cdot d\vec{S} = Q$$
>
> が導かれる．

真電荷が S に囲まれた体積 V に体積密度 ρ で連続的に分布しているときは

$$\oint_S \vec{D} \cdot d\vec{S} = \int_V \rho\, dV$$

と表される．

平行板コンデンサーの電場 E を，電束密度 D を使って求めてみよう．図 4.9 のような，誘電体を挿入した平行板コンデンサーにおいて，極板と誘電体を含む円筒（底面積 dS）を閉曲面 S として，ガウスの法則を適用すると

$$D dS = \sigma_0 dS$$

これから

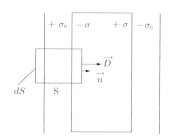

$$\vec{D} \cdot \vec{n}\, dS = \sigma_0\, dS \rightarrow D = \sigma_0$$

図 4.9 電束密度 $\vec{D}$ についてのガウスの法則

$$D = \sigma_0$$

となる. D がわかれば

$$E = \frac{D}{\varepsilon} = \frac{\sigma_0}{\varepsilon_0}$$

より E がわかる. E がわかれば分極ベクトルの大きさ P も

$$P = D - \varepsilon_0 E = \left(1 - \frac{\varepsilon_0}{\varepsilon}\right)\sigma_0$$

と求まる. 誘電体内の電場の様子を図 4.10 にまとめて示す.

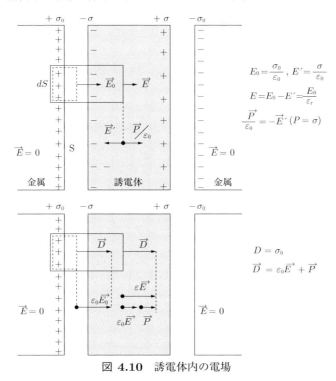

図 **4.10** 誘電体内の電場

例題 4–1　コンデンサー

次の □ に適当な式または語句を入れよ．また，（　）は適当と思われるものを選べ．ただし，真空中の誘電率を ε_0 [F/m] とする．

〔1〕　図 4.11(a) のように，面積 S [m^2]，極板間隔 d [m] の平行版コンデンサーがある．

極板 A，B に蓄えられている電荷をそれぞれ $+Q$ [C]，$-Q$ [C] とする．このとき，極板間の電場の強さは $E =$ □ 1 ，その向きは（2：右向き・左向き）となる．よって，極板 AB 間の電位差は $Ed =$ □ 3 となり，十分に時間が経ったのちにはこれが V と等しくなる．よって，コンデンサーの電気容量は $C = \dfrac{Q}{V} =$ □ 4 となる．

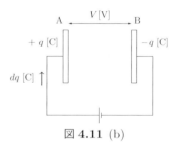

図 4.11 (a)

〔2〕　はじめ極板 A，B の電荷は 0 であるとする．図 4.11(b) のように，極板 B から極板 A まで電荷を少しずつ運ぶときの仕事を考える．はじめは運ぶのに必要な仕事は 0 であるが，電荷が蓄えられるにしたがって，極板 AB 間の電場が強くなり，その電場に逆らって電荷を運ばなければいけなくなるので，必要な仕事は次第に大きくなる．いま，極板 A に蓄えられている電荷が q [C] であるとすると，AB 間の電位差は $v =$ □ 5 [V] となる．この状態からさらに微小な電荷 dq [C] を極板 B から極板 A まで運ぶのに必要な仕事 dW は，dq が微小であればその間の AB 間の電位差 v は一定とみてよいから，$dW =$ □ 6 [J] となる．よって，極板に蓄えられる電荷が Q になるまでの間に電荷を極板間の電位差に逆らって運ぶ仕事 W は，

$$W = \int_0^Q dW = \int_0^Q v dq = \int_0^Q \boxed{7} \, dq = \boxed{8} \ [\text{J}]$$

となり，この仕事分だけのエネルギーがコンデンサーに静電エネルギーとして蓄えらえる．よって，コンデンサーが持つ静電エネルギーは，

$$U = \boxed{\quad 9：C, \ Q \text{を用いて} \quad} \ [\text{J}]$$
$$= \boxed{\quad 10：C, \ V \text{を用いて} \quad} \ [\text{J}]$$

となる．

【解答】

(1) $\cdots$ $(E =) \dfrac{Q}{\varepsilon_0 S}$　　(2) $\cdots$ 右向き　　(3) $\cdots$ $(Ed =) \dfrac{Qd}{\varepsilon_0 S}$

(4) $\cdots$ $\dfrac{\varepsilon_0 S}{d}$　　(5) $\cdots$ $(v =) \dfrac{q}{C}$

(6) $\cdots$ $(dW = vdq =) \dfrac{q}{C}dq$　　(7) $\cdots$ $\dfrac{q}{C}$

(8) $\cdots$ $\dfrac{Q^2}{2C}$　　(9) $\cdots$ $(U =) \dfrac{Q^2}{2C}$　　(10) $\cdots$ $\dfrac{1}{2}CV^2$

演習問題
A

4.1 図 4.12 のように，極板の間隔を変えることができる平行板コンデンサーがあり，その電気容量が 0.20 μF にして，400 V の電源とスイッチ S を接続した．はじめスイッチ S は開いており，コンデンサーの電荷は 0 であった．

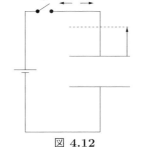

図 4.12

〔1〕スイッチ S を閉じた．

(1) 十分に時間が経ったのちのコンデンサーに蓄えられる電荷を求めよ．

(2) このときのコンデンサーに蓄えられる静電エネルギーを求めよ．

〔2〕スイッチ S を開いたのち，極板間隔を 2 倍に広げた．

(1) 極板間隔を広げたのちの電気容量，極板間の電圧をそれぞれ求めよ．

(2) 極板間隔を広げたことによって，コンデンサーに蓄えられる静電エネルギーの変化量を求めよ．

〔3〕極板間隔を広げた状態で，再度スイッチ S を閉じた．

(1) スイッチ S を閉じた直後，回路に流れる電流の向きはア，イのどちらか．

(2) スイッチ S を閉じてから十分に時間が経ったのちの，コンデンサーに蓄えられる電荷を求めよ．

演習問題
B

4.2 半径 a の円筒導体 I と内半径 b の円筒導体 II が図 4.13 のように同軸でおかれた円筒コンデンサーがある．このコンデンサーの単位長さあたりの電気容量を求めよ．ただし，真空中の誘電率を ε_0 とする．

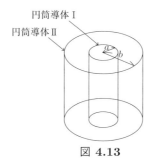

図 4.13

例題 4–2　コンデンサーの接続

　電気容量 $C_1 = 2.0\ \mu\mathrm{F}$, $C_2 = 3.0\ \mu\mathrm{F}$ の 2 つのコンデンサー C_1, C_2 と起電力 $V = 10\ \mathrm{V}$ の電源を接続して回路をつくる.

〔1〕　2 つのコンデンサーを並列に接続して図 4.14(a) のような回路をつくった.

(1)　合成容量 C を求めよ.

(2)　十分に時間が経ったのちのコンデンサー C_1, C_2 に蓄えられる電荷 Q_1, Q_2 をそれぞれ求めよ.

〔2〕　2 つのコンデンサーを直列に接続して図 4.14(b) のような回路をつくった.

(1)　合成容量 C を求めよ.

(2)　十分に時間が経ったのちのコンデンサー C_1, C_2 に蓄えられる電荷 Q_1, Q_2 をそれぞれ求めよ.

(3)　コンデンサー C_1, C_2 の極板間の電圧 V_1, V_2 をそれぞれ求めよ.

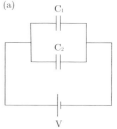

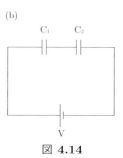

図 4.14

【解答】

〔1〕(1)　2 つのコンデンサーは並列接続なので,

$$C = C_1 + C_2 = 2.0 + 3.0 = 5.0\,\mu\mathrm{F}$$

(2)　どちらのコンデンサーにもかかる電圧は 10 V なので,

$$Q_1 = (2.0 \times 10^{-6}) \times 10 = 2.0 \times 10^{-5}\mathrm{C}$$
$$Q_2 = (3.0 \times 10^{-6}) \times 10 = 3.0 \times 10^{-5}\mathrm{C}$$

〔2〕(1)　2 つのコンデンサーは直列接続なので,

$$\frac{1}{C} = \frac{1}{C_1} + \frac{1}{C_2} = \frac{1}{2} + \frac{1}{3} = \frac{5}{6}$$
$$\therefore C = \frac{6}{5} = 1.2\ \mu\mathrm{F}$$

(2)　それぞれのコンデンサーに蓄えられる電荷は等しく,

$$Q_1 = Q_2 = (1.2 \times 10^{-6}) \times 10 = 1.2 \times 10^{-5}\ \mathrm{C}$$

(3)　それぞれのコンデンサーの極板間の電圧は,

$$V_1 = \frac{1.2 \times 10^{-5}}{2.0 \times 10^{-6}} = 6.0\ \mathrm{V}, \quad V_2 = \frac{1.2 \times 10^{-5}}{3.0 \times 10^{-6}} = 4.0\ \mathrm{V}$$

演習問題
A

4.3 電気容量 $C_1 = 10\ \mu\text{F}$, $C_2 = 20\ \mu\text{F}$, $C_3 = 15\ \mu\text{F}$ の 3 つのコンデンサー C_1, C_2, C_3 と起電力 $V = 30\ \text{V}$ の電源を接続して図 4.15 のような回路をつくった. はじめ各コンデンサーの電荷は 0 であった.

(1) C_1, C_2 だけの合成容量を求めよ.

(2) C_1, C_2, C_3 の合成容量を求めよ.

(3) 十分に時間が経ったのちのコンデンサー C_1, C_2, C_3 に蓄えられる電荷 Q_1, Q_2, Q_3 をそれぞれ求めよ.

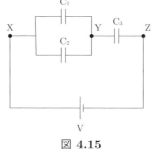

図 4.15

4.4 電気容量がそれぞれ $C\ [\text{F}]$, $2C\ [\text{F}]$ のコンデンサー C_1, C_2, 抵抗 R, スイッチ S を接続して図 4.16 のような回路をつくった. はじめ, スイッチ S は開いており, C_1, C_2 にはそれぞれ $Q_0\ [\text{C}]$ の電荷が蓄えられていた.

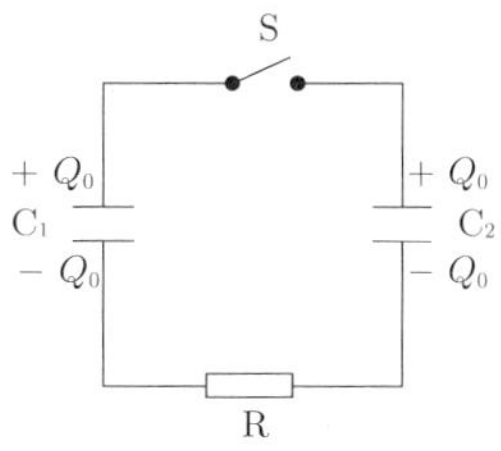

(1) スイッチ S を閉じる前の, C_1, C_2 がもつ静電エネルギーの和 U_1 を求めよ.

(2) スイッチ S を閉じてから十分に時間が経ったのちの C_1, C_2 がもつ静電エネルギーの和 U_2 を求めよ.

(3) 静電エネルギーの和の変化量 $\Delta U = U_2 - U_1$ を求めよ。

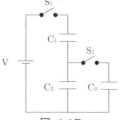

図 4.16

演習問題
B

4.5 電気容量がそれぞれ $C\ [\text{F}]$, $2C\ [\text{F}]$, $C\ [\text{F}]$ のコンデンサー C_1, C_2, C_3, 起電力 V の電池 E, 2 つのスイッチ S_1, S_2 を接続して図 4.17 のような回路をつくった. はじめ, スイッチ はすべて開いており, C_1, C_2, C_3 の電荷は 0 であった.

(1) スイッチ S_1 だけを閉じてから十分に時間が経ったのちの, 各コンデンサーに蓄えられる電荷をそれぞれ求めよ.

(2) (1) のあとにスイッチ S_1 を開き, スイッチ S_2 を閉じてから十分に時間が経ったのちの各コンデンサーに蓄えられる電荷をそれぞれ求めよ.

図 4.17

例題 4-3　誘電体の挿入

〔1〕　次の □ に適当な式または語句を入れよ．また，（　　）は適当と思われるものを選べ．

真空中で，極板面積 S [m²]，極板間隔 d [m] の平行板コンデンサー，電圧 V [V] の電池およびスイッチ S を接続して図 4.18(a) のような回路をつくり，スイッチ S を閉じた．コンデンサーの電気容量 C_0 は $C_0 = \boxed{1}$ となる．また，スイッチ S を閉じてから十分に時間が経ったのちのコンデンサーに蓄えられる電荷 Q_0 は $Q_0 = \boxed{2}$ となる．

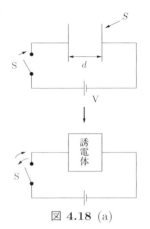

図 4.18 (a)

ここで，スイッチ S を開いてから極板間全体に誘電体を挿入した．誘電体は $\boxed{3}$ を起こし極板板の電場は（4：強くなり・弱くなり），極板間の電圧は（5：上がる・下がる）．さらに，再びスイッチ S を閉じると，コンデンサーに蓄えられる電荷は（6：増加する・減少する）．

いま，コンデンサーに蓄えられる電荷を Q，誘電体の誘電率を ε とすると，極板間の電場の強さは $E = \boxed{7}$ となり，コンデンサーの電気容量は $C = \boxed{8}$ となる．よって，C と C_0 の関係を比誘電率 $\varepsilon_r = \dfrac{\varepsilon}{\varepsilon_0}$ を用いて表せば，

$$C = \boxed{9}\, C_0$$

となる．

〔2〕　極板間隔が d の平行板コンデンサー，起電力 V_0 の電池，スイッチ S を接続して図 4.18(b) のような回路をつくった．

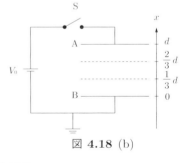

図 4.18 (b)

(1)　スイッチ S を閉じてから十分に時間が経ったのちの，極板 B から極板 A の方向に測った距離 x の位置における電場の強さ E と電位 V を示すグラフを描け．

(2)　次に，スイッチ S を開き，極板と同じ面積で厚さが $d/3$ の導体を AB 間の中央に A，B と平行に挿入した．このときの，電場の強さ E と電位 V を示すグラフを描け．

(3)　最後に，スイッチ S を開いたまま，導体を導体と全く同じ形の比誘電率 3（$\varepsilon_r = 3$）の誘電体に置きかえた．このときの，電場の強さ E と電位 V を示すグラフを描け．

【解答】

〔1〕(1) $\cdots$ $(C_0 =)$ $\dfrac{\varepsilon_0 S}{d}$　(2) $\cdots$ $(Q_0 = C_0 V =)$ $\dfrac{\varepsilon_0 S}{d} V$　(3) $\cdots$ 誘電分極

(4) $\cdots$ 弱くなり　　(5) $\cdots$ 下がる　　　　　　(6) $\cdots$ 増加する

(7) $\cdots$ $(E =)$ $\dfrac{Q}{\varepsilon S}$　　(8) $\cdots$ $(C =)$ $\dfrac{\varepsilon S}{d}$　　　　　(9) $\cdots$ ε_r

〔2〕(1)

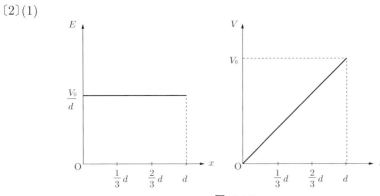

図 **4.19**

(2)

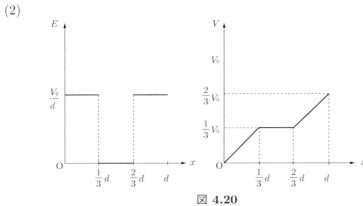

図 **4.20**

(3)

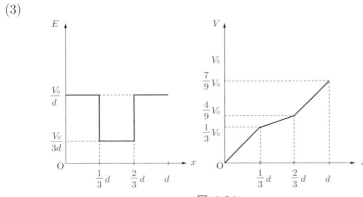

図 **4.21**

演習問題
A

4.6　極板面積 S, 極板間隔 d, 電気容量 C_0 の平行板コンデンサー, 起電力 V の電池, スイッチ S を接続して図 4.22(a) のような回路をつくった. スイッチ S を閉じてから十分に時間が経ったのちに, 比誘電率 ε_r の誘電体図 4.22(b) のようにすき間なく挿入した. このときの極板間の電位差およびコンデンサーに蓄えられる電荷を次のそれぞれの場合について求めよ.

(1)　スイッチ S を閉じたまま誘電体を挿入した場合

(2)　スイッチ S を開いた後に誘電体を挿入した場合

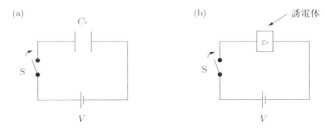

図 **4.22**

4.7　図 4.23(a) のように, 真空中に極板面積 S, 極板間隔 l の平行板コンデンサーがあり, 極板 A, B にはそれぞれ $+Q$, $-Q$ の電荷が蓄えられている. 真空の誘電率を ε_0 とする.

(1)　極板 A の電荷密度 σ, 極板間の電場の強さ E_0, 極板 A の電位 V_0, コンデンサーの電気容量 C_0 をそれぞれ求めよ.

(2)　図 4.23(b) のように, 極板間に厚さ d の導体を挿入した. 極板間の真空部分の電場の強さ E_1, 導体内部の電場の強さ E_2, 極板 A の電位 V_1, コンデンサーの電気容量 C_1 をそれぞれ求めよ.

(3)　(1), (2) より, C_1 は C_0 の何倍となるか求めよ.

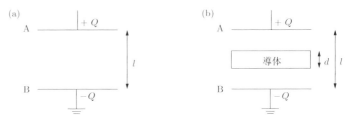

図 **4.23**

演習問題
B

4.8 図 4.24(a) のように，真空中に極板面積 S，極板間隔 l の平行板コンデンサーがあり，極板 A，B にはそれぞれ $+Q$，$-Q$ の電荷が蓄えられている．このコンデンサーの極板間に極板と同じ面積で厚さが d，比誘電率 ε_r の誘電体を挿入した．真空の誘電率を ε_0 とする．

(1) 極板間の真空部分の電場の強さ E_1 と誘電体中の電場の強さ E_2 をそれぞれ求めよ．

(2) 極板 A の電位 V を求めよ．

(3) このコンデンサーの電気容量 C をそれぞれ求めよ．

(4) 極板面積が等しく，極板間隔が $l-d$ の
コンデンサー C_1 と極板間隔が d で極板間に誘電体がすき間なく満たされたコンデンサー C_2 を考える．コンデンサー C_1 と C_2 の電気容量をそれぞれ求めよ．また，この 2 つのコンデンサーを図 4.24 のように直列に接続したときの合成容量が (3) と一致することを示せ．

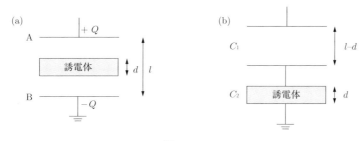

図 **4.24**

例題 4-4　仕事と静電エネルギー

　図 4.25 のように，1 辺の長さが l [m] の 2 枚の正方形極板が極板間隔 d [m] でおかれた平行板コンデンサーが起電力 V [V] の電池に接続されている．このコンデンサーの極板間に，極板間隔と同じ厚さの誘電体を極板の左端から

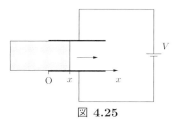

図 **4.25**

距離 x [m] だけすき間なく挿入した．真空の誘電率を ε_0 [F/m]，誘電体の比誘電率を ε_r とする．

(1)　誘電体を x だけ挿入したときのコンデンサーの電気容量 C を求めよ．

(2)　x の位置からさらに Δx だけ誘電体をゆっくりと挿入した．このときのコンデンサーの電気容量 C' としたとき，コンデンサーの電気容量の変化 $\Delta C = C' - C$ を求めよ．

(3)　誘電体を Δx だけ挿入する間のコンデンサーに蓄えられる静電エネルギーの変化量 ΔU を求めよ．

(4)　誘電体を Δx だけ挿入する間に電池がした仕事 W_1 を求めよ．

(5)　誘電体をゆっくりと挿入する間に誘電体に加えた外力 F がした仕事を W_2 とする．このとき，

　　（コンデンサーの静電エネルギーの変化量 ΔU）

　　　　 $=$（電池がした仕事 W_1）$+$（外力がした仕事 W_2）

であることを用いて，誘電体に加える外力 F の向きと大きさを求めよ．

(6)　(5) の結果より，誘電体が極板から受ける力 F' の向きと大きさを求めよ．

【解答】

(1)　誘電体が挿入している部分と挿入していない部分の並列接続とみて

$$C = \frac{\varepsilon_r \varepsilon_0 l x}{d} + \frac{\varepsilon_0 l (l-x)}{d} = \frac{\varepsilon_0 l}{d} \left\{ (\varepsilon_r - 1)x + l \right\} \ [F]$$

(2)　コンデンサーの電気容量 C' は

$$C' = \frac{\varepsilon_0 l}{d} \left\{ (\varepsilon_r - 1)(x + \Delta x) + l \right\}$$

となるので，

$$\Delta C = C' - C = \frac{\varepsilon_0 (\varepsilon_r - 1) l \Delta x}{d} \ [F]$$

(3)　極板間の電圧は V のまま一定であるので，コンデンサーに蓄えられる静電エネルギーの変化量 ΔU は，

$$\Delta U = \frac{1}{2}C'V^2 - \frac{1}{2}CV^2$$
$$= \frac{1}{2}(C' - C)V^2$$
$$= \frac{1}{2}\Delta C V^2$$
$$= \frac{\varepsilon_0(\varepsilon_r - 1)l\Delta x}{2d}V^2 \ [J]$$

(4)　極板間の電圧は V のまま一定であるので，極板間を移動した電荷は

$$\Delta Q = \Delta C V$$

となる．よって，電池がした仕事 W_1 は，

$$W_1 = \Delta Q V$$
$$= \Delta C V^2$$
$$= \frac{\varepsilon_0(\varepsilon_r - 1)l\Delta x}{d}V^2 \ [J]$$

(5)　誘電体を静かに挿入するときに加える外力を F とすると，この力がした仕事 W_2 は，

$$W_2 = F\Delta x$$

よって，$\Delta U = W_1 + W_2$ より，

$$\frac{\varepsilon_0(\varepsilon_r - 1)l\Delta x}{2d}V^2 = \frac{\varepsilon_0(\varepsilon_r - 1)l\Delta x}{d}V^2 + F\Delta x$$
$$\therefore \ F = -\frac{\varepsilon_0(\varepsilon_r - 1)l}{2d}V^2 < 0 \quad (\because \varepsilon_r > 1)$$

となり，誘電体に加える外力 F の

$$向き \cdots 左向き$$
$$大きさ \cdots \frac{\varepsilon_0(\varepsilon_r - 1)l}{2d}V^2 \ [N]$$

(6)　誘電体を静かに挿入するので，誘電体が極板から受ける力 F' は誘電体を静かに挿入するときに加える外力 F とつりあう．よって，$F + F' = 0$ より，

$$F' = \frac{\varepsilon_0(\varepsilon_r - 1)l}{2d}V^2 > 0$$

となり，誘電体が極板から受ける力 F' の

$$向き \cdots 右向き$$
$$大きさ \cdots \frac{\varepsilon_0(\varepsilon_r - 1)l}{2d}V^2 \ [N]$$

例題 4–5　極板間にはたらく力

図 4.26 のように，電気容量 C，極板間隔 d の平行板コンデンサーがある．コンデンサーには Q の電荷が蓄えられており，これは変化しないものとする．

(1)　コンデンサーがもつ静電エネルギー U を求めよ．

(2)　極板に外力を加えて，極板間隔を Δd だけ静かに引き離す．引き離した後の静電エネルギー U' を求めよ．

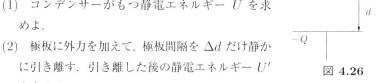

図 **4.26**

(3)　このとき，極板間隔を Δd だけ静かに引き離すために加えた力 F' がした仕事 $W = F'\Delta d$ は，エネルギー保存の法則より静電エネルギーの増加量 $\Delta U = U' - U$ と等しくなる．このことより，極板間にはたらく引力の大きさ F を求めよ．

【解答】

(1)　コンデンサーに蓄えられている静電エネルギー U は，

$$U = \frac{Q^2}{2C}$$

(2)　極板間隔を Δd だけ引き離したのちの電気容量を C' とすると，

$$C' = \frac{d}{d + \Delta d}C$$

また，極板に蓄えられた電荷は変化しないので，Δd だけ引き離した後の静電エネルギー U' は，

$$U' = \frac{Q^2}{2C'} = \frac{Q^2}{2C}\frac{d}{d + \Delta d} = \frac{Q^2}{2C}\left(1 + \frac{\Delta d}{d}\right)$$

(3)　極板間隔を Δd だけ引き離す前後での静電エネルギーの変化量 ΔU は，

$$\Delta U = U' - U = \frac{Q^2 \Delta d}{2Cd}$$

このコンデンサーが持つ静電エネルギーの変化量は，極板を静かに引き離すために加えた力（外力）がした仕事 $W = F'\Delta x$ と等しいので，

$$F'\Delta d = \frac{Q^2 \Delta d}{2Cd}$$

$$\therefore \quad F' = \frac{Q^2}{2Cd}$$

極板を静かに引き離すときに加える力の大きさは，極板間にはたらく引力の大きさと等しいので，

$$F = \frac{Q^2}{2Cd}$$

例題 4–6 分極電荷

図 4.27a のように，極板面積が S の平行板コンデンサーの間に，それと同じ面積の誘電板を挿入した．極板の電荷を $\pm Q$，誘電体の表面にあらわれた分極電荷を $\mp q$ とする．また，真空中および誘電体の誘電率をそれぞれ ε_0，ε とする．

(1) 真空部分の電場 $\overrightarrow{E_0}$ の強さを ε_0，S，Q を用いて表せ．

(2) 誘電体中の電場 $\overrightarrow{E_1}$ の強さを ε，S，Q を用いて表せ．

(3) 誘電体中の電場 $\overrightarrow{E_1}$ は，図 4.27b のように極板上の $\pm Q$ の電荷が極板間につくる電場 $\overrightarrow{E_0}$ と誘電体の表面にあらわれた $\mp q$ の分極電荷がつくる電場 $\overrightarrow{E'}$ の合成（和）を考えることによって表される．このことより，誘電体中の電場 $\overrightarrow{E_1}$ の強さを ε_0，S，Q，q を用いて表せ．

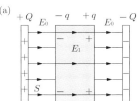

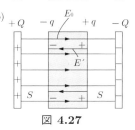

図 **4.27**

(4) (2)，(3) より，q を Q および比誘電率 $\varepsilon_r = \varepsilon/\varepsilon_0$ を用いて表せ．

【解答】

(1) 真空部分の電場 $\overrightarrow{E_0}$ はガウスの法則より，

$$\text{向き} \cdots \text{右向き} \qquad \text{強さ} \cdots E_0 = \frac{Q}{\varepsilon_0 S}$$

(2) 同様にして，誘電体中の電場 $\overrightarrow{E_1}$ の

$$\text{向き} \cdots \text{右向き} \qquad \text{強さ} \cdots E_1 = \frac{Q}{\varepsilon S}$$

(3) 誘電体の表面にあらわれた分極電荷がつくる電場 $\overrightarrow{E'}$ の

$$\text{向き} \cdots \text{左向き} \qquad \text{強さ} \cdots E' = \frac{q}{\varepsilon_0 S}$$

となる．よって，$\overrightarrow{E'}$ は $\overrightarrow{E_0}$ と逆向きであることを考慮に入れて，誘電体中の電場 $\overrightarrow{E_1}$ の強さは，

$$E_1 = E_0 + (-E') = \frac{Q}{\varepsilon_0 S} - \frac{q}{\varepsilon_0 S} = \frac{Q-q}{\varepsilon_0 S}$$

(4) (2)，(3) の結果より，

$$\frac{Q}{\varepsilon S} = \frac{Q-q}{\varepsilon_0 S}$$

$$\therefore \ q = \left(1 - \frac{\varepsilon_0}{\varepsilon}\right) Q$$

ここで，$\varepsilon_r = \dfrac{\varepsilon}{\varepsilon_0}$ より，$\dfrac{1}{\varepsilon_r} = \dfrac{\varepsilon_0}{\varepsilon}$ と表せるので，

$$q = \left(1 - \frac{1}{\varepsilon_r}\right) Q$$

第5章
電　流

5.1　オームの法則

■ 電流

　電流は荷電粒子（電荷をもった粒子）の移動によって生じる電荷の流れである．電流の担い手，すなわち電荷を運ぶ荷電粒子を**キャリア**という．金属の場合のキャリアは自由電子であり，電解質溶液の場合は陽イオンと陰イオンがある．（また，半導体の場合は，n 型半導体のキャリアは電子であるが，p 型半導体のキャリアは，あたかも正の荷電粒子のようにふるまう正孔（ホール）である．）

　電流は導体のある断面を単位時間に通過する電気量の大きさで定義する．時間 Δt の間に面 S を通過する電気量が ΔQ のとき，面 S を通過する電流は

$$I = \frac{\Delta Q}{\Delta t}$$

となる．電流の単位は C/s となるが，これをアンペア（記号 A）という．

■ 導体を流れる電流

　導体中の電流の強さを考えてみよう．図 5.1 のように，断面積 S，長さ l の導体に電圧 V をかけるとき，導体内には強さ $E = V/l$ の一様な電場が生じる．この導体内を移動する電荷 $-e$ の自由電子は，電場から eE の力を受けて加速される．しかし，この自由電子は導体中で熱振動している陽イオンと衝突するたびに運動エネルギーを失うので，自由電子は陽イオンから速さ v に比例した抵抗力 kv を受けて運動するものとみなせる．電子の運動方程式は

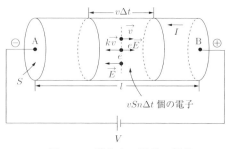

図 **5.1**　導体中の電子の運動

$$m\frac{dv}{dt} = eE - kv$$

である．$t = 0$ で $v = 0$ の初期条件で解を求めると，

$$v = \frac{eE}{k} \left(1 - e^{-(k/m)t} \right)$$

となる．十分時間がたつと電子は

$$v_d = \frac{eE}{k} = \frac{eV}{kl}$$

という速さで等速運動することになる．$\vec{v_d}$ は**ドリフト速度**と呼ばれ，この速さは運動方程式で $\frac{dv}{dt} = 0$ として直ちに得られる．これは，空気抵抗 kv を受けながら落下する雨滴の運動方程式は $ma = mg - kv$ から $a = 0$ として得られる終端速度 $v_f = \frac{mg}{k}$ と同様な考え方である．

■ オームの法則

また，時間 Δt の間に断面積 S を通過する電子の数は $nSv\Delta t$ 個だから，電気量は

$$\Delta Q = enSv\Delta t$$

となる．電流 I は

$$I = \frac{\Delta Q}{\Delta t} = enSv$$

となる．上式の v を代入すると，I か V に比例する関係式

$$I = \frac{ne^2}{k} \frac{S}{l} V$$

が得られる．

$$R = \frac{k}{ne^2} \frac{l}{S}$$

とおくと

$$V = RI$$

となる．この関係を**オームの法則**という．比例定数 R は**電気抵抗**または単に**抵抗**という．抵抗 R を

$$R = \rho\frac{l}{S}, \quad \rho = \frac{k}{ne^2}$$

と書き直す．ρ は**抵抗率**または**比抵抗**といい，電流の流れにくさを表す．抵抗の単位は V/m となるが，これをオーム（記号は Ω）という．抵抗率の単位は $\Omega \cdot$m である．電流の流れる向きは，正の電荷が移動する向きと定めている．金属導体の場合，電荷の担い手は，自由電子（負の電荷をもつ）であるのに，電流の向きは自由電子の移動する向きと逆になる．このような不都合は，歴史的には電子が発見される前に電流の向きを決めてしまったことによる．オームの法則を適用するとき，電源である電池から流れ出す電流の向きに何か正の電荷をもつキャリアが流れているとみなし，電流の強さ（大きさ）を求めればよい．

5.2 抵抗の接続

■ 直列接続

図 5.2 のように，抵抗値が R_1，R_2 の 2 つの抵抗を直列に接続して電圧 V をかける．各抵抗に共通に流れる電流を I とし，各抵抗にかかっている電圧を V_1，V_2 とする．各抵抗の両端でオームの法則より

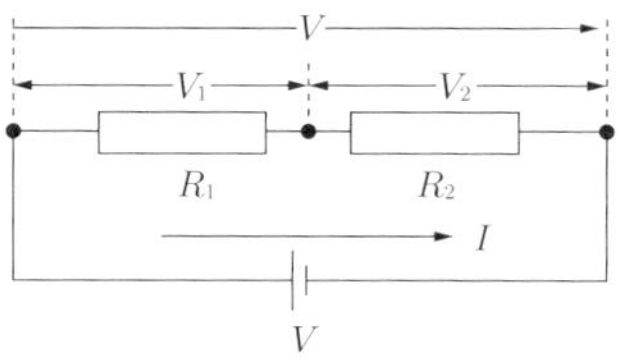

$$V_1 = R_1 I, \quad V_2 = R_2 I$$

各抵抗の両端での電圧降下の和は V に等しい．

$$V = V_1 + V_2$$

これらの抵抗全体を 1 つの抵抗とみなしたときの抵抗（**合成抵抗**）を R とすると $V = RI$．これから

$$R = R_1 + R_2$$

が出てくる．一般に，抵抗値 R_1，R_2，$\cdots$，R_n の直列に接続したときの合成抵抗 R は

$$R = R_1 + R_2 + \cdots + R_n$$

となる．

図 5.2 抵抗の直列接続

■ 並列接続

図 5.3 のように，抵抗値 R_1，R_2 の 2 つの抵抗を並列に接続して電圧 V をかける．各抵抗にかかる電圧はともに V である．各抵抗に流れる電流を I_1，I_2 とすると，オームの法則より

$$V = R_1 I_1, \quad V = R_2 I_2$$

各抵抗を流れる電流の和は回路全体に流れる電流 I に等しい．

$$I = I_1 + I_2$$

合成抵抗を R とすると $V = RI$．これから

$$\frac{1}{R} = \frac{1}{R_1} + \frac{1}{R_2}$$

が出てくる．抵抗が n 個あるとき，並列接続の合成抵抗 R は

$$\frac{1}{R} = \frac{1}{R_1} + \frac{1}{R_2} + \cdots + \frac{1}{R_n}$$

より求められる．

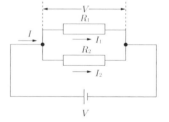

図 5.3 抵抗の並列接続

5.3 ジュール熱

■ ジュール熱

図 5.1 において，時間 t の間に，電池の起電力によって導体に生じた電場 E の中を，電子が速さ v で導体の端 A から端 B まで移動しているものとする．電気力 eE が電子 1 個にする仕事は $eE(vt)$ である．この導体中に含まれる電子の数は nSl なので，電場の電気力がすべての電子に対してする仕事は

$$W = eEvt(nSl) = El(enSv)t = VIt$$

である．$eE = kv$ （抵抗力）より，W は抵抗力のした仕事 W' に等しい．W は W' によって失われる．W' は導体内の陽イオンの熱振動の運動エネルギーを増大させ，導体内に熱エネルギーを生み出し，温度を上昇させる．このようにして発生した熱を**ジュール熱**という．

■ 電力

単位時間当たり電場がする仕事は

$$P = \frac{dW}{dt} = VI$$

である．これは電池の仕事率に等しい．オームの法則を用いると

$$P = VI = RI^2 = \frac{V^2}{R}$$

と書ける．P を**電力**と呼ぶ．電力の単位は J/s となるが，これをワット（記号 W）という．時間 t の間に発生するジュール熱 Q は

$$Q = Pt = VIt = RI^2t = \frac{V^2}{R}t$$

となる．

5.4 キルヒホッフの法則

多数の抵抗や電池などが複雑に接続された回路で，各部分を流れる電流を求めるには，オームの法則を拡張したキルヒホッフの法則を用いる．回路の中の各分岐点に流れ込む電流と流れ出る電流の強さ（大きさ）と向きを仮に定めておく．

■ キルヒホッフの第 1 法則

回路の任意の分岐点では電荷（電気量）は保存されるので電流保存則が成り立つ．分岐点に流れ込む電流 I_i の総和 $\sum_i I_i$ は流れ出す電流 $I'_{i'}$ の総和 $\sum_{i'} I'_{i'}$ に等しい．

$$\sum_i I_i = \sum_{i'} I'_{i'}$$

これを**キルヒホッフの第1法則**という．回路の中のある分岐点に注目して，仮に定めた電流 I_i の向きが，その分岐点に流れ込む場合の電流を正 $(I_i > 0)$，流れ出る場合の電流を負 $(I_i < 0)$ として電流の代数和 $\displaystyle\sum_i I_i$ をとると 0 になると解釈し，

$$\sum_i I_i = 0$$

が成り立つとしてもよい．

■ キルヒホッフの第2法則

着目する閉回路について，ひと回りする向き（時計回りか反時計回り）を決める．この向きは仮に定めた電流の向きとは無関係にとってよい．閉回路に沿ってひと回りするとき，抵抗による電圧降下の代数和は，電池の起電力の代数和に等しい．これを**キルヒホッフの第2法則**という．

$$\sum_i R_i I_i = \sum_j V_j$$

この場合，電流の符号は仮に定めた向きとひと回りする向きが同じなら正，逆なら負とする．また，電池の符号は電流を流そうとする向きとひと回りする向きが同じならば正，逆なら負とする．得られた電流の値が負になったときは，仮に定めた電流の向きを逆に訂正すればよい．

なお，電位差の総和は常に 0 になると考えると，上式は

$$\sum_j V_j - \sum_i R_i I_i = 0$$

と表される．

■ 具体的な適用法

具体的に，図 5.4 の回路に流れる電流をこの 2 つの法則を用いて求めてみよう．図 5.4 に示したように，電流の強さと向きを仮に定める．

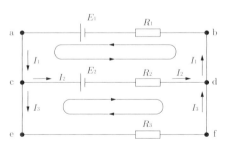

図 **5.4** キルヒホッフの法則適用法

このとき

分岐点 c では　$I_1 = I_2 + I_3$ （または，$I_1 - I_2 - I_3 = 0$）

$$\text{分岐点 d では} \quad I_2 + I_3 = I_1 \quad (\text{または,} \ I_2 + I_3 - I_1 = 0)$$

が成り立つ.次に,閉回路 abdc について,ひと回りする向きを左回りとすると,

$$R_1 I_1 + R_2 I_2 = E_1 - E_2$$

閉回路 cdfe について,ひと回りする向きを右回りとすると,

$$R_2 I_2 - R_3 I_3 = -E_2$$

が成り立つ.これらの式を解いて,I_1,I_2,I_3 を求めることができる.

5.5 コンデンサーの充電と放電

■ 充電

これまで扱ってきたコンデンサーは,充電前 $(q = 0)$ か充電後 $(q = Q)$,つまり電荷の移動のない場合についてであった.ここでは充電過程中の回路に流れる電流とコンデンサーに蓄えられる電荷について考えてみる.図 5.5 に示すような起電力 V の電池,抵抗 R の電気抵抗,電気容量 C のコンデンサー,スイッチ S からなる直列回路(閉回路)を考える.

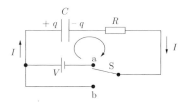

図 **5.5** コンデンサーの充電と放電

時刻 $t = 0$ のときコンデンサーに蓄えられている電荷 q を $q = 0$ とする.$t = 0$ にスイッチ S を a にたおす.S を a にたおした後,時刻 t の瞬間に回路を流れる電流を I,コンデンサーに蓄えられている電荷を q とする(図 5.5).

1 周する向きを時計回りの向き(これを正の向きとする)にしてコンデンサーをまたぐ電圧降下も含めてキルヒホッフの第 2 法則を適用する.

$$IR + \frac{q}{C} = V$$

I と q の関係 $I = \dfrac{dq}{dt}$ を用いると

$$\frac{dq}{dt} = \frac{1}{RC}(CV - q)$$

が得られる.変数分離して

$$\int \frac{dq}{CV - q} = \int \frac{1}{RC} dt$$
$$-\log_e |q - CV| = \frac{1}{RC} t + a \quad (a \text{ は積分定数})$$

$Q = CV > q \rightarrow |q - CV| = CV - q$ になるので

$$CV - q = e^{-(t/RC+a)}$$

$$\therefore \quad q = CV - e^{-t/RC}e^{-a}$$

a は初期条件 ($t = 0$ で $q = 0$) より $e^{-a} = CV$ の形で決まり，そのときの解は

$$q(t) = CV(1 - e^{-t/RC})$$

確かに $t = 0$ で $q(0) = 0$，$t \to \infty$ で $q(\infty) = CV = Q$ となっている．また，この充電過程の電流は

$$I(t) = \frac{dq(t)}{dt} = -CV\left(-\frac{1}{RC}\right)e^{-t/RC} = \frac{V}{R}e^{-t/RC}$$

$\tau = RC$ は単位が $[\Omega \cdot \mathrm{F}] = [\mathrm{V/A \cdot C/V}] = [\mathrm{s}]$ で時間の単位をもち，回路の**時定数**と呼ばれる．τ は電流が初期値の $1/e$ に，すなわち，$I(t) = I(0)e^{-1} = 0.37 \times I(0)$ に減少するのにかかる時間を表す．

$t \to \infty$ で $I(\infty) = 0$ となり，これで充電は終わる．$t \to 0$ で $I(0) = \dfrac{V}{R}$ となる．これは，$t = 0$ のとき $q(0) = 0$ なので，コンデンサーにかかっている電圧は 0，つまりコンデンサーは「1 本の導線」とみなしてよく，電池の起電力 V が直接抵抗 R にかかっているので $I = \dfrac{V}{R}$ になる．

■ 放電

次に，電荷 Q を充電後，スイッチ S を b に切り換える（放電）（図 5.5）．このときは回路に電池がないので $V = 0$ としてキルヒホッフの第 2 法則を適用する．

$$IR + \frac{q}{C} = 0$$

$I = \dfrac{dq}{dt}$ を代入し，変数分離して積分すると

$$q = e^{-(t/RC+b)} \quad (b \text{ は積分定数})$$

が得られる．初期条件 ($t = 0$ で $q = Q$) を用いて，

$$q(t) = Qe^{-t/RC}$$

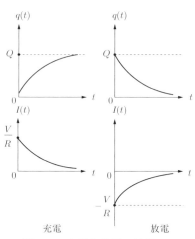

図 **5.6**　充電と放電の結果

$t = 0$ で $q(0) = Q$，$t \to \infty$ で $q(\infty) = 0$ となる．

放電過程の電流は，その向きを充電過程と同じく時計まわりの向きを正の向きにとると，

$$I(t) = \frac{dq(t)}{dt} = -\frac{Q}{RC}e^{-t/RC} = -\frac{V}{R}e^{-t/RC} < 0$$

$t = 0$ で $I(0) = -\dfrac{V}{R}$，$t \to \infty$ で $I(\infty) = 0$ となる．$I < 0$ なので，放電過程の電流は図 5.5 の充電過程の電流の向きと逆の向きであることがわかる．以上の充電と放電の結果を図示すると図 5.6 のようになる．このようにスイッチを入れてから電流が定常値に達するまでの途中の現象を

過渡現象という.

■ エネルギー保存の法則

コンデンサーの充電過程中に電池がした仕事は $QV = CV^2$ である. 完全に充電されたコンデンサーに蓄えられているエネルギーは $\frac{1}{2}QV = \frac{1}{2}CV^2$ である. 電池が供給したエネルギーの残りの半分はどこで失われたのであろうか. $V = RI + \frac{q}{C}$ の両辺に $I = \frac{dq}{dt}$ をかけ, t が 0 から ∞ まで積分する.

$$\int V \frac{dq}{dt}dt = \int RI^2 dt + \int \frac{q}{C}\frac{dq}{dt}dt$$

$$\text{積分 I} = V\int dq = V\frac{V}{R}\int_0^\infty e^{-t/RC}dt = CV^2 \quad (\text{電池のした仕事})$$

$$\text{積分 II} = \int RI(t)^2 dt = R\left(\frac{V}{R}\right)^2\int_0^\infty e^{-2t/RC}dt = \frac{1}{2}CV^2 \quad (\text{全ジュール熱})$$

$$\text{積分 III} = \int V(q)dq = \frac{1}{C}\int q(t)dq$$

$$= \frac{1}{C}\int_0^\infty CV\left(1 - e^{-t/RC}\right)\frac{V}{R}e^{-t/RC}dt = \frac{1}{2}CV^2 \quad (\text{静電エネルギー})$$

電池のした仕事のちょうど半分がコンデンサーに蓄えられ, 残りの半分が抵抗で発生した全ジュール熱に変わったことになる. 同様に, 放電のときは, 最初にコンデンサーに蓄えられていた静電エネルギーが抵抗で発生する全ジュール熱に変わることが容易に確かめられる.

■ 伝導電流と変位電流

充電の途中, 直列回路を流れる電流はコンデンサーの極板間でどうなっているであろうか. 時刻 t における極板間の電場は, 極板の電荷密度を σ とすると

$$E(t) = \frac{1}{\varepsilon_0}\sigma(t) = \frac{1}{\varepsilon_0 S}q(t)$$

と書ける. 両辺に ε_0 をかけて両辺を t で微分する.

$$\varepsilon_0\frac{dE}{dt} = \frac{1}{S}\frac{dq}{dt} = \frac{I}{S} = i$$

ただし, i は電流密度である. 導線を流れる電流の役割を $\varepsilon_0\frac{dE}{dt}$ が果たしていることがわかる. 電荷が移動することによる電流を**伝導電流**と呼ぶと, このように電場が時間的に変動する場合に, コンデンサーの内部にも流れるような電流を**変位電流**と呼ぶ. したがって, 導線の部分には伝導電流が, コンデンサーの部分には変位電流が流れると考えると, 回路のいたるところで電流は連続しているといえる.

例題 5–1   電流，電気抵抗，ジュール熱

〔1〕 1.6 A の電流が 1 秒間に運ぶ自由電子の個数を求めよ．ただし，電気素量を $e = 1.6 \times 10^{-19}$ C とする．

〔2〕 図 5.7 のように，1.2 kΩ の抵抗に電池をつないだら 15 mA の電流が流れた．

   (1) 電流の向きは，図 5.7 の (a)，(b) のどちらか．

   (2) 電池の電圧を求めよ．

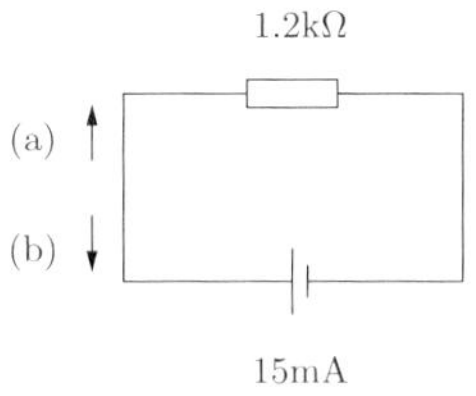

図 5.7

〔3〕 120 V の電圧で使用すると 600 W の電力を消費するニクロム線でできた電熱器がある．このニクロム線の抵抗値は温度に関係なく一定であるとする．

   (1) この電熱器の抵抗値を求めよ．

   (2) この電熱線を 100 V の電源につないだときに消費される電力を求めよ．また，このときの 10 分間の発熱量を求めよ．

【解答】

〔1〕 $I = \dfrac{\Delta Q}{\Delta t}$ より，$\Delta Q = I \Delta t = 1.6 \times 1 = 1.6$ C となる．よって，自由電子の個数 n は

$$n = \frac{\Delta Q}{e} = \frac{1.6}{1.6 \times 10^{-19}} = 1.0 \times 10^{19} \text{ 個}$$

〔2〕(1) (a)

   (2) 1.2kΩ $= 1.2 \times 10^3 \Omega$，15mA $= 15 \times 10^{-3}$A なので，電池の電圧 V は，

$$V = (1.2 \times 10^3) \times (15 \times 10^{-3}) = 18 \text{ V}$$

〔3〕(1) $P = IV = \dfrac{V^2}{R}$ なので，$R = \dfrac{V^2}{P} = \dfrac{120^2}{600} = 24$ Ω

   (2) 消費される電力 P は，

$$P = \frac{V^2}{R} = \frac{100^2}{24} = \frac{2500}{6} = 416.6 \cdots = 4.2 \times 10^2 \text{ W}$$

また，経過時間は $t = 10$ 分間 $= 600$ 秒間 なので，発熱量 Q は，

$$Q = Pt = \frac{2500}{6} \times 600 = 2.5 \times 10^5 \text{ J}$$

例題 5–2　合成抵抗

抵抗値が $R_1 = 2.0\ \Omega$, $R_2 = 4.0$ Ω, $R_3 = 12\ \Omega$ の 3 個の抵抗 R_1, R_2, R_3 と, 内部抵抗が無視できる 6.0 V の電池 E を図 5.8 のように接続した.

(1)　3 個の抵抗の合成抵抗を求めよ.

(2)　R_1, R_2 を流れる電流の大きさを求めよ.

(3)　AB 間, BC 間の電圧 V_1, V_2 をそれぞれ求めよ.

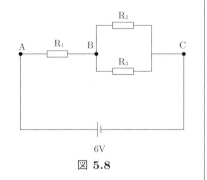

図 **5.8**

【解答】

(1)　R_2, R_3 の合成抵抗を R' とすると, R_2, R_3 は並列に接続しているので,

$$\frac{1}{R'} = \frac{1}{4.0} + \frac{1}{12} = \frac{1}{3.0} \qquad \therefore\ R' = 3.0\ \Omega$$

よって, R_1, R_2, R_3 の合成抵抗を R とすると, R_1 と R_2, R_3 の合成抵抗は直列に接続しているので,

$$R = 2.0 + 3.0 = 5.0\ \Omega$$

(2)　R_1 を流れる電流を I_1 とすると, オームの法則より,

$$6.0 = 5.0 I_1 \qquad \therefore\ I_1 = 1.2\ \mathrm{A}$$

R_2, R_3 を流れる電流をそれぞれ I_2, I_3 とすると, $I_2 : I_3 = R_3 : R_2$ なので,

$$I_2 = \frac{R_3}{R_2 + R_3} I_1 = \frac{12}{4.0 + 12} \times 1.2 = 0.90\ \mathrm{A}$$

(3)　AB, BC 間の電圧 V_1, V_2 はそれぞれ,

$$V_1 = 2.0 \times 1.2 = 2.4\ \mathrm{V}$$

$$V_2 = 4.0 \times 0.90 = 3.6\ \mathrm{V}$$

演習問題
A

5.1 次の ▢ に適当な式または語句を入れよ.

(1) 図 5.9 のように, 断面積 S [m²], 長さ l [m] の一様な物質で作られた導体に電池をつなぎ, 導体の両端に電圧 V [V] をかけた.

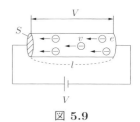

図 **5.9**

いま, 自由電子（電気量 $-e$ [C]）の速さを v [m/s], 単位体積中の自由電子の個数を n [1/m³] とすると, 自由電子が t [s] 間に進む距離は ▢1 [m] となるので, t [s] 間に導線の断面 A を通過する自由電子の個数 N は $N =$（体積）×（密度）$=$ ▢2 となる. よって, t [s] 間に導体の断面 A を通過する電気量の大きさ Q は ▢3 となる. また, 電流の大きさ I [A] は単位時間当たりに導体の断面を通過する電気量なので, $I = \dfrac{Q}{t}$ と表される. よって, I を e, n, v および S を用いて表すと,

$$I = \boxed{4} \qquad\qquad ①$$

となる.

(2) 導体に流れる電流が一定であるときは電子が一定の速さで移動しており, このとき自由電子が導体中の電場から受ける力 F_1 と陽イオンから受ける抵抗 F_2 はつり合っている. 導体は長さが l [m] で導体の両端の電圧が V [V] であるので, 導体中の電場は $E =$ ▢5 , 自由電子が電場から受ける力の大きさは $F_1 = eE =$ ▢6 となる. 一方, 抵抗は陽イオンに衝突するなどにより生じて, 電子の加速を妨げるものである. この抵抗の大きさが電子の速さ v に比例する. ここで, この抵抗を $F_2 = kv$（k は比例定数）とすると, F_1 と F_2 がつり合った状態での自由電子の速さは $v =$ ▢7 となる. これを, ① 式に代入すると,

$$V = \boxed{8} \times I$$

となる. この式とオームの法則 $V = RI$ を比較すると, 抵抗 R は

$$R = \boxed{9} \times \dfrac{l}{S}$$

と表される. この ▢9 を抵抗率といい, これを ρ とおくと, $R = \rho \cdot \dfrac{l}{S}$ と表される.

5.2　抵抗値が R_1, R_2 の 2 つの抵抗 R_1, R_2 と内部抵抗の無視できる電池 E がある.

(1)　図 5.10(a) のように，2 つの抵抗を並列に接続し電池に接続した. 各抵抗 R_1, R_2 に流れる電流 I_1, I_2 の比 $I_1 : I_2$ を求めよ. また，各抵抗 R_1, R_2 で消費される電力の比 $P_1 : P_2$ を求めよ.

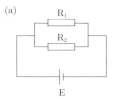

(2)　図 5.10(b) のように，2 つの抵抗を直列に接続し電池に接続した. 各抵抗 R_1, R_2 の両端の電圧 V_1, V_2 の比 $V_1 : V_2$ を求めよ. また，各抵抗 R_1, R_2 で消費される電力の比 $P_1 : P_2$ を求めよ.

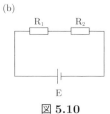

図 **5.10**

演習問題
B

5.3　抵抗値がそれぞれ $R_1 = 30\,\Omega$, $R_2 = 70\,\Omega$, $R_3 = 20\,\Omega$, $R_4 = 30\,\Omega$ の抵抗 R_1, R_2, R_3, R_4, 内部抵抗が無視できる起電力 $E = 10$ V の電池 V, スイッチ S を用いて図 5.11 のような回路をつくった.

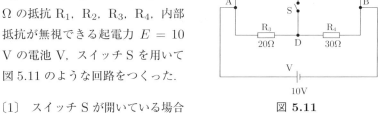

図 **5.11**

〔1〕　スイッチ S が開いている場合について考える.

(1)　AB 間の合成抵抗を求めよ.
(2)　CD 間の電位差を求めよ

〔2〕　スイッチ S が閉じている場合について考える. ただし，スイッチ S を含む CD 間の抵抗は 0 とする.

(1)　CD 間の電位差を求めよ.
(2)　スイッチ S を流れる電流の大きさを求めよ.
(3)　R_1, R_2 を流れる電流の大きさをそれぞれ求めよ.

例題 5–3 電池の起電力と内部抵抗，電流計，電圧計

次の ☐ に適当な式または語句を入れよ．また，（ ）は適当と思われるものを選べ．

〔1〕 電池に電流が流れていないときの電池の + 極と − 極の間の電圧（電位差）を電池の ☐1☐ という．電池に電流が流れているときには，電池の + 極と − 極の間の電圧は電池の ☐1☐ よりも（2：大きく・小さく）なる．これは，電池の内部

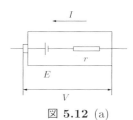

図 5.12 (a)

抵抗による電圧降下が生じるためである．このときの電池の両極間の電圧を ☐3☐ という．図 5.12(a) のように，起電力 E [V]，内部抵抗 r [Ω] の電池に I [A] の電流が流れたとき，電池の ☐3☐ は，$V = $ ☐4☐ [V] となる．

〔2〕 電流計は，電流を測定しようとする回路に（5：直列・並列）につないで用いる．電流計には内部抵抗があるため，電流計をつなぐことによって回路に流れる電流が変

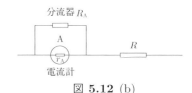

図 5.12 (b)

化する．この変化を少なくするためには電流計の内部抵抗は（6：大きい・小さい）方がよい．電流計の測定範囲を広げるためには，図 5.12(b) のように抵抗を並列に接続して分岐点をつくればよい．この抵抗を電流計の ☐7☐ という．内部抵抗 r_A の電流計の測定範囲を n 倍に広げるための ☐7☐ の抵抗値 R_A は $R_A = $ ☐8☐ である．

〔3〕 電圧計は，電圧を測定しようとする回路に（9：直列・並列）につないで用いる．電圧計は回路に ☐9☐ に接続するので，回路を流れる電流の変化を小さくするためには，電圧計の内部抵抗は（10：大き

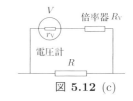

図 5.12 (c)

い・小さい）方がよい．電圧計の測定範囲を広げるためには，図 5.12(c) のように抵抗を直列に接続すればよい．この抵抗を電圧計の ☐11☐ という．内部抵抗 r_V の電圧計の測定範囲を n 倍に広げるための ☐11☐ の抵抗値 R_V は $R_V = $ ☐12☐ である．

【解答】

〔1〕 (1) · · · 起電力 (2) · · · 小さく (3) · · · 端子電圧 (4) · · · $E - rI$

〔2〕 (5) · · · 直列 (6) · · · 小さく (7) · · · 分流器 (8) · · · $\dfrac{r_A}{n-1}$

〔3〕 (9) · · · 並列 (10) · · · 大きく (11) · · · 倍率器 (12) · · · $(n-1)r_V$

例題 5–4　キルヒホッフの法則

図 5.13 のような回路について，各抵抗を流れる電流の向きおよび大きさを図 5.13 のようにおく．

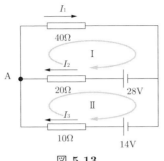

図 **5.13**

(1) 分岐点 A について，キルヒホッフの第 1 法則を示す式を表せ．

(2) I の閉回路（ループ）におけるキルヒホッフの第 2 法則を示す式を表せ．

(3) 同様に，II の閉回路（ループ）におけるキルヒホッフの第 2 法則を示す式を表せ．

(4) I_1，I_2，I_3 をそれぞれ求めよ．また，I_1，I_2，I_3 のうち負のものがあるが，これは何を意味するか答えよ．

【解答】

(1) 分岐点 A での電流の関係式は，キルヒホッフの第 1 法則より

$$I_1 = I_2 + I_3 \qquad\qquad ①$$

(2) I の閉回路（ループ）におけるキルヒホッフの第 2 法則を示す式は

$$28 - 20I_2 - 40I_1 = 0$$

$$\therefore\ 10I_1 + 5I_2 = 7 \qquad\qquad ②$$

(3) II の閉回路（ループ）におけるキルヒホッフの第 2 法則を示す式は

$$14 - 10I_3 + 20I_2 - 28 = 0$$

$$\therefore\ 10I_2 - 5I_3 = 7 \qquad\qquad ③$$

(4) ①，②，③ を連立させて解くと，

$$I_1 = 0.40\text{A}$$

$$I_2 = 0.60\text{A}$$

$$I_3 = -0.20\text{A}$$

となる．なお，I_1，I_2 の値は正なので電流の流れる向きは図 5.13 の矢印の方向となるが，I_3 の値は負なので，電流の流れる向きは図 5.13 の矢印の方向とは逆となる．

演習問題
A

5.4 抵抗値 R [Ω] の抵抗 R と，起電力 E [V]，内部抵抗 r [Ω] の電池が 2 個ある．

(1) 図 5.14(a) のように，電池 2 本を直列にして抵抗 R に接続した．抵抗 R を流れる電流の大きさ I_1 を求めよ．

(2) 図 5.14(b) のように，電池 2 本を並列にして抵抗 R に接続した．抵抗 R を流れる電流の大きさ I_2 を求めよ．

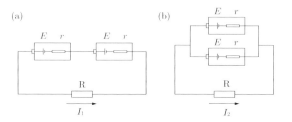

図 5.14

5.5 抵抗値が $R_1 = 4.0\,\Omega$，$R_2 = 8.0\,\Omega$，$R_3 = 6.0\,\Omega$ の抵抗 R_1，R_2，R_3，起電力 $E_1 = 12\,\text{V}$，$E_2 = 2.0\,\text{V}$ の電池 E_1，E_2 を接続して図 5.15 のような回路をつくった．各抵抗 R_1，R_2，R_3 を流れる電流の向きと大きさをそれぞれ求めよ．ただし，電池の内部抵抗は無視できるものとする．

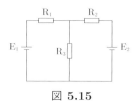

図 5.15

5.6 抵抗値が $R_1 = 20\,\Omega$，$R_2 = 6.0\,\Omega$ と正確にわかっている 2 つの抵抗 R_1，R_2，可変抵抗 R_3，抵抗値が不明な抵抗 R，検流計 G を接続して図 5.16 のような回路をつくった．可変抵抗 R_3 の抵抗値を変化させたところ，$R_3 = 10\,\Omega$ となったところで検流計 G に流れる電流が 0 となった．抵抗値 R を求めよ．

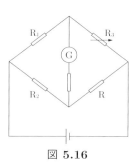

図 5.16

演習問題
B

5.7 電流計（内部抵抗 r_A）と電圧計（内部抵抗 r_V）を抵抗値 R_0 の抵抗に接続し，真の抵抗値の値 R_0 と電流計および電圧計の測定値より得られる抵抗値 $R = V/I$ との相対誤差

$$\varepsilon = \left|\frac{\Delta R}{R_0}\right| = \left|\frac{R - R_0}{R_0}\right|$$

を求めたい．ここで，I，V はそれぞれ電流計，電圧計が示す値を表す．次の各問いに答えよ．電池の内部抵抗は無視できるものとする．

(1) 図 5.17(a) のように電流計，電圧計を接続した場合について考える．このとき，電流計，電圧計が示す値をそれぞれ I_1，V_1 とする．

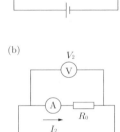

(i) I_1 を V_1，R_0，r_V を用いて表せ．

(ii) 相対誤差 ε_1 を R_0，r_V を用いて表せ．

(iii) 相対誤差 ε_1 を小さくするためには，R_0 に比べて r_V が大きい方が良いか，小さい方が良いか．

(2) 図 5.17(b) のように電流計，電圧計を接続した場合について考える．このとき，電流計，電圧計が示す値をそれぞれ I_2，V_2 とする．

(i) V_2 を I_2，R_0，r_A を用いて表せ．

(ii) 相対誤差 ε_2 を R_0，r_A を用いて表せ．

(iii) 相対誤差 ε_2 を小さくするためには，R_0 に比べて r_A が大きい方が良いか，小さい方が良いか．

図 **5.17**

5.8 図 5.18 のように，起電力 E [V]，内部抵抗 r [Ω] の電池に抵抗値が自由に調整できる可変抵抗 R を接続した．

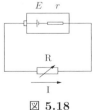

(1) 可変抵抗 R の抵抗値を R [Ω] として，この抵抗を流れる電流の大きさ I [A]，可変抵抗 R での消費電力 P [W] を求めよ．

図 **5.18**

(2) 可変抵抗 R の抵抗値を変化させると，可変抵抗 R で消費される電力の大きさも変化する．この消費電力が最大となる R の値とそのときの消費電力を求めよ．

例題 5-5　電位差計

図 5.19 のような回路において，XY は長さが l で抵抗値が R の一様な抵抗線，E_0 は起電力 E_0 で内部抵抗 r_0 の電池，E_1 は起電力がわかっている電池であり，E_2 は起電力が未知の電池である．また，G は検流計，S は切り換えスイッチである．E_1，E_2 の起電力をそれぞれ E_1，E_2，内部抵抗をそれぞれ r_1，r_2 とする．

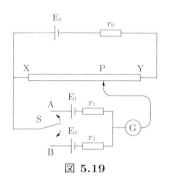

図 5.19

(1) まず，スイッチ S を A 側に入れて
抵抗 XY に接している接触子を調整し，検流計 G に流れる電流が 0 となる位置 P_1 を探したところ $XP_1 = a$ であった．起電力 E_1 を a，l，R，r_0，E_0 を用いて表せ．

(2) 次に，スイッチ S を B 側に入れて抵抗 XY に接している接触子を調整し，検流計 G に流れる電流が 0 となる位置 P_2 を探したところ $XP_2 = b$ であった．起電力 E_2 を b，l，R，r_0，E_0 を用いて表せ．

(3) E_2 を E_1，a，b だけで表すことができることを示せ．

【解答】

(1) XP_1 間の抵抗値は $R \times \dfrac{a}{l} = \dfrac{aR}{l}$ となる．検流計を流れる電流は 0 なので，電池 E_1 の内部抵抗による電圧降下はなく，XP_1 間の電圧降下がそのまま E_1 の起電力と等しくなる．よって，XP_1 を流れる電流を I_1 とすると，

$$E_1 = \frac{aR}{l}I_1 \qquad\qquad ①$$

また，E_0 および XY を含む閉回路においてキルヒホッフの第 2 法則を示す式は

$$E_0 - r_0 I_1 - R I_1 = 0$$

となり，

$$I_1 = \frac{E_0}{r_0 + R} \qquad\qquad ②$$

となる．よって，①，②より I_1 を消去して，

$$E_1 = \frac{aR}{l(r_0 + R)}E_0$$

(2)　XP_2 間の抵抗値は $R \times \dfrac{b}{l} = \dfrac{bR}{l}$ となる．(1) と同様にして，XP_2 間の電圧降下がそのまま E_2 の起電力と等しくなり，XP_2 を流れる電流を I_2 とすると，

$$E_2 = \frac{bR}{l} I_2 \qquad\text{———③}$$

また，E_0 および XY を含む閉回路においてキルヒホッフの第 2 法則を示す式は

$$E_0 - r_0 I_2 - R I_2 = 0$$

となり，

$$I_2 = \frac{E_0}{r_0 + R} \qquad\text{———④}$$

となる．よって，③，④ より I_2 を消去して，

$$E_2 = \frac{bR}{l(r_0 + R)} E_0$$

(3)　(1)，(2) より，

$$\frac{E_2}{E_1} = \frac{\dfrac{bR}{l(r_0 + R)} E_0}{\dfrac{aR}{l(r_0 + R)} E_0} = \frac{b}{a}$$

となるので，

$$E_2 = \frac{b}{a} E_1$$

と表すことができる．

例題 5–6 コンデンサーを含む回路

内部抵抗が無視できる起電力 $V = 30$ V の電池 E, 抵抗値がそれぞれ $R_1 = 10$ Ω, $R_2 = 20$ Ω の抵抗 R_1, R_2, 電気容量が $C = 12$ μF であるコンデンサー C, スイッチ S を接続して [1], [2] のような回路をつくる. いずれの場合もはじめスイッチ S は開いた状態であり, コンデンサーの電荷は 0 であった. 抵抗 R_1, R_2 を流れる電流の向きをそれぞれ図のようにおき, 大きさをそれぞれ I_1, I_2 とする.

〔1〕 図 5.20(a) のような回路をつくった.

(1) スイッチ S が開いた状態で, 十分に時間が経ったのちのコンデンサーに蓄えられる電荷 Q_1 を求めよ.

(2) スイッチ S を閉じた. 十分に時間が経ったのちのコンデンサーに蓄えられる電荷 Q_2 を求めよ.

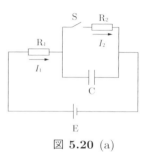

図 **5.20** (a)

〔2〕 図 5.20(b) のような回路をつくった.

(1) スイッチ S を閉じた直後の I_1, I_2 をそれぞれ求めよ.

(2) スイッチ S を閉じてから十分に時間が経ったのちの I_1, I_2 をそれぞれ求めよ.

(3) (2) の状態でスイッチ S を開いた. スイッチ S を開いた直後の I_1, I_2 をそれぞれ求めよ.

(4) (3) でスイッチ S を開いてから, 十分に時間が経ったのちの定常な状態になるまでの間に, 抵抗 R_2 で生じるジュール熱の大きさを求めよ.

【解答】

〔1〕(1) 十分に時間が経ったのちには回路には電流が流れず, コンデンサー C の極板間の電圧は電池の起電力と等しくなる. よって,

$$Q_1 = CV = (12 \times 10^{-6}) \times 30 = 3.6 \times 10^{-4}\ \text{C}$$

(2) コンデンサーの極板間の電圧は, 抵抗 R_2 の電圧降下に等しくなる. 十分に時間が経ったのちには $I_1 = I_2$ となり,

$$30 = 10I_1 + 20I_2 = 10I_2 + 20I_2 = 30I_2$$

$$\therefore\ I_2 = 1.0\,\text{A}$$

となるので，抵抗 R_2 での電圧降下は $V = 20 \times 1.0 = 20\,\text{V}$ となる．よって，

$$Q_2 = (12 \times 10^{-6}) \times 20 = 2.4 \times 10^{-4}\,\text{C}$$

〔2〕(1)　スイッチ S を閉じた直後はコンデンサーに電荷はないので，極板間の電圧は 0 である．よって，抵抗 R_1 を流れる電流はすべてコンデンサー C に流れ込むので，

$$I_1 = \frac{30}{10} = 3.0\,\text{A}, \qquad I_2 = 0\,\text{A}$$

(2)　スイッチ S を閉じてから十分に時間が経ったのちでは，抵抗 R_1, R_2 を流れる電流の大きさは等しくなるので，

$$I_1 = I_2 = \frac{30}{10 + 20} = 1.0\,\text{A}$$

(3)　スイッチ S を開いた直後，抵抗 R_1 には電流は流れないので，

$$I_1 = 0\,\text{A}$$

また，スイッチ S を開いた直後，コンデンサーの電荷は抵抗 R_2 を通り放電をはじめる．スイッチ S を開く直前の抵抗 R_2 を流れる電流の大きさは 1.0 A であるので，抵抗 R_2 での電圧降下は $V = 20 \times 1.0 = 20$ V であり，コンデンサーの極板間の電圧も 20 V となる．コンデンサー C の電圧と抵抗 R_2 の電圧降下は等しいので，スイッチ S を開いた直後の抵抗 R_2 を流れる電流の大きさ I_2 は，

$$20 + 20 I_2 = 0$$
$$\therefore\ I_2 = -1.0\,\text{A}$$

（コンデンサーは放電するので，I_2 の向きは図の矢印の方向とは逆向きになる．）抵抗 R_1 には電流は流れないので，

$$I_1 = 0\,\text{A}$$

(4)　スイッチ S を開いてから定常な状態になるまでの間に抵抗 R_2 で生じるジュール熱は，エネルギー保存の法則よりスイッチ S を開く直前にコンデンサーに蓄えられていた静電エネルギーと等しくなる．よって，抵抗で生じるジュール熱 Q は，

$$Q = \frac{1}{2}CV^2 = \frac{1}{2} \times (12 \times 10^{-6}) \times 20^2 = 2.4 \times 10^{-3}\,\text{J}$$

例題 5–7　非線形抵抗

図 5.21(a) は白熱電球に加える電圧とそれを流れる電流の関係を示したグラフである. この白熱電球と, 抵抗値が $R_1 = 50$ Ω, $R_2 = 100 \Omega$ の抵抗 R_1, R_2, 起電力 100 V の電源 E, スイッチ S_1, S_2 を接続して図 5.21(b) のような回路をつくった. 電源 E の内部抵抗は無視できるものとする.

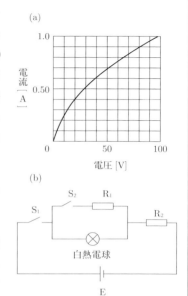

〔1〕　まず, スイッチ S_1 だけが閉じている場合について考える.

(1)　白熱電球にかかる電圧を V, 白熱電球を流れる電流を I としたとき, V と I の関係をキルヒホッフの法則より求めよ.

(2)　白熱電球にかかる電圧 V と電流 I を求めよ.

図 **5.21**

〔2〕　次に, スイッチ S_1 と S_2 の両方が閉じている場合について考える.

(1)　白熱電球にかかる電圧を V, 白熱電球を流れる電流を I としたとき, V と I の関係をキルヒホッフの法則より求めよ.

(2)　白熱電球にかかる電圧 V と電流 I を求めよ.

【解答】

〔1〕(1)　白熱電球を流れる電流を I とすると, 抵抗 R_2 を流れる電流の大きさも I なので, 電圧降下は $100I$ [V] である. よって, 電圧に関する関係式より,

$$100 - V - 100I = 0$$
$$\therefore \ I = -\frac{1}{100}V + 1$$

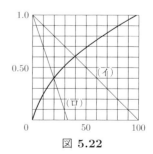

図 **5.22**

(2)　図 5.22 より, 直線のグラフ（イ）と曲線との交点を求めて,

$$V = 40 \text{ V}, \qquad I = 0.60 \text{ A}$$

〔2〕(1)　スイッチ S_1, S_2 の両方が閉じているとき，抵抗 R_1 にも電流が流れる．このとき，抵抗 R_1 で流れる電流を I_1 とおくと，

$$V = 50 \times I_1$$
$$\therefore \ I_1 = \frac{V}{50}$$

よって，抵抗 R_2 に流れる電流の大きさ I_2 は，

$$I_2 = I_1 + I = \frac{V}{50} + I$$

となり，電圧に関する関係式より，

$$100 - V - 100 \times \left(\frac{V}{50} + I \right) = 0$$
$$\therefore \ I = -\frac{3}{100}V + 1$$

(2)　図 5.24 より，直線のグラフ（ロ）と曲線との交点を求めて，

$$V = 20 \ \text{V}, \qquad I = 0.40 \ \text{A}$$

第6章
磁　　場

6.1　ローレンツ力

■ 磁気力

　空間がゆがむとそこに場ができたという．質量や電荷があると，それらは空間をゆがませ，それぞれ重力場 $\vec{g}$ や電場 $\vec{E}$ を生みだす．$\vec{g}$ の中に質量 m があると，m は重力 $m\vec{g}$ を受ける．$\vec{E}$ の中に電荷 q があると，q は電気力 $q\vec{E}$ を受ける．電流の流れている導線の近くを電荷が通過すると，進行方向が変わる．これから，運動している電荷やその流れである電流は，まわりの空間に何か場を生みだしているといえる．この場を**磁場**と呼んでいる．磁場 $\vec{B}$ の中に電荷 q が速度 $\vec{v}$ で運動していると，電荷 q には磁気力

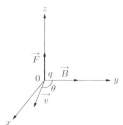

図 **6.1**　ローレンツ力
x, y 平面に $\vec{v}$ と $\vec{B}$ があるときのローレンツ力 $\vec{F}$

$$\vec{F} = q(\vec{v} \times \vec{B}), \quad F = qvB\sin\theta \quad (\theta \text{ は } \vec{v} \text{ と } \vec{B} \text{ とのなす角})$$

がはたらく（図6.1）．この力によって磁場 $\vec{B}$ を定義する．磁場 $\vec{B}$ は歴史的な理由で磁束密度と呼ぶが，本書では「**磁場 $\vec{B}$**」と記す．磁場 $\vec{B}$ の単位は上式より，N/C·m/s = N/A·m となるが，これをテスラ（記号 T）という．

■ ローレンツ力

　空間に電場 $\vec{E}$ と磁場 $\vec{B}$ があるとき，速度 $\vec{v}$ で運動している電荷 q には**電磁気力**

$$\vec{F} = q(\vec{E} + \vec{v} \times \vec{B})$$

がはたらく．この力 $\vec{F}$ はローレンツ力と呼ばれる．静止している電荷には**電気力** $q\vec{E}$ しかはたらかないが，運動している電荷には電気力 $q\vec{E}$ のほかに**磁気力** $q(\vec{v} \times \vec{B})$ がはたらく．磁気力だけを問題にするときは，これを**ローレンツ力**と呼んでいる．

6.2　電流にはたらく力（アンペールの力）

■ まっすぐな導線にはたらくアンペールの力

電流がつくる磁場の中に，別の電流が流れているとき，この電流は磁場から力を受ける．いま，磁場 $\vec{B}$ の中に断面積 S のまっすぐな導線に，電流 I が流れているとき，導線の長さ l の部分にはたらく力を求めてみる．

導体内の自由電子が一定の速度 $\vec{v}$ で移動しているとき，各電子は

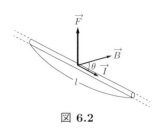

図 **6.2**

$$\vec{f} = -e\vec{v} \times \vec{B}$$

のローレンツ力を受ける．導線の単位体積中の自由電子の数 n とすると，この導線の長さ l の部分の中の自由電子の数は nSl なので，この部分にはたらくローレンツ力は

$$\vec{F} = nSl\vec{f} = -enSl(\vec{v} \times \vec{B})$$

である．断面 S を単位時間に通過する電荷は $-enS\vec{v}$ である．そこで，電流は $-\vec{v}$ の向きに流れるので，電流ベクトルを

$$\vec{I} = -enS\vec{v}$$

で定義する．この $\vec{I}$ を用いると，まっすぐな導線の長さ l にはたらく力は

$$\vec{F} = (\vec{I} \times \vec{B})l, \quad F = IBl\sin\theta \quad (\theta \text{ は } \vec{I} \text{ と } \vec{B} \text{ とのなす角}) \tag{6.1}$$

と表される（図6.2）．このように磁場 $\vec{B}$ の中を流れる電流にはたらく力を**アンペールの力**という．

■ まっすぐでない導線にはたらくアンペールの力

まっすぐでない導線のときは，次のようにして求められる．導線の微小部分 $d\vec{s}$（向きは電流の流れる向きにとる）の部分にある電荷 dq にはたらく磁気力（ローレンツ力）は

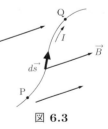

図 **6.3**

$$d\vec{F} = dq(\vec{v} \times \vec{B}) = dq\frac{d\vec{s}}{dt} \times \vec{B} = \frac{dq}{dt}d\vec{s} \times \vec{B} = Id\vec{s} \times \vec{B}$$

となる．この式を積分すると，任意の導線の部分（たとえば図6.3のPQ）にはたらく磁気力を求めることができる．

$$\overrightarrow{F_{\mathrm{PQ}}} = \int_{\mathrm{P}}^{\mathrm{Q}} Id\vec{s} \times \vec{B}$$

PQ が直線の場合は，微小部分 $d\vec{s}$ の向きは電流とつねに同じ向きなので

$$Id\vec{s} \times \vec{B} = I\vec{e_t}ds \times \vec{B} = (\vec{I} \times \vec{B})ds \quad (\vec{e_t}\text{は単位接線ベクトル})$$

と書きかえられる. ここで, $d\vec{s} = \vec{e_t}ds$, $\vec{I} = I\vec{e_t}$ の関係を用いた.

$$\overrightarrow{F_{\mathrm{PQ}}} = \int_{\mathrm{P}}^{\mathrm{Q}} I d\vec{s} \times \vec{B} = \int_{\mathrm{P}}^{\mathrm{Q}} (\vec{I} \times \vec{B}) ds$$

長さ l の直線状導線の場合は $\vec{I} \times \vec{B} = $ 定ベクトルなので

$$\overrightarrow{F_l} = \int_0^l (\vec{I} \times \vec{B}) ds = (\vec{I} \times \vec{B}) \int_0^l ds = (\vec{I} \times \vec{B}) l$$

となり, (6.1) 式と一致する.

6.3 ビオ・サバールの法則

■ ビオ・サバールの法則

これまでは, 磁場 $\vec{B}$ の中で運動する電荷や電流にどのような力がはたらくかについて学んだ. ここでは, 磁場 $\vec{B}$ そのものがどうしてできるか調べる.

磁場 $\vec{B}$ は, 運動する電荷やその流れである電流によって生みだされている. 長いまっすぐな導線に電流が流れると, そのまわりに磁場が生じることがデンマークのエールステッドによって発見され (1920 年), このニュースを聞いたフランスのビオとサバールが折り曲げた導線で実験し, ビオ・サバールの法則を提唱した.

定常電流 I が流れている導線の微小部分 $d\vec{s}$（電流の流れる向きと同じ向き）をとり, 電流素片を $Id\vec{s}$ とすると, $Id\vec{s}$ がそこから位置 $\vec{r}$ の点 P につくる磁場 $\vec{B}$ は

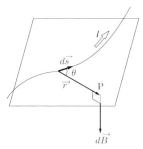

図 6.4 ビオ・サバールの法則

$$d\vec{B} = \frac{\mu_0}{4\pi} \frac{Id\vec{s}}{r^2} \times \left(\frac{\vec{r}}{r}\right), \quad dB = \frac{\mu_0}{4\pi} \frac{Ids\sin\theta}{r^2} \quad (\theta \text{ は } d\vec{s} \text{ と } \vec{r} \text{ とのなす角}) \qquad (6.2)$$

と表される (図 6.4). これをビオ・サバールの法則という. 定数 μ_0 は, 電流と磁場を関係づける定数で, 真空の透磁率と呼ばれる. 磁場 $\vec{B}$ の単位はローレンツ力の式から N/A·m と求められているので, (6.2) 式から μ_0 の単位は N/A^2 となる. μ_0 の値は平行直線電流間にはたらく力と電流の関係式 (6.8) から

$$\mu_0 = 4\pi \times 10^{-7} \quad N/A^2$$

と決まる. $d\vec{B}$ の向きはベクトル積 $d\vec{s} \times \vec{r}$ の向きである. その大きさは $|d\vec{B}| = \dfrac{\mu_0}{4\pi} \dfrac{Ids\sin\theta}{r^2}$ である. θ は $d\vec{s}$（電流の流れる向きと同じ）と $\vec{r}$ とのなす角である. 導線を流れる電流全体がつくる全磁場を求めるには電流素片 $Id\vec{s}$ すべてにわたり積分しなければならない.

$$\vec{B} = \int d\vec{B} = \frac{\mu_0}{4\pi} \int \frac{Id\vec{s} \times \vec{r}}{r^3} = \frac{\mu_0}{4\pi} \int \frac{Id\vec{s} \times \vec{e_r}}{r^2} \quad \left(\vec{e_r} = \frac{\vec{r}}{r} \text{ は単位ベクトルを表す}\right)$$

線電流のとき $Id\vec{s}$ であるが,

　　面電流のときは $\vec{j}\,dS$（$\vec{j}$ は**面電流密度**，単位は A/m）

　　体積電流のときは $\vec{i}\,dV$（$\vec{i}$ は**体積電流密度**，単位は A/m^2）

に置き換えればよい．ビオ・サバールの法則を用いて簡単に磁場が求められる 3 つの例がある．

■ 直線電流がつくる磁場

　長い直線上を電流 I が流れているとき，磁場は円心円状にできる．直線から距離 r 離れた点における磁場 $\vec{B}$ の強さは

$$B = \frac{\mu_0 I}{2\pi r} \tag{6.3}$$

となる（図 6.5）（例題 6-3 参照）．

■ 円電流がつくる磁場

　半径 a の円周に沿って電流 I が流れている．円の中心軸上，中心 O より z の距離にある点 P につくる磁場 $\vec{B}$ は z 方向のみの成分をもち

$$B_z = \frac{\mu_0 I a^2}{2\left(z^2 + a^2\right)^{3/2}} \tag{6.4}$$

となる（図 6.6）（例題 6-4 参照）．とくに，円の中心 O では $z = 0$ だから

$$B_z = \frac{\mu_0 I}{2a}$$

となる．また，$z \gg a$ のとき，

$$B_z = \frac{1}{2}\mu_0 I a^2 \frac{1}{z^3} \tag{6.5}$$

となる．

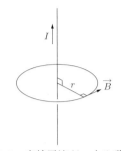

図 6.5 直線電流がつくる磁場 $\vec{B}$

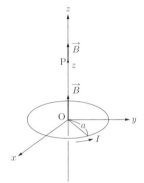

図 6.6 円電流がつくる磁場 $\vec{B}$

■ 磁気モーメント

　円の面積を $S(=\pi a^2)$，円に垂直で，電流の向きに右ねじを回したとき，右ねじの進む向きをもつ法線ベクトルを $\vec{n}$（z 軸方向を向いた単位ベクトル $\vec{k}$ に一致）とし，**磁気モーメント** $\vec{\mu_m}$ を

$$\vec{\mu_m} = IS\vec{n}$$

で定義すると，(6.5) 式は

$$\vec{B} = \frac{\mu_0}{2\pi}\frac{1}{z^3}\vec{\mu_m} \tag{6.6}$$

と表される．磁気モーメントの単位は A·m^2 である．電流がつくる磁場は，磁気モーメントにより等価的に表される．

■ ソレノイドがつくる磁場

単位長さ当りの巻き数 n，半径 a の無限に長いソレノイドに大きさ I の電流が流れている．ソレノイド（らせん状に巻いたコイル）の中心軸上の磁場は (6.4) 式の結果を用いて計算すると

$$B_z = \mu_0 n I$$

になる（例題 6-6 参照）．実は中心軸上だけでなく，ソレノイドのなかのどこでもこれと同じ値の一定値をとることが，この結果とアンペールの法則（後述，6.5 節）を併せ用いて示すことができる．

■ 電気双極子モーメントと磁気モーメント

さて，ここで図 6.7 のように 2 つの電荷 $+q$，$-q$ の対が距離 d だけ離れておかれているとき，両方をまとめて電気双極子という．$-q$ から $+q$ に向かうベクトルを $\vec{d}$ とするとき，

$$\vec{p} = q\vec{d}$$

を**電気双極子モーメント**と呼ぶ．この電気双極子が z 軸上の点 P につくる電場 E は

$$E = k\frac{q}{\left(z - \frac{d}{2}\right)^2} - k\frac{q}{\left(z + \frac{d}{2}\right)^2} = \frac{2kqzd}{\left(z^2 - \left(\frac{d}{2}\right)^2\right)^2}$$

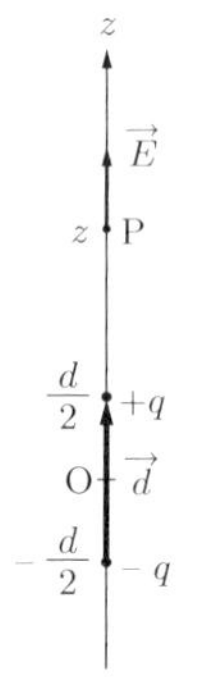

図 **6.7**　電気双極子がつくる電場

である．$z \gg d$ のとき

$$\vec{E} = \frac{1}{2\pi\varepsilon_0}\frac{\vec{p}}{z^3} \quad (\vec{p} = q\vec{d}) \tag{6.7}$$

と表される．この式を，電気双極子がつくる電場 $\vec{E}$ を，電気双極子モーメント $\vec{p}$ がつくる電場と考えてみよう．(6.6) 式を，磁気モーメント $\vec{\mu_m}$ がつくる磁場 $\vec{B}$ の式と考え，電気双極子モーメント $\vec{p}$ がつくる電場 $\vec{E}$ の (6.7) 式と比較すると，定数部分を除くと全く同じ形をしていることがわかる．電荷の対 q，$-q$ に対して，磁石の両端に磁荷の対 q_m，$-q_m$ があると，$\vec{p}$ と $\vec{\mu_m}$ とは同等の関係にあるといえる．しかし，磁荷を担うモノポール（単極子）は見つかっていないので，「円電流そのものが磁石に等しい」と考えられる．この関係を図 6.8 に示す．

ところで，$z \gg a$ の条件は相対的なものであるため，マクロな円電流と磁石の等価性は，半径 a が非常に小さい原子レベルのミクロな円電流とミクロな磁石の場合にも成り立つ．マ

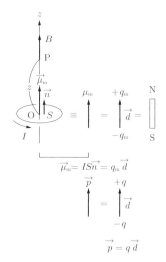

図 **6.8**　磁気モーメント

クロな世界でも，ミクロな世界でも，円電流と磁石（磁気双極子）の等価性は磁気モーメントによって結びつけられる．

6.4 平行な直線電流の間にはたらく磁気力

■ 平行電流の間にはたらく力

図 6.9 のように，2 本の無限に長い直線電流 1, 2 が平行
に張られており，大きさ I_1, I_2 の電流が同じ向きに流れ
ているとする．一方の電流 $I_1(I_2)$ は電流 $I_2(I_1)$ の位置に
磁場 $\vec{B_1}(\vec{B_2})$ をつくり，電流 $I_2(I_1)$ はその磁場 $\vec{B_1}(\vec{B_2})$
から力 $F_{21}(\overrightarrow{F_{12}})$ を受ける．したがって，電流 I_1, I_2 の間
に力がはたらくことになる．直線導線の間の間隔を a と
すれば，電流 I_1 が電流 I_2 の位置 P につくる磁場 $\vec{B_1}$ の
大きさは (6.3) 式により，

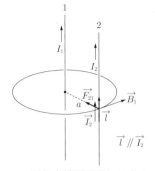

図 6.9 平行直線電流間にはたらく力

$$B_1 = \frac{\mu_0 I_1}{2\pi a}$$

となり，向きは I_2 の向きに垂直である．したがって，電流 I_2 の流れている導線 2 の長さ l の
部分がこの磁場から受ける力は図 6.9 より

$$\overrightarrow{F_{21}} = I_2(\vec{l} \times \vec{B_1})$$

となる．電流 I_2 の向きも考えた**電流ベクトル**を $\vec{I_2}$ とすると，$\vec{l} \, /\!/ \, \vec{I_2}$ なので $\overrightarrow{F_{21}} = (\vec{I_2} \times \vec{B_1})l$
と表すこともできる．力の大きさは，$\vec{l}(\vec{I_2})$ と $\vec{B_1}$ のなす角が $\dfrac{\pi}{2}$ であるので，

$$F_{21} = \frac{\mu_0 I_1 I_2}{2\pi a} l \tag{6.8}$$

となる．向きは，導線 2 から導線 1 に向かう向きである．逆に電流 I_2 が I_1 の位置につくる磁
場から I_1 が受ける力 $\overrightarrow{F_{12}}$ も同様に求められる．$\overrightarrow{F_{12}}$ の大きさ F_{12} は F_{21} に等しく，その向き
は導線 1 から導線 2 に向かう向きになる．力 $\overrightarrow{F_{21}}$ と $\overrightarrow{F_{12}}$ とは逆向きの力（引力）で，作用・反
作用の関係にある．電流の向きが互いに逆向きの場合は導線間にはたらく力は斥力になる．

■ 1A の定義と透磁率 μ_0 の定め方

SI（国際単位系）では，電流の単位アンペア（記号 A）を，(6.8) 式に基づいて定めている．す
なわち，真空中で 1 m 隔てて平行に置かれた 2 本の導線に同じ強さの電流を流したとき，導線
どうしが互いに及ぼし合う力の大きさが 1 m あたり 2×10^{-7} N になるときの電流の強さを 1
A と決める．この定義により，(6.8) 式を用いて，$\mu_0 = 4\pi \times 10^{-7}$ N/A^2 が定まる．こうして
決められた 1A が 1s 間に運ぶ電気量として 1C（クーロン）が定義される．真空の誘電率 ε_0 が
$\varepsilon_0 = \dfrac{10^7}{4\pi c^2}$ [C^2/N·m^2] であることを思い出すと，ε_0 と μ_0 の間には

$$\frac{1}{\sqrt{\varepsilon_0 \mu_0}} = c \quad (c \text{ は光速})$$

の関係が成り立っている（9.3 節参照）．

6.5 アンペールの法則

■ アンペールの法則

直線電流 I から距離 r の点における磁場の大きさはビオ・サバールの法則を用いて計算すると

$$B = \frac{\mu_0 I}{2\pi r}$$

になることを学んだ．磁場は電流のまわりを取り巻くように，向きは電流の向きを右ねじの進む向きとすれば，右ねじの回る向きに生じている．

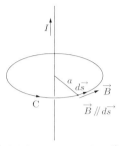

図 6.10 アンペールの法則

半径 a の円 C 上で C に沿って 1 周する $\vec{B}$ の線積分

$$\oint_{\mathrm{C}} \vec{B} \cdot d\vec{s}$$

を考える（図 6.10）．C 上の各点で，右ねじの回る向きに（単位）接線ベクトルを $\vec{e_t}$ とすると，$\vec{B} = B\vec{e_t}$, $d\vec{s} = ds\vec{e_t}$ とかけるので，

$$\vec{B} \cdot d\vec{s} = B ds |\vec{e_t}|^2 = B ds$$

となる．したがって

$$\oint_{\mathrm{C}} \vec{B} \cdot d\vec{s} = \frac{\mu_0 I}{2\pi a} \oint_{\mathrm{C}} ds = \frac{\mu_0 I}{2\pi a} \cdot 2\pi a = \mu_0 I$$

となり，半径 a に無関係な値になる．円に限らず，任意の形の閉曲線（閉じた経路）に沿って 1 周する線積分を行っても同じ値になる．これを**アンペールの法則**という．

■ 複数の導線電流がある場合のアンペールの法則

任意の閉曲線 C（円でなくてもよい）に沿って 1 周する $\vec{B}$ の線積分は，C にとり囲まれた導線（直線でなくてもよい）に流れる定常電流（時間的に一定の大きさをもつ電流）の和と μ_0 の積に等しい．

$$\oint_{\mathrm{C}} \vec{B} \cdot d\vec{s} = \mu_0 \sum_{i=1}^{n} I_i$$

電流の符号は，C の向き（$d\vec{s}$ の向き）に右ねじを回すとき，右ねじの進む向きに電流が流れていれば正とする．

図 6.11 の場合には，

$$\oint_{\mathrm{C}} \vec{B} \cdot d\vec{s} = \oint_{\mathrm{C}} B \, ds \cos\theta = \mu_0 (I_1 + I_2 - I_3)$$

となる．

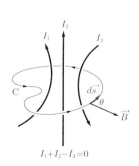

図 6.11

■ 電流が広がって流れている場合のアンペールの法則

これまでは太さのない導体を考えてきたが, 広がりのある導体の中を電流が流れるような場合には $\mu_0 \sum_i I_i$ を $\mu_0 \int_S \vec{i} \cdot d\vec{S}$ に置き換え

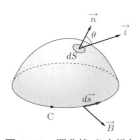

$$\oint_C \vec{B} \cdot d\vec{s} = \mu_0 \int_S \vec{i} \cdot d\vec{S} = \mu_0 \int_S \vec{i} \cdot \vec{n}\, dS = \mu_0 \int i\, dS \cos\theta$$

$$(\because |\vec{n}| = 1)$$

図 **6.12** 閉曲線 C を縁とする曲面 S

とする. $\int_S \vec{i} \cdot d\vec{S}$ は C を縁とする曲面 S を通過する全電流 (電流のないところも含める) を表す. ただし, i は**体積電流密度** (単位は A/m^2), $\vec{n}$ は法線ベクトル, $d\vec{S} = \vec{n}\, dS$ は微小面積ベクトル, S は閉曲線 C を縁とする曲面である. ここで, $\vec{n}$ の向きは, C の向き ($d\vec{s}$ の向き) に右ねじを回したとき, 右ねじが進む向きとする (図 6.12). 面を流れる面電流のときは**面電流密度** (単位は A/m) を用いる (例題 6–5 参照).

6.6 運動している電荷による磁場

■ 運動している電荷による磁場

運動している電荷に力を及ぼす空間の状態として磁場 $\vec{B}$ が定義された. 逆に運動している電荷によっても磁場 $\vec{B}$ が生み出されると考えられる. アメリカのローランドは 1876 年に帯電した円板を回転させるとそのまわりのコンパスの磁針が振れることを見出した. 電荷 q が速度 $\vec{v}$ で運動しているとき, 位置 $\vec{r}$ の点 P につくる磁場 $\vec{B}$ は

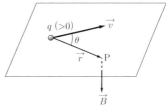

図 **6.13** 運動する電荷のつくる磁場 $\vec{B}$

$$\vec{B} = \frac{\mu_0}{4\pi} \frac{q\vec{v}}{r^2} \times \left(\frac{\vec{r}}{r}\right)$$

と表される. $\vec{B}$ の大きさは

$$B = \frac{\mu_0}{4\pi} \frac{|q|v\sin\theta}{r^2}$$

である (図 6.13). もちろん, この電荷は磁場のほかに電場もつくる. 電荷の流れが電流であるから, 上式からビオ・サバールの法則を導けるはずである.

電荷 dq が速度 $\vec{v}$ で運動しているとき, それから位置 $\vec{r}$ にある点 P につくる磁場 $d\vec{B}$ は

$$dq\vec{v} = dq\frac{d\vec{s}}{dt} = \frac{dq}{dt}d\vec{s} = I\, d\vec{s}$$

であるから, 上式で

$$\vec{B} \to d\vec{B}, \quad q\vec{v} \to dq\vec{v} = I\, d\vec{s}$$

とすれば, ビオ・サバールの法則が導出される.

6.7　磁場 $\vec{B}$ に関するガウスの法則

■ 磁場 $\vec{B}$ に関するガウスの法則

　電場 $\vec{E}$ の様子は電気力線で，電束密度 $\vec{D}$ の様子は電束線で表される．電束線を定量的に表すために電束を $\int_S \vec{D} \cdot d\vec{S}$ で導入した．磁場 $\vec{B}$ （磁束密度）に対しても，**磁束線**を考え，磁束（磁束線が何本あるか）を次のように定義する．

　向きを定めた閉回路 C を縁とする曲面 S 上で磁場 $\vec{B}$ と面積要素 $d\vec{S}$ のスカラー積を S にわたって面積分したものを C を貫く**磁束**と呼び，記号 Φ で表す．

$$\Phi = \int_S \vec{B} \cdot d\vec{S} = \int_S \vec{B} \cdot \vec{n}\, dS$$

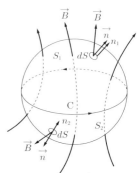

C の向きに右ねじを回したとき，これの進む向きを法線ベクトル $\vec{n}$ の向きとする．磁束の単位は上式より $\mathrm{T \cdot m^2} = (\mathrm{N/A \cdot m}) \cdot \mathrm{m^2}$ $= \mathrm{N \cdot m/A}$ となるが，これをウェーバ（記号 Wb）という．

　曲面 S は平面でも，曲面でも，閉曲面でも C を縁とするならどれでもよい．つまり，磁束 Φ は閉曲線 C だけで決まり曲面 S のとり方によらない．そこで，図 6.14 のように C を縁とする曲面 S_1，S_2 を考える．C の向きは図の矢印の向きにとる．S_1 の法線ベクトルを $\vec{n_1}$，S_2 の法線ベクトルを $\vec{n_2}$ とすると，S_1，S_2 を貫くそれぞれの磁束 Φ_1，Φ_2 は

図 6.14　磁場 $\vec{B}$ に関する
ガウスの法則

$$\Phi_1 = \int_{S_1} \vec{B} \cdot \vec{n_1}\, dS, \quad \Phi_2 = \int_{S_2} \vec{B} \cdot \vec{n_2}\, dS$$

と書ける．磁束線の数は等しいので $\Phi_1 = \Phi_2$ である．電場 $\vec{E}$ に対するガウスの法則の場合のように，外向き法線ベクトル $\vec{n}$ を用いると，S_1 上の $\vec{n_1}$ は外向きで，S_2 上の $\vec{n_2}$ は内向きとなる．

$$\vec{n_1} = \vec{n}, \quad \vec{n_2} = -\vec{n}$$

これから

$$\Phi_1 - \Phi_2 = \int_{S_1} \vec{B} \cdot \vec{n_1}\, dS - \int_{S_2} \vec{B} \cdot \vec{n_2}\, dS = \int_{S_1 + S_2} \vec{B} \cdot \vec{n}\, dS = 0$$

の関係が得られる．曲面 S_1，S_2 を合わせると任意の閉曲面 S ができ，

$$\oint_S \vec{B} \cdot d\vec{S} = 0$$

が成り立つ．これを**磁場 $\vec{B}$ （磁束密度）に関するガウスの法則**という．

発展　磁性体

1. 磁性体と磁化電流

(1) 磁気モーメントの源

　アンペールは電流が流れているソレノイドの中に鉄を挿入すると，磁場が増大することを発見した．磁場をつくるのは電流である．電流にも導体を流れるマクロな電流や，物質中を流れるミクロな円電流がある．物質の磁気的性質を考えるとき，物質をミクロな円電流やミクロな磁石の集合，またはそれらと等価的なミクロな磁気モーメントの集合とみなして考える．ミクロな磁気モーメントの源は，

(i)　電子が原子核のまわりを回る軌道運動によるもの

(ii)　電子のスピン（自転を意味する）によるもの

(iii)　原子核を構成する陽子や中性子のスピンによるもの

とから成り立っている．しかし，陽子や中性子の質量は，電子の質量の約 2000 倍も大きいので，それらのスピンによる磁気モーメント（質量にほぼ反比例する）は電子の約 1/1000 である．したがって，原子の磁気モーメントは，電子の軌道運動と電子のスピンに伴った磁気モーメントだけを考え，原子核からの寄与は考えなくてよい．電子はそれ自身磁気モーメントをもつ磁石のような振る舞いをする．こうして，原子全体が一定の磁気モーメントをもつようになる．しかし，磁気モーメントは原子ごとにばらばらで，物質はマクロには磁気モーメントをもたない．そこに外から磁場をかけると，原子のミクロな磁気モーメントは磁場からはたらく偶力の作用によって，磁場の向きにそろうようになる．その結果，物質はマクロにも磁気モーメントをもつようになる．このように，物質のミクロな磁気モーメントがそろうことを**磁化**といい，磁化する物質を**磁性体**という．アンペールが発見したものは，ソレノイドのつくる磁場により，鉄（磁性体）が磁化された効果である．

(2) 磁化ベクトルと磁化電流

　原子よりはずっと大きな微小体積 ΔV をとり，その中に含まれる個々の原子の磁気モーメント $\vec{m_i}$ の和を $\sum_i \vec{m_i}$ としたとき，

$$\vec{M} = \frac{\sum_i \vec{m_i}}{\Delta V}$$

は単位体積当りの磁気モーメントを表し，**磁化ベクトル**または単に**磁化**と呼ぶ．磁化の単位は $A\cdot m^2/m^3 = A/m$ である．

　断面積 S の細長い円筒形の磁性体が，ソレノイドの磁場 $\vec{B}$ により円筒の中心軸の方向に一様に磁化して磁化 $\vec{M}$ をもつ場合を考える．この中に，中心軸に垂直な面積 ΔS，厚さ Δh の薄い円板がある 図 6.15(a)．この円板の断面を図 6.15(b) に示す．図の中には個々

の原子のミクロな磁気モーメントをつくる円電流が示されている. 隣り合う電流は向きが反対なので打ち消し合うが, 相手のいない外側の電流は消えずに残る. したがって, 円板の外側を流れる一つの電流 ΔI_m で置き換えることができる. この電流を**磁化電流**と呼ぶ. 体積 $\Delta V = \Delta S \Delta h$ の中の磁気モーメントはすべて同じ向きを向いているので

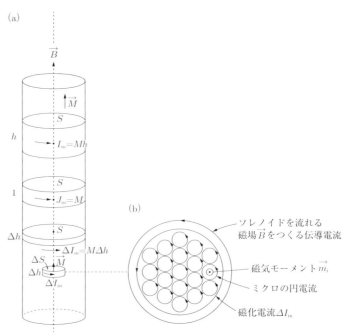

図 **6.15** ソレノイド中におかれた磁性体の外周を流れる磁化電流

$$\sum_i m_i = M \Delta V = M \Delta S \Delta h$$

マクロで成り立っていた磁気モーメントと円電流の等価性 ($\mu_m = IS$) はミクロでも成り立つので

$$M \Delta S \Delta h = \Delta I_m \Delta S$$

となる. これから

$$\Delta I_m = M \Delta h$$

が得られる. ΔI_m は円板の厚さ Δh には比例するが, 面積 ΔS には依存しない特徴がある. これから, 面積 S, 厚さ Δh の円板の側面を流れる磁化電流も $M \Delta h$ となることがわかる (図 6.15a). 面積 S, 高さ h の円筒のまわりの側面を流れる全体の磁化電流は

$$I_m = \int_0^h M dh = Mh$$

である. 単位長さ当りの磁化電流 J_m は

$$J_m = M$$

となる. J_m と M の単位はともに A/m である.

2. 磁性体がある場合のアンペールの法則

(1) 磁性体を挿入したソレノイドのつくる磁場

　磁性体がある場合，アンペールの法則は伝導電流の他に磁化電流も考慮する必要がある．十分に長いソレノイド（単位長さ当りの巻数 n）に伝導電流 I を流すと，ソレノイドの内部には中心軸の方向に一様な磁場 $\vec{B}$ が生じ，その大きさ B は $\mu_0 nI$ に等しい．

　いま，ここに磁性体を挿入した場合，磁場 $\vec{B}$ により磁性体は $\vec{B}$ の方向に $\vec{M}$ で一様に磁化されたとする．このとき，ソレノイドに接する磁性体の側面に単位長さ当り $J_m(= M)$ の磁化電流が流れる．このように磁性体の存在はこの磁化電流によって等価的に置き換えられる．図 6.16 に示すように，中心軸に平行で，ソレノイドを含む長方形 ABCD を閉曲線 C としてアンペールの定理を適用してみる．ただし，辺 AB の長さを l にとる．閉曲線 C を貫く電流は単位長さ当り，伝導電流 nI に磁化電流 $J_m(= M)$ が加わり

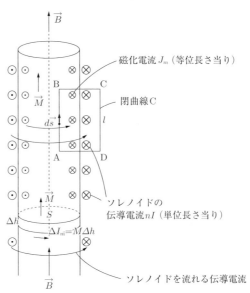

図 6.16 磁性体がある場合のアンペールの法則

$$\oint_C \vec{B}\cdot d\vec{s} = \oint_{\square ABCD} \vec{B}\cdot d\vec{s} = \mu_0(nI + J_m)l \tag{6.9}$$

と表される．$\square$ABCD において，辺 CD 上では $\vec{B}=\vec{0}$，また辺 BC, DA 上では $\vec{B}\perp d\vec{s}$ なので $\vec{B}\cdot d\vec{s}=0$ である．したがって，辺 AB に沿う線積分のみが残り

$$\oint_{\square ABCD} \vec{B}\cdot d\vec{s} = \int_{AB} \vec{B}\cdot d\vec{s} = \vec{B}\cdot\vec{l} = \mu_0(nI + J_m)l$$

が成り立つ．ここでベクトル $\vec{l}$ は $|\vec{l}|=l=$ AB で その向きは $\vec{B}$ に平行である．

$$\vec{B}\cdot\vec{l} = Bl = \mu_0(nI + J_m)l$$

より，磁場 $\vec{B}$ の大きさは

$$B = \mu_0(nI + J_m)$$

となる．ソレノイド内の全磁場の大きさ B は磁性体のない場合に比べて強まっている．また，(6.9) 式の右辺の第 2 項は $J_m = M$，$\vec{M}\,/\!/\,\vec{l}$ を考慮すると

$$J_m l = \vec{M} \cdot \vec{l} = \int_{AB} \vec{M} \cdot d\vec{s} \tag{6.10}$$

に書き換えられる. ここで, 辺 AB 以外の辺 BC 上と DA 上では $\vec{M}$ は $d\vec{s}$ に垂直なので $\vec{M} \cdot d\vec{s} = 0$, 辺 CD 上では磁性体がないので $\vec{M} = \vec{0}$ となり, これら辺上での $\vec{M}$ の線積分はいずれも 0 となるので,

$$I_m = J_m l = \int_{AB} \vec{M} \cdot d\vec{s} = \oint_C \vec{M} \cdot d\vec{s}$$

が成り立つことがわかる. これは C に沿う $\vec{B}$ の線積分と同様, $\vec{M}$ の C に沿う線積分も辺 AB に沿う線積分だけで決まることがわかる. この関係は閉曲線 C を貫く磁化電流 I_m は C 上の $\vec{M}$ の線積分で求められることを表している.

(2)　磁場 $\vec{H}$ に関するアンペールの法則

(6.10) 式を (6.9) 式に代入すると

$$\oint_C (\vec{B} - \mu_0 \vec{M}) \cdot d\vec{s} = \mu_0 n I l \tag{6.11}$$

ここで, 磁場の強さと呼ばれる新しいベクトル場 $\vec{H}$ を

$$\vec{H} = \frac{\vec{B}}{\mu_0} - \vec{M} \tag{6.12}$$

で導入すると (6.11) 式は

$$\oint_C \vec{H} \cdot d\vec{s} = n I l \tag{6.13}$$

となり, $\vec{H}$ は伝導電流のみにより表される. この結果はソレノイドの場合について得られたが, このことは一般的に成り立ち

$$\oint_C \vec{H} \cdot d\vec{s} = \sum_i I_i \quad \text{(伝導電流の総和)} \tag{6.14}$$

となる. これを**磁場 $\vec{H}$ に関するアンペールの法則**という. 磁場 $\vec{B}$ に対し, 磁場の強さ $\vec{H}$ を**磁場 $\vec{H}$** と呼んで区別することにする. 磁場 $\vec{H}$ の単位は $\vec{M}$ と同じく A/m である.

　なお, 閉曲線 C を貫いて流れる伝導電流を個々の電流 I_i の代わりに, C を縁とするひとつの曲面 S 上での電流密度 $\vec{i}$ の面積分で表すことができる.

$$I = \int_S \vec{i} \cdot d\vec{S}$$

この場合 (6.14) 式は

$$\oint_C \vec{H} \cdot d\vec{s} = \int_S \vec{i} \cdot d\vec{S}$$

となる．この式は拡張された磁場の強さ $\vec{H}$ に関するアンペールの法則という．

(3)　常磁性体と反磁性体

多くの磁性体では $\vec{M}$ は $\vec{H}$ に比例するので

$$\vec{M} = \chi_m \vec{H}$$

とおいて χ_m を磁化率と呼ぶ．この式を (6.12) 式に入れると

$$\vec{B} = \mu_0 (1 + \chi_m) \vec{H}$$

となるが

$$\mu = \mu_0 (1 + \chi_m)$$

とおいて，これをその物質の**透磁率**という．これを使うと

$$\vec{B} = \mu \vec{H}$$

となる．物質がない真空中（ソレノイド内に磁性体を挿入しないとき）では $\chi_m = 0$ なので

$$\mu = \mu_0, \quad \vec{B}_0 = \mu_0 \vec{H}$$

が成り立つ．とくに μ_0 は真空の透磁率と呼ばれる．$\chi_m > 0$ の磁性体を**常磁性体**，$\chi_m < 0$ のそれを**反磁性体**という。また，$\mu_r = \mu / \mu_0$ を**比透磁率**という．ソレノイド内に磁性体を挿入した場合と，挿入しないときの磁場の大きさの比は μ_r に等しい

$$\frac{B}{B_0} = \frac{\mu}{\mu_0} = \mu_r$$

$\chi_m > 0$ のときは $\mu_r > 1$ なので $B > B_0$ となり，$\chi_m < 0$ のときは $\mu_r < 1$ なので $B < B_0$ となる．ソレノイド内の磁場の大きさ B は挿入しないときに比べて，常磁性体では強まるが，反磁性体では逆に弱まることがわかる．**強磁性体**では，原子などの磁気モーメントの整列の度合いが強く，一度整列すると外からの磁場がなくなっても磁化したままになる．これが永久磁石の状態である．

例題 6–1 磁場・ローレンツ力

〔1〕 xyz 空間内にある大きさ B [T] の y 軸に平行である一様な磁場 $\vec{B}$ 中で, 図 6.17 のように電荷 q [C] $(q > 0)$ の荷電粒子を x 軸の正の方向に速さ v [m/s] で運動させたところ, z 軸の正の方向に大きさ f [N] の力を受けた.

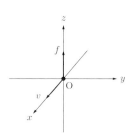
図 **6.17**

(1) 磁場 $\vec{B}$ の向きは y 軸の正の方向か, 負の方向か求めよ.

(2) 磁場 $\vec{B}$ の大きさ B [T] を q, v, f を用いて表せ.

〔2〕 図 6.18 のように, y 軸の正の方向に大きさ 2.0×10^{-4} T の一様な磁場 $\vec{B}$ 中で, 荷電粒子を $\vec{v_1}$, $\vec{v_2}$, $\vec{v_3}$ の方向にそれぞれ速さ $v = 5.0 \times 10^5$ m/s で運動している. このとき, 荷電粒子が磁場から受ける力の向きと大きさを次のそれぞれの場合について求めよ. なお, $\vec{v_2}$ は xy 平面内にある.

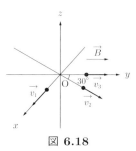
図 **6.18**

(1) 荷電粒子が陽子 (proton) の場合 (電気量：$+1.6 \times 10^{-19}$ C)

(2) 荷電粒子が電子 (electron) の場合 (電気量：-1.6×10^{-19} C)

【解答】

〔1〕(1) y 軸の正の方向   (2) $B = \dfrac{f}{qv}$ [T]

〔2〕(1) $\vec{v_1}$: 向き $\cdots$ z 軸の正の方向

大きさ $\cdots$ $f_1 = (1.6 \times 10^{-19}) \times (5.0 \times 10^5) \times (2.0 \times 10^{-4})$
$= 1.6 \times 10^{-17}$N

$\vec{v_2}$: 向き $\cdots$ z 軸の正の方向

大きさ $\cdots$ $f_2 = (1.6 \times 10^{-19}) \times (5.0 \times 10^5)$
$\times (2.0 \times 10^{-4}) \times \sin 30°$
$= 8.0 \times 10^{-18}$N

$\vec{v_3}$: 磁場 $\vec{B}$ と $\vec{v_3}$ のなす角は 0 なので, 磁場から受ける力は $\vec{0}$.

(2) 荷電粒子が電子の場合, $\vec{v_1}$, $\vec{v_2}$ のいずれの場合も,

向き $\cdots$ 陽子の場合とは逆向き

大きさ $\cdots$ 陽子の場合と同じ

また, $\vec{v_3}$ の場合は, 電子であっても磁場から受ける力は $\vec{0}$.

例題 6–2　電流が磁場から受ける力

〔1〕　図 6.19 のように，xyz 空間内にある一様な磁場中に導線をおき，定
常な電流を流す．この電流が受ける力の向きを求めよ．

(1) 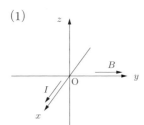　　(2)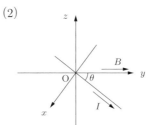

(3) 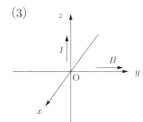　　(4)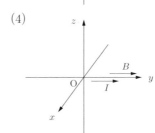

図 **6.19**

〔2〕　図 6.20 のように，水平右向きで大きさ B [T] の一様な磁場中に，磁
場と θ の角をなす方向に導線をおき，I [A] の電流を流す．θ の大きさ
が次のそれぞれの場合について，導線の長さ l [m] あたりにはたらく力
の大きさを求めよ．

(1)　$\theta=90°$ 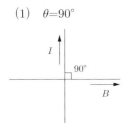　　(2)　$\theta=60°$ 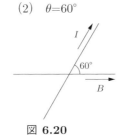　　(3)　$\theta=0°$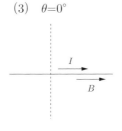

図 **6.20**

【解答】

〔1〕(1)　z 軸の正の方向　　(2)　z 軸の正の方向

(3)　z 軸の負の方向　　(4)　電流が受ける力の大きさは 0

〔2〕(1)　$F_1 = IBl$ [N]　　(2)　$F_2 = IBl\sin 60° = \dfrac{\sqrt{3}}{2}IBl$ [N]

(3)　$F_3 = IBl\sin 0° = 0$ [N]

演習問題
A

6.1 図 6.21 のように, y 軸の正の方向に大きさ B [T] の一様な磁場 $\overrightarrow{B}$ 中を, 電荷 q [C] $(q > 0)$ の荷電粒子が速さ v [m/s] で運動している. 荷電粒子の運動方向が次のそれぞれのとき, この荷電粒子が磁場から受ける力を成分で表せ.

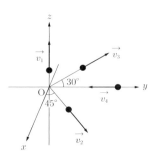

図 **6.21**

(1) $\overrightarrow{v_1}$：(z 軸の正の方向)

(2) $\overrightarrow{v_2}$：(xy 平面内にあり, x 軸と $45°$ の角をなす方向)

(3) $\overrightarrow{v_3}$：(yz 平面内にあり, y 軸と $30°$ の角をなす方向)

(4) $\overrightarrow{v_4}$：(y 軸の負の方向)

6.2 電子などの微小な粒子のエネルギーは極めて小さくなるので, ジュールだけでなく電子ボルト (記号 eV) と呼ばれる単位がしばしば用いられる. 1 eV は, 電子が 1 V の電圧で加速されたときに得る運動エネルギーで,

$$1\text{eV} = 1.6 \times 10^{-19}\text{J}$$

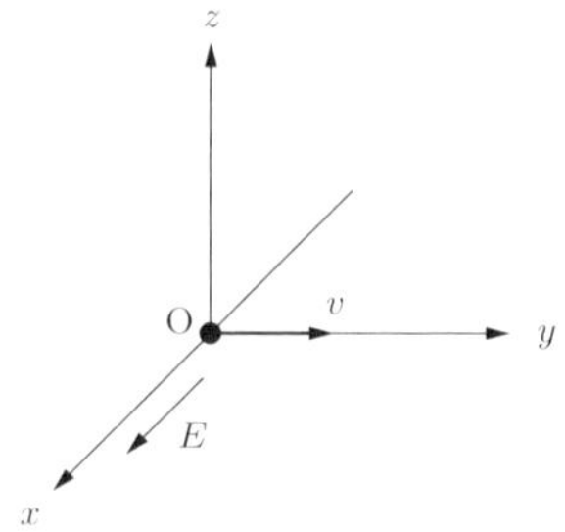

である. 図 6.22 のように, x 軸の正の向きに大きさ $E = 3.0 \times 10^4$ V/m の一様な電場中に, 運動エネルギー 2.5×10^3 eV の電子を原点 O より y 軸の正の向きに入射させた. 電子の質量を $m = 9.1 \times 10^{-31}$ kg とする.

図 **6.22**

(1) この電子の運動エネルギーを単位 [J] で表せ.

(2) この電子の入射させたときの速さ v [m/s] を求めよ.

(3) 一様な電場に加えて, z 軸に平行な方向に一様な磁場をかけることにより, 原点 O より入射させて電子を直進させた. 加える磁場の向きは z 軸の正, 負のどちら向きにすれば良いか. また, その大きさ B [T] を求めよ.

6.3　図 6.23 のように，鉛直上向きで大
きさが B の一様な磁場中に，長さ l,
断面積 S の抵抗を水平におき，大きさ
I の電流を右向きに流した．このとき，
抵抗内では自由電子が左向きに運動し
ている．これらの平均の速さを v, 自
由電子の電荷を $-e$, 抵抗内の数密度
（単位体積あたりの個数）を n とする.

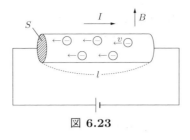

図 **6.23**

(1)　自由電子 1 個が磁場から受ける力の大きさ f を求めよ.

(2)　抵抗内にある自由電子の個数 N を求めよ.

(3)　それぞれの自由電子が磁場から受ける力 f の和が，電流が磁場から受
　　　ける力 $F = IBl$ となることを示せ.

演習問題
B

6.4　図 6.24 のように，質量 m, 長さ l, 抵抗
値 R の金属棒を導線で水平に吊した．この金
属棒に起電力 V の電池を接続して電流を流
し，大きさ B の一様な磁場を鉛直方向にかけ
たところ，導線が鉛直方向と θ の角をなす位
置で金属棒は静止した．重力加速度の大きさ
を g とする．また，電池の内部抵抗，導線の
質量と抵抗，地磁気の影響は無視できるものとする.

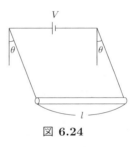

図 **6.24**

(1)　磁場の向きは鉛直上向きか，下向きか.

(2)　$\tan\theta$ の値を V, B, l, m, g, R を用いて表せ.

例題 6–3　ビオ・サバールの法則，直線電流がつくる磁場

〔1〕　次の □ に適当な式または語句をいれよ．また，（　）は適当と思われるものを選べ．

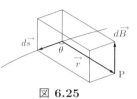

図 6.25 のように，I [A] の電流の微小部分 ds が r だけ離れた点 P につくる磁場の大きさ dB は，ds と r のなす角を θ とすると，

図 6.25

$$dB = \boxed{1}$$

となる．また，その向きは，電流の進む方向に右ねじを進めるときのそのねじが回る方向と（2：同じ・逆）向きである．

これらのことより，電流の方向を向いた微小部分を $d\vec{s}$，この微小部分から点 P への位置ベクトルを $\vec{r}$，この微小部分を流れる電流が点 P につくる磁場を $d\vec{B}$ とすれば，

$$d\vec{B} = \boxed{3}\, d\vec{s} \times \vec{r}$$

と表せる．これを，$\boxed{4}$ の法則という．なお，電流が点 P につくる磁場は，微小部分が点 P につくる磁場 $d\vec{B}$ の電流すべてのベクトル和となる．

〔2〕　図 6.26 のように，xyz 空間で z 軸上におかれた無限に長い導線に，z 軸の正の方向に大きさ I の定常電流を流した．

(1)　点 P $(r, 0, 0)$，点 Q $(0, r, 0)$ の磁場 $\vec{B}$ の向きを図 6.26 に矢印で示せ．

(2)　点 P の磁場 $\vec{B}$ の大きさをビオ・サバールの法則を用いて求めよ．

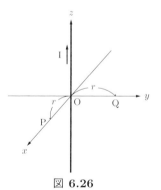

図 6.26

【解答】

〔1〕(1)　$(dB =) \dfrac{\mu_0}{4\pi}\dfrac{Ids\sin\theta}{r^2}$　　　　(2)　同じ

(3)　$(d\vec{B} =) \dfrac{\mu_0}{4\pi}\dfrac{I}{r^3}(d\vec{s} \times \vec{r})$　　　　(4)　ビオ・サバール

〔2〕(1)

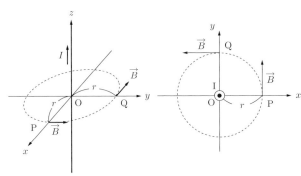

図 **6.27**

(2)　図 6.28 のように，導線上の任意の点
　　に微小部分 $d\vec{s} = (0, 0, dz)$ を考える．
　　この微小部分から点 P への位置ベクト
　　ルは $\vec{r} = (r, 0, -z)$ であり，$d\vec{s}$ と $\vec{r}$
　　の外積は

$$d\vec{s} \times \vec{r} = (0, rdz, 0)$$

となるので，この微小部分を流れる電
流が点 P につくる磁場 $d\vec{B}$ は，

$$d\vec{B} = \frac{\mu_0}{4\pi} \frac{I}{R^3}(0, rdz, 0)$$

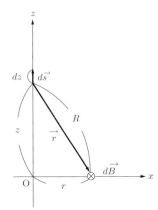

図 **6.28**

となる．よって，点 P での磁場 $\vec{B}$ は $d\vec{B}$ を電流全体にわたり足し合
わせ（積分）することにより求まる．点 P での磁場 $\vec{B}$ の向きは明らか
に y 軸の正の方向となり，その大きさ B は $d\vec{B}$ の y 成分の積分だけ
を考えればよく，

$$B = \int_{-\infty}^{\infty} \frac{\mu_0}{4\pi} \frac{rI}{R^3} dz = \frac{\mu_0 rI}{4\pi} \int_{-\infty}^{\infty} \frac{1}{(z^2 + r^2)^{\frac{3}{2}}} dz$$

を計算すればよい．ここで，$z = r\tan\theta$ おくと，$\dfrac{dz}{d\theta} = \dfrac{r}{\cos^2\theta}$，また

$\begin{array}{c|ccc} z & -\infty & \to & \infty \\ \hline \theta & -\frac{\pi}{2} & \to & \frac{\pi}{2} \end{array}$ なので，

$$\int_{-\infty}^{\infty} \frac{1}{(z^2 + r^2)^{\frac{3}{2}}} dz = \int_{-\frac{\pi}{2}}^{\frac{\pi}{2}} \frac{1}{r^3 \cdot \frac{1}{\cos^3\theta}} \cdot \frac{r}{\cos^2\theta} d\theta$$

$$= \frac{1}{r^2} \int_{-\frac{\pi}{2}}^{\frac{\pi}{2}} \cos\theta d\theta = \frac{1}{r^2} \Big[\sin\theta\Big]_{-\frac{\pi}{2}}^{\frac{\pi}{2}} = \frac{2}{r^2}$$

よって，

$$B = \frac{\mu_0 rI}{4\pi} \cdot \frac{2}{r^2} = \frac{\mu_0 I}{2\pi r}$$

例題 6–4　円電流がつくる磁場

xy 平面上の原点 O を中心とする半径 r の円周上を, 大きさが I の一様な電流が図 6.29 の方向に流れている. この円の中心軸を z 軸とする. 次のそれぞれの位置の磁場をビオ・サバールの法則を用いて求めよ.

(1)　原点 O での磁場 $\overrightarrow{B_1}$

(2)　z 軸上で円の中心から距離 z だけ離れた点 P での磁場 $\overrightarrow{B_2}$

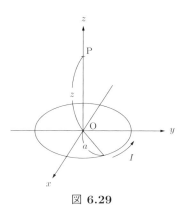

図 **6.29**

【解答】

(1)　円周上の点 Q での微小部分 ds が原点 O につくる磁場 $\overrightarrow{dB_1}$ の向きは図 6.30(a) のようになり, その大きさ dB_1 は,

$$dB_1 = \frac{\mu_0}{4\pi}\frac{Ids\sin 90^\circ}{a^2} = \frac{\mu_0 Ids}{4\pi a^2}$$

となる.

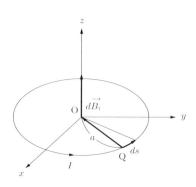

図 **6.30** (a)

よって, 原点 O につくられる磁場 $\overrightarrow{B_1}$ の向きは z 軸の正の方向となり, その大きさ B_1 は,

$$\begin{aligned}
B_1 &= \int dB_1 \\
&= \int_0^{2\pi a} \frac{\mu_0}{4\pi}\frac{I}{a^2} ds \\
&= \frac{\mu_0}{4\pi}\frac{I}{a^2}\int_0^{2\pi a} ds \\
&= \frac{\mu_0}{4\pi}\frac{I}{a^2}\cdot 2\pi a \\
&= \frac{\mu_0 I}{2a}
\end{aligned}$$

(2)　円周上の点 Q での微小部分 ds が点 P につくる磁場 $\overrightarrow{dB_2}$ の向きは
図 6.30(b) のようになり，その大きさ dB_2 は，

$$dB_2 = \frac{\mu_0}{4\pi}\frac{Ids\sin 90°}{R^2} = \frac{\mu_0 Ids}{4\pi R^2}$$

$\overrightarrow{dB_2}$ の円周上すべてのベクトル和を考えるとき，$\overrightarrow{dB_2}$ の水平成分（z 軸
に対して垂直方向の成分）は，点 Q の原点 O に関して対称な点 Q′ の
微小部分が点 P につくる磁場の水平成分と打ち消しあうので，$\overrightarrow{dB_2}$ の
鉛直方向の成分（z 軸方向の成分）だけが残る．

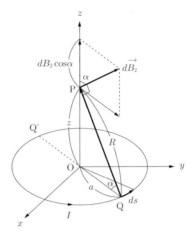

図 **6.30** (b)

　　よって，点 P につくられる磁場 $\overrightarrow{B_2}$ の向きは z 軸の正の方向となる．
ここで，$\overrightarrow{dB_2}$ と z 軸のなす角を α とおくと，$\overrightarrow{dB_2}$ の z 軸方向の成分
dB_2' は $dB_2' = dB_2\cos\alpha$ となるので，磁場 $\overrightarrow{B_2}$ の大きさ B_2 は，

$$
\begin{aligned}
B_2 &= \int dB_2' \\
&= \int dB_2\cos\alpha \\
&= \int_0^{2\pi a} \frac{\mu_0 I}{4\pi R^2}\cos\alpha\, ds \\
&= \int_0^{2\pi a} \frac{\mu_0 I}{4\pi R^2}\frac{a}{R}ds \\
&= \int_0^{2\pi a} \frac{\mu_0 aI}{4\pi(z^2+a^2)^{\frac{3}{2}}}ds \\
&= \frac{\mu_0 aI}{4\pi(z^2+a^2)^{\frac{3}{2}}}\int_0^{2\pi a} ds \\
&= \frac{\mu aI}{4\pi(z^2+a^2)^{\frac{3}{2}}}\cdot 2\pi a \\
&= \frac{\mu_0 a^2 I}{2(z^2+a^2)^{\frac{3}{2}}}
\end{aligned}
$$

例題 6–5 アンペールの法則

〔1〕 次の □ に適当な式または語句を入れよ.

　磁場中のある閉曲線 C にそって，磁場 $\vec{B}$ を電流に対して右回りに積分すると，その値は閉曲線 C によりつくられる面を貫く □1 に透磁率 μ_0 をかけたものと等しく，

$$\oint_{\mathrm{C}} \vec{B} \cdot d\vec{s} = \boxed{\ 2\ }$$

となる．これを □3 の法則という.

〔2〕 図 6.31 のように，xyz 空間で x 軸上におかれた無限に長い導線に，x 軸の正の方向に大きさ I の電流を流す.

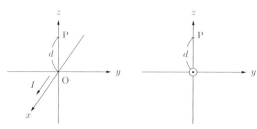

図 6.31

(1) 点 P $(0, 0, d)$ を通る磁束線を描け.
(2) 点 P の磁場 $\vec{B}_1$ の大きさ B_1 をアンペールの法則を用いて表せ.

〔3〕 図 6.32 のように，xyz 空間で，xy 平面に沿って x 軸の正の方向に一様な電流が面電流密度 i で流れている.

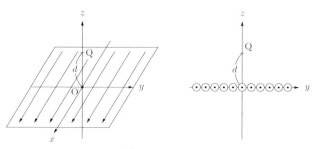

図 6.32

(1) 点 Q $(0, 0, d)$ を通る磁束線を描け.
(2) 点 Q の磁場 $\vec{B}_2$ の大きさ B_2 をアンペールの法則を用いて表せ.

【解答】

〔1〕(1)　電流

(2)　$\left(\displaystyle\oint_{\mathrm{C}} \vec{B} \cdot d\vec{s} = \right) \mu_0 I$

(3)　アンペール（の法則）

〔2〕(1)

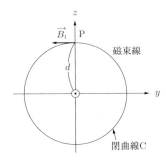

図 **6.33**

(2)　図6.33のように閉曲線Cをとると，アンペールの法則 $\displaystyle\oint_{\mathrm{C}} \vec{B} \cdot d\vec{s} = \mu_0 I$ より，

$$B_1 \times 2\pi d = \mu_0 I$$

$$\therefore \ B_1 = \frac{\mu_0 I}{2\pi d}$$

〔3〕(1)

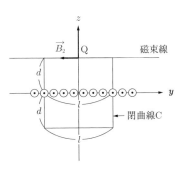

図 **6.34**

(2)　図6.34のように閉曲線Cをとる．閉曲線Cによりつくられる面を貫く電流 I は，$I = il$ となるので，アンペールの法則 $\displaystyle\oint_{\mathrm{C}} \vec{B} \cdot d\vec{s} = \mu_0 I$ より，

$$B_2 \times l + 0 + B_2 \times l + 0 = \mu_0 il$$

$$\therefore \ B_2 = \frac{\mu_0 i}{2}$$

例題 6-6　ソレノイドがつくる磁場

図 6.35 のように，半径 r，長さ l，単位長さあたりの巻き数が n であるソレノイドに，図 6.35 の右から見て反時計回りの方向に大きさ I の電流を流した．ソレノイドの中心軸を x 軸として，ソレノイドの中央を原点 O とする．また，透磁率を μ_0 とする．

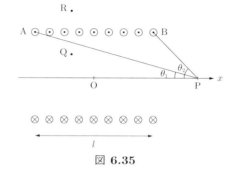

図 6.35

(1)　ソレノイドを円形コイル（円電流）の重ね合わたものとみなすことにより，x 軸上の点 P に生じる磁場 $\overrightarrow{B_1}$ の向きを求めよ．また，図 6.35 のようにソレノイドの両端を A, B とし，$\angle\mathrm{OPA} = \theta_1$，$\angle\mathrm{OPB} = \theta_2$ とおく．磁場 $\overrightarrow{B_1}$ の大きさを μ_0, n, I, θ_1, θ_2 を用いて表せ．

(2)　(1) の結果で $\theta_1 \to 0$，$\theta_2 \to \pi$ とすることにより，ソレノイドが無限に長いときの点 P の磁場の大きさ B を求めよ．

(3)　無限に長いソレノイド内部の任意の点 Q における磁場 $\overrightarrow{B_2}$ の大きさを，(2) の結果とアンペールの法則を用いて求めよ．

(4)　無限に長いソレノイド外部の任意の点 R における磁場 $\overrightarrow{B_3}$ の大きさを，(2) の結果とアンペールの法則を用いて求めよ．

【解答】

(1)　まず，点 P での磁場 $\overrightarrow{B_1}$ の向きを考える．ソレノイドの微小部分（円電流）がつくる磁場の向きは，電流の向きに右ねじを回したときのそのねじが進む向きとなるので，磁場の向きは x 軸の正の向きとなる．よって，ソレノイドがつくる磁場は，この微小部分（円電流）がつくる磁場の重ね合わせと考えることができるので，ソレノイドを流れる電流が点 P につくる磁場 $\overrightarrow{B}$ の向きは x 軸の正の向きとなる．

次の，点 P での磁場の強さ B_1 を考える．ソレノイドに大きさ I の電流を流すとソレノイドの微小部分 dx を流れる電流 dI は

$$dI = I \times (ndx) = nIdx$$

となる．よって，点 P の座標を x_0，微小部分の位置を x とすると，この微小部分が点 P につくる磁場 dB は，例題 6-4 (2) の結果より，

$$dB = \frac{\mu_0 r^2 nI}{2\left\{r^2 + (x_0 - x)^2\right\}^{\frac{3}{2}}}dx$$

$$= \frac{\mu_0 r^2 dI}{2\left\{r^2 + (x_0 - x)^2\right\}^{\frac{3}{2}}}$$

となるので，ソレノイドが点 P につくる磁場 B_1 は，

$$B_1 = \int dB$$

$$= \int_{-\frac{l}{2}}^{\frac{l}{2}} \frac{\mu_0 r^2 nI}{2\left\{r^2 + (x_0 - x)^2\right\}^{\frac{3}{2}}}dx$$

$$= \frac{\mu_0 r^2 nI}{2} \int_{-\frac{l}{2}}^{\frac{l}{2}} \frac{1}{\left\{r^2 + (x_0 - x)^2\right\}^{\frac{3}{2}}}dx$$

ここで，$x_0 - x = \dfrac{r}{\tan\theta}$ とおくと，$\tan\theta = \dfrac{r}{x_0 - x}$ となり，$-\dfrac{dx}{d\theta} = -\dfrac{r}{\sin^2\theta}$ より $\dfrac{dx}{d\theta} = \dfrac{r}{\sin^2\theta}$ ，また $\begin{array}{c|ccc} x & -\frac{l}{2} & \to & \frac{l}{2} \\ \hline \theta & \theta_1 & \to & \theta_2 \end{array}$ なので，

$$\int_{-\frac{l}{2}}^{\frac{l}{2}} \frac{1}{\left\{r^2 + (x_0 - x)^2\right\}^{\frac{3}{2}}}dx = \int_{\theta_1}^{\theta_2} \frac{1}{r^3\left(1 + \dfrac{1}{\tan^2\theta}\right)^{\frac{3}{2}}} \cdot \frac{r}{\sin^2\theta}d\theta$$

$$= \int_{\theta_1}^{\theta_2} \frac{\sin^3\theta}{r^3} \cdot \frac{r}{\sin^2\theta}d\theta$$

$$= \frac{1}{r^2}\int_{\theta_1}^{\theta_2} \sin\theta \, d\theta$$

$$= \frac{1}{r^2}\Big[-\cos\theta\Big]_{\theta_1}^{\theta_2}$$

$$= \frac{1}{r^2}(-\cos\theta_2 + \cos\theta_1)$$

よって，

$$B_1 = \frac{\mu_0 nI}{2}(-\cos\theta_2 + \cos\theta_1)$$

(2)　$\theta_1 \to 0$ のとき $\cos\theta_1 \to 1$，$\theta_2 \to \pi$ のとき $\cos\theta_2 \to -1$ なので，無限に長いソレノイドの中心軸上の磁場の大きさ B は，

$$B = \mu_0 nI$$

(3)

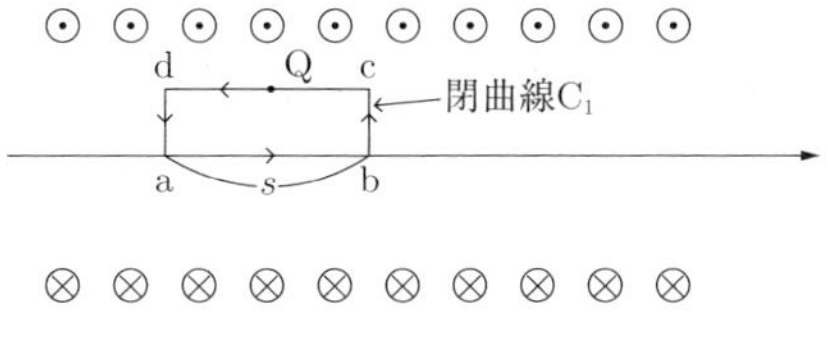

図 **6.36**

図 6.36 のように閉曲線 C_1 をとり，ここで，ab = cd = s とおく．閉曲線 C_1 によってつくられる面を貫く電流の大きさは 0 となるので，アンペールの法則 $\oint_{C_1} \overrightarrow{B} \cdot d\vec{s} = \mu_0 I$ は，

$$\int_a^b \overrightarrow{B} \cdot d\vec{s} + \int_b^c \overrightarrow{B} \cdot d\vec{s} + \int_c^d \overrightarrow{B} \cdot d\vec{s} + \int_d^a \overrightarrow{B} \cdot d\vec{s} = 0$$

となる．点 Q （cd 上）の磁場の向きを右向き，その大きさを B_2 とおく（ab，cd 上の磁場の強さは明らかにそれぞれ一定）．また，図の対称性および b→c と d→a では積分方向が逆であることより，$\int_b^c \overrightarrow{B} \cdot d\vec{s} = -\int_d^a \overrightarrow{B} \cdot d\vec{s}$ である．よって，

$$B_1 s + (-B_2 s) = 0$$

$$\therefore B_2 = B_1 = \mu_0 n I$$

となる．つまり，無限に長いソレノイド内では磁場の強さはどこも $B = \mu_0 n I$ と一定になる．

(4)

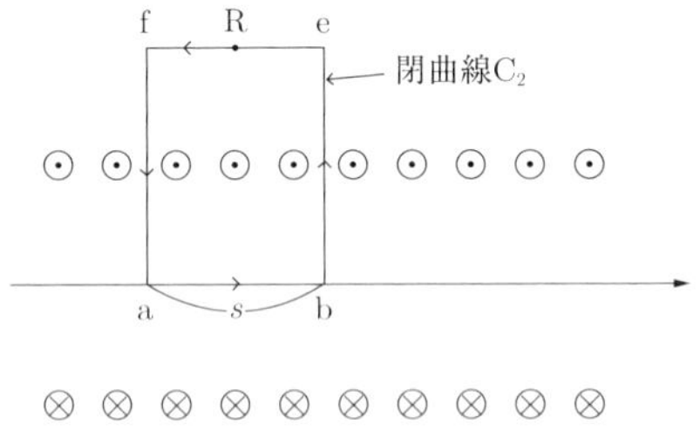

図 **6.37**

図 6.37 のように閉曲線 C_2 をとり，ab = ef = s とおく．閉曲線 C_2 によってつくられる面を貫く電流の大きさは nIs となる．よって，(3) と同様にして，アンペールの法則 $\oint_{C_2} \overrightarrow{B} \cdot d\vec{s} = \mu_0 I$ は，

$$\int_e^f \overrightarrow{B} \cdot d\vec{s} + \int_f^g \overrightarrow{B} \cdot d\vec{s} + \int_g^h \overrightarrow{B} \cdot d\vec{s} + \int_h^e \overrightarrow{B} \cdot d\vec{s} = \mu_0 n I s$$

$$B_1 s + (-B_3 s) = \mu_0 n I s$$

$$(\mu_0 n I)s + (-B_3 s) = \mu_0 n I s$$

$$\therefore B_3 = 0$$

となる．つまり，無限に長いソレノイド外では磁場の強さは 0 となる．

演習問題
A

6.5　図 6.38 のように，xyz 空間で x 軸上の 2 点 A $(a, 0, 0)$，B $(-a, 0, 0)$ に大きさ I の電流がそれぞれ図 6.38 の方向に流れている．

(1)　点 P $(2a, 0, 0)$ での磁場 $\vec{B_1}$ の向きと大きさを求めよ．

(2)　点 Q $(0, a, 0)$ での磁場 $\vec{B_2}$ の向きと大きさを求めよ．

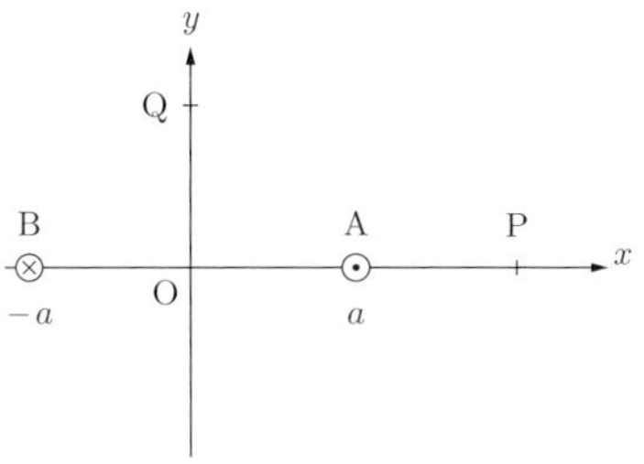

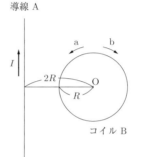

図 **6.38**

6.6　図 6.39 のように，ある平面内に十分に長い直線導線 A と，導線 A から距離 $2R$ だけ離れた点 O を中心として半径 R の 1 巻きコイル B をおく．いま，導線 A に矢印の方向に大きさ I の電流を流した．このとき，点 O の磁場を $\vec{0}$ とするためには，コイル B には a，b のどちらにどれだけの電流を流せばよいか求めよ．

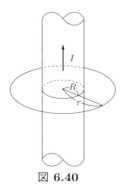

図 **6.39**

演習問題
B

6.7　図 6.40 のように，半径 R の無限に長い円柱状の導体を鉛直上向きに流れる電流がつくる磁場 $\vec{B}$ を求めたい．円柱内の総電流を I とし，電流は円柱内で一様であるとする．

(1)　円柱の断面の単位面積あたりを通過する電流（電流密度）i を求めよ．

(2)　中心軸からの距離が r 以下である領域を流れる電流の大きさ $I(r)$ を $r < R$ の場合と $r \geqq R$ の場合に分けて求めよ．

(3)　中心軸からの距離が r である点 P での磁場の大きさ $B(r)$ を $r < R$ の場合と $r \geqq R$ の場合に分けて求めよ．

(4)　$B(r)$ のグラフを描け．

図 **6.40**

例題 6–7　磁場中の荷電粒子の運動

xyz 空間内において，z 軸の正の方向に大きさ B [T] の一様な磁場中で，質量 m [kg]，電荷 q [C] $(q > 0)$ の荷電粒子を原点 O から速さ v [m/s] で打ち出す．次のそれぞれの ☐ に適当な式または語句を入れ，（　　）は適当と思われるものを選べ．ただし，重力の影響は無視できるものとする．

〔1〕 荷電粒子を y 軸の正の方向に打ち出した場合　（図 6.41）

　この荷電粒子が磁場から受ける力の向きはたえず速度に ☐1 となり，その大きさは

$$f = \boxed{2}$$

となるので，この力が ☐3 力のはたらきをして荷電粒子は ☐4 運動をする．

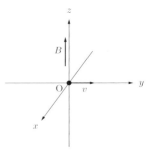

図 6.41

運動の方向は z 軸の正の方向から見ると（5：時計・反時計）回りとなる．この荷電粒子が描く円軌道の半径は ☐6 [m] となる．また，荷電粒子が円軌道を1周するのにかかる時間（周期）は ☐7 [s] となり，これは荷電粒子の（8：質量・速さ・電荷）に無関係となる．

〔2〕 荷電粒子を yz 平面内で y 軸の正の方向と θ $(0° < \theta < 90°)$ の角をなす方向に打ち出した場合　（図 6.42）

　この荷電粒子の運動を xy 平面に射影した運動と z 軸方向の運動に分けて考える．

　まず，xy 平面内の運動について考える．荷電粒子の初速度の x 成分は $v_x = $ ☐9 ，y 成分は $v_y = $ ☐10 である．

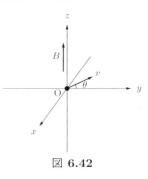

図 6.42

よって，粒子が磁場から受ける力の向きはたえず速度に垂直で，大きさは ☐11 となるので，荷電粒子を xy 平面に射影した運動は等速円運動となる．(1) の結果より，この円運度の半径は ☐12 ，周期は ☐13 である．

　次に，z 軸方向の運動ついて考える．この方向にはたらく力の大きさは ☐14 なので，この荷電粒子は z 軸方向には速さ $v_z = $ ☐15 の等速運動をする．

　以上のことより，この粒子は z 軸方向の軸をもつ ☐16 運動をする．原点 O から出された粒子が再び z 軸に達するときの z 座標は $z = $ ☐17 となる．

【解答】

(1) ··· 垂直　　　　　　(2) ··· $(f =) qvB$

(3) ··· 向心（力）

(4) ··· 等速円（運動）　(5) ··· 時計（回り）

(6) ··· $m\dfrac{v^2}{r} = qvB$ より，$r = \dfrac{mv}{qB}$

(7) ··· $T = \dfrac{2\pi}{\omega} = \dfrac{2\pi r}{v} = \dfrac{2\pi m}{qB}$

(8) ··· 速さ　　　　　　(9) ··· $(v_x =) 0$

(10) ··· $(v_y =) v\cos\theta$

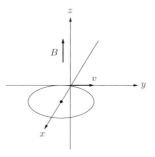

(11) ··· $qvB\cos\theta$　(12) ··· $(r =) \dfrac{mv\cos\theta}{qB}$

(13) ··· $(T =) \dfrac{2\pi m}{qB}$

(14) ··· 0　　　　　　　(15) ··· $(v_z =) v\sin\theta$

(16) ··· らせん

(17) ··· $z = (v\sin\theta) \times T = \dfrac{2\pi m v\sin\theta}{qB}$

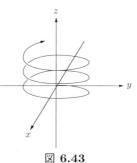

図 **6.43**

演習問題
A

6.8　図 6.44 のように，質量 m，電
気量 $-e$ の電子を電圧 V で加速
し，スリット S_1 から大きさ B の
一様な磁場中に垂直に入射させた.
電子は磁場中で円軌道を描き，距離
$2R$ だけ離れたスリット S_2 から出
てくることが検出させた.

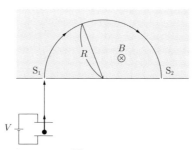

図 **6.44**

(1) スリット S_1 に入射するとき
の電子の速さを求めよ.

(2) 円軌道の半径 R を e, m, V, B を用いて表せ.

(3) スリット間の距離 $2R = 2.2$ cm のとき，電圧 $V = 1.0 \times 10^3$ V な
らば，磁場の大きさ $B = 1.0 \times 10^{-2}$ T であった. このことより，比電
荷 $\dfrac{e}{m}$ の値を求めよ.

例題 6–8 平行電流間にはたらく力

図 6.45 のように，十分に長い 2 本の導線 1，2 を r [m] だけ離して平行におき，上向きにそれぞれ I_1 [A]，I_2 [A] の電流を流した．真空中の誘電率を μ_0 とする．

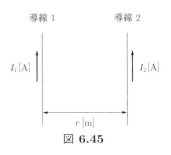

図 6.45

(1) 導線 1 に流れる電流が導線 2 の位置につくる磁場 $\overrightarrow{B_1}$ の向きを図 6.45 に書きこみ，その大きさを求めよ．

(2) この磁場によって導線 2 が受ける力 $\overrightarrow{F_{21}}$ の向きを図 6.45 に書きこみ，その l [m] あたりの大きさを求めよ．

(3) 同様にして，導線 1 の長さ l [m] の部分が受ける力 $\overrightarrow{F_{12}}$ の向きを図 6.45 に書きこみ，その大きさを求めよ．また，これらの結果より，同じ方向に流れる電流間にはたらく力は引力か，斥力か．

(4) 導線 1 はそのままにして，導線 2 に流れる電流の向きを逆にした．このとき，電流間にはたらく力は引力か，斥力か．

【解答】

(1) 導線 1 に流れる電流が導線 2 の位置につくる磁場 $\overrightarrow{B_1}$ の

　　向き $\cdots \otimes$（紙面に垂直で表から裏）

　　大きさ $\cdots B_1 = \dfrac{\mu I_1}{2\pi r}$

(2) 磁場 $\overrightarrow{B_1}$ によって導線 2 の長さ l [m] あたりにはたらく力 $\overrightarrow{F_{21}}$ の

　　向き $\cdots$ 左向き

　　大きさ $\cdots F_{21} = I_2 B_1 l = I_2 \times \dfrac{\mu I_1}{2\pi r} \times l = \dfrac{\mu_0 I_1 I_2 l}{2\pi r}$

(3) 導線 2 に流れる電流が導線 1 の位置につくる磁場 $\overrightarrow{B_2}$ の

　　向き $\cdots \odot$（紙面に垂直で裏から表）

　　大きさ $\cdots B_2 = \dfrac{\mu I_2}{2\pi r}$

　　磁場 $\overrightarrow{B_2}$ によって導線 1 の長さ l [m] あたりにはたらく力 $\overrightarrow{F_{12}}$ の，

　　向き $\cdots$ 右向き

　　大きさ $\cdots F_{12} = I_1 B_2 l = \dfrac{\mu_0 I_1 I_2 l}{2\pi r}$

以上より，同じ方向に流れる電流間にはたらく力は引力となる．

(4)　導線 2 に流れる電流の向きを逆にすると，磁場 $\overrightarrow{B_2}$ の向きが紙面に垂
直で表から裏向きとなる（(2) の逆向き）．このことに注意して，(1) ～
(3) と同様にして考えると，逆方向に流れる電流間にはたらく力は斥力
となることがわかる．

演習問題
A

6.9　　3 本の十分に長い導線 A，B，C を平行になるようにおき，それぞ
れに I [A] の電流を流した．導線 C の l [m] あたりが A，B から受ける
力の大きさを，導線の位置および電流の向きが次のそれぞれの場合について
求めよ．

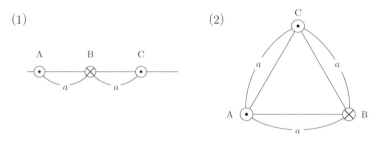

図 6.46

演習問題
B

6.10　　図 6.47 のように，十分に長い直線状の
導線 XY を固定し，1 辺の長さが a の正方形
の閉回路 ABCD を同一平面内に XY と AB
が平行になるように a だけ離しておく．導線
XY には上向きに大きさ I_1，閉回路 ABCD
には大きさ I_2 の電流を A→B→C→D の方
向に流した．閉回路 ABCD にはたらく力の
向きと大きさを求めよ．

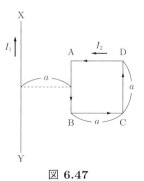

図 6.47

例題 6–9　サイクロトロン

　荷電粒子を加速する装置の1つにサイクロトロンがある．以下，サイクロトロンの仕組みについての簡単な説明である．次の　□　に適当な式を入れよ．

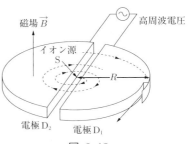

図 6.48

　図 6.48 のように，真空中でD形の電極 D_1，D_2 を平面部分が向かい合うようにすき間をあけておき，鉛直方向に大きさ B の一様な磁場 $\vec{B}$ をかけ，さらに D_1，D_2 の間に電圧をかける．いま，イオン源 S から磁場 $\vec{B}$ と垂直に速度 $\vec{v}$（速さ v）で D_1 に入射させると，この粒子は磁場から力を受けて半円軌道を描きながら運動する．このときの円運動の半径は $r = \boxed{1}$ であり，周期は $T = \boxed{2}$ である．

　この粒子はやがて D_1 からすき間に出る．D_1 と D_2 の間に適切は方向に電圧をかけておくと粒子は加速されて，加速された粒子は D_2 に入った後も同様に半円軌道を描きながら運動してやがて再びすき間に出る．このとき，D_1 と D_2 の間に前とは逆向きの電圧をかけておけば，粒子はすき間でさらに加速されて，再び D_1 に入る．

　D_1（または D_2）に入ってから出るまでの時間は $T/2 = \boxed{3}$ となり，v と r に無関係である．したがって，適切なタイミングで正負が交互に変わる一定の周期 T の高周波電圧を加えると，すき間を通過するたびに粒子が加速することがわかる．これをくり返すことにより，粒子を十分に加速させることができる．高周波電圧の周波数は $f = \dfrac{1}{T} = \boxed{4}$ とすればよい．

　いま，周波数 f_0，D形の電極内の最大軌道半径が R のサイクロトロンがある．この加速装置で，質量 m，電荷 q の荷電粒子を加速するためには，装置には大きさ $B_0 = \boxed{5}$ の磁場を加える必要があり，また装置より放出される（軌道半径が R である）荷電粒子がもつ運動エネルギーは，

$$K = \boxed{6}$$

となる．

【解答】

$(1)\cdots m\dfrac{v^2}{r} = qvB$ より，$r = \dfrac{mv}{qB}$

$(2)\cdots T = \dfrac{2\pi}{\omega} = \dfrac{2\pi r}{v} = \dfrac{2\pi m}{qB}$　（r と v に無関係）

$(3)\cdots\dfrac{T}{2}=\dfrac{\pi m}{qB}$

$(4)\cdots f=\dfrac{1}{T}=\dfrac{qB}{2\pi m}$

$(5)\cdots f_0=\dfrac{qB_0}{2\pi m}$ より, $B_0=\dfrac{2\pi m f_0}{q}$

$(6)\cdots K=\dfrac{1}{2}mv^2=\dfrac{1}{2}m\left(\dfrac{2\pi R}{T}\right)^2=\dfrac{1}{2}m\,(2\pi R f_0)^2=2\pi^2 mR^2 f_0{}^2$

(参考)

$$K=\dfrac{1}{2}mv^2=\dfrac{1}{2}m\left(\dfrac{qBR}{m}\right)^2=\dfrac{q^2B^2R^2}{2m}$$

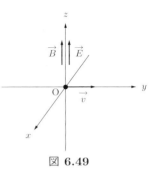

図 **6.49**

発展 **ローレンツ力を受けながら運動する荷電粒子**

図 6.45 のように，xyz 空間でローレンツ力

$$\vec{f} = q(\vec{E} + \vec{v} \times \vec{B})$$

を受けながら運動する質量 m，電荷 q の荷電粒子がある．今，時刻 $t = 0$ のときに，原点 O より初速度 $\vec{v}(0) = (v_0, 0, 0)$ で運動させた．空間の電場および磁場が次のそれぞれの場合の運動を考えてみよう．

1.　電場 $\vec{E} = (0, 0, E)$ だけがかかっている場合

　　運動方程式は，

$$m\vec{a} = q\vec{E} = q(0, 0, E)$$

となる．力の x 成分および y 成分は 0 であり，初速度の x 成分 $v_x(0) = 0$，y 成分 $v_y(0) = v_0$ であるので，

$$x(t) = 0 \quad (x \text{ 方向には運動しない})$$

$$y(t) = v_0 t \quad (y \text{ 方向には等速運動する})$$

z 成分については，

$$m\frac{dv_z}{dt} = qE$$

$$\therefore \ v_z(t) = qEt + C_1$$

初期条件 $t = 0$ のとき，$v_z(0) = 0$ であるので，$C_1 = 0$ となり，

$$v_z(t) = qEt$$

さらに，

$$\frac{dz}{dt} = qEt$$

$$\therefore \ z(t) = \frac{qE}{2}t^2 + C_2$$

初期条件 $t = 0$ のとき，$z(0) = 0$ であるので，$C_2 = 0$ となり，

$$z(t) = \frac{qE}{2}t^2$$

以上より，

$$\vec{r}(t) = \left(0,\ v_0 t,\ \frac{qE}{2}t^2\right)$$

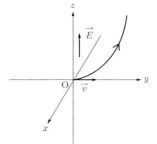

図 **6.50** (a)

この場合，図 6.50(a) のように放物運動となる．

2.　磁場 $\vec{B} = (0, 0, B)$ だけがかかっている場合

　運動方程式は，

$$m\vec{a} = q(\vec{v} \times \vec{B}) = q(v_y B,\ -v_x B,\ 0)$$

となる．力の z 成分は 0 であり，初速度の z 成分 $v_z(0) = 0$ であるので，

$$z(t) = 0 \quad (z\ \text{方向には等速運動する})$$

x 成分，y 成分については，

$$\begin{cases} m\dfrac{dv_x}{dt} = qBv_y & \text{————①} \\[2mm] m\dfrac{dv_y}{dt} = -qBv_x & \text{————②} \end{cases}$$

①，② より v_y を消去して，

$$\frac{m^2}{qB}\frac{d^2 v_x}{dt^2} = -qBv_x$$

$$\therefore\ \frac{d^2 v_x}{dt^2} = -\left(\frac{qB}{m}\right)^2 v_x$$

この方程式は，単振動の問題で扱った微分方程式 $\dfrac{d^2 x}{dt^2} = -\omega^2 x$ の形であり，一般解は，

$$v_x = A\sin(\omega t + \phi)$$

と表すことができる．この解を方程式に代入して，

$$-A\omega^2 \sin(\omega t + \phi) = -\left(\frac{qB}{m}\right)^2 \cdot A\sin(\omega t + \phi)$$

$$\therefore\ \omega = \frac{qB}{m}$$

また，(2) 式に代入して，

$$\begin{aligned} v_y &= \frac{m}{qB}\{A\omega\cos(\omega t + \phi)\} \\ &= A\cos(\omega t + \phi) \end{aligned}$$

初期条件 $v_x(0) = 0,\ v_y(0) = v_0$ より，

$$\begin{cases} A \sin \phi = 0 & \text{————③} \\ A \cos \phi = v_0 & \text{————④} \end{cases}$$

③，④ を連立させて，

$$A = v_0, \quad \phi = 0$$

以上より，

$$\vec{v}(t) = (v_0 \sin \omega t, \ v_0 \cos \omega t, \ 0)$$

$$\left(\text{ただし，} \omega = \frac{qB}{\omega} \right)$$

さらに，

$$\frac{d\vec{r}}{dt} = (v_0 \sin \omega t, v_0 \cos \omega t, 0)$$

$$\therefore \ \vec{r}(t) = \left(-\frac{v_0}{\omega} \cos \omega t + C_3, \ \frac{v_0}{\omega} \sin \omega t + C_4, \ C_5 \right)$$

初期条件 $\vec{r}(0) = (0,0,0)$ より，

$$C_3 = \frac{v_0}{\omega}, \quad C_4 = 0, \quad C_5 = 0$$

以上より，

$$\vec{r}(t) = \left(\frac{v_0}{\omega} (1 - \cos \omega t), \ \frac{v_0}{\omega} \sin \omega t, \ 0 \right)$$

図 **6.50** (b)

この場合，図 6.50(b) のような xy 平面上の円運動となる.

3. 電場 $\vec{E} = (0,0,E)$，磁場 $\vec{B} = (0,0,B)$ がともにかかっている場合

運動方程式は，

$$m\vec{a} = q(\vec{v} \times \vec{B}) = q(v_y B, -v_x B, qE)$$

となり，(1), (2) の結果より，

$$\vec{r}(t) = \left(\frac{v_0}{\omega} (1 - \cos \omega t), \ \frac{v_0}{\omega} \sin \omega t, \ \frac{qE}{2} t^2 \right)$$

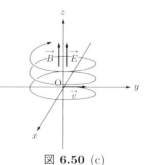

図 **6.50** (c)

この場合，図 6.50(c) のようならせん運動となる.

第7章
電磁誘導

7.1 電磁誘導の法則

■ 電磁誘導

静止している電荷はそのまわりに電場をつくる．この電場の中に別の電荷があると，この電荷はこの電場から力（電気力）を受ける．

$$電荷 \quad \rightarrow \quad 電場 \quad \rightarrow \quad 電荷$$

動いている電荷はそのまわりに磁場をつくり（ローランドの実験），この磁場の中で動いている別の電荷はこの磁場から力（ローレンツ力）を受ける．

$$動いている電荷 \quad \rightarrow \quad 磁場 \quad \rightarrow \quad 動いている電荷$$

動いている電荷は電流なので，電流は磁場をつくり（エールステッドの実験），別の電流はこの磁場から力（アンペールの力）を受ける．

$$電流 \quad \rightarrow \quad 磁場 \quad \rightarrow \quad 電流$$

逆に，**静磁場**（時間的に変化しない磁場）の中にある回路に力を加えて，回路を変形させたり，回路を回転させたり，動かしたりすると，回路の中の電荷が動き電流が流れるだろうか．答えはyes．電流は流れるのである．

(1) 一様（位置によって変わらない）な静磁場（時間と共に変わらない）の中にある回路 C の大きさを変えたり，回転させたとき電流が流れる（図 7.1a）．

(2) 一様でない静磁場の中にある回路 C を上下に動かしても電流は流れないが，左右に動かすと電流が流れる（図 7.1b）．

いずれも回路が静止しているときや，動いても回路面を貫く磁束線の数が変化しないときは電流が流れないが，変化しているとき電流が流れることがわかる．回路が静止している場合でも，磁場が変化すると，結果的に回路面を貫く磁束線の本数が変化するので，回路に電流が流れると予想される．

(3) 回路 C が静止していて，磁場が時間的に変化するとき，回路に電流が流れる（図 7.1c）．

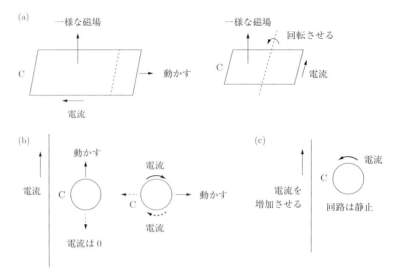

図 **7.1**　電磁誘導

　これから，(1)，(2)，(3) のいずれの場合も回路に電流が流れるのは磁束線の数が変化する場合に起こることがわかる．このような現象を**電磁誘導**といい，電磁誘導で発生する起電力を**誘導起電力**，流れる電流を**誘導電流**という．回路面を貫く磁束線の本数の変化は，その面を貫く磁束の変化で表すことができる．

■ ファラデーの電磁誘導の法則

　磁束とは，回路面 S （回路 C を縁とする面）を垂直に貫く磁束線の正味の本数で

$$\Phi = \int_{S} \vec{B} \cdot d\vec{S} = \int_{S} \vec{B} \cdot \vec{n} \, dS$$

で定義される．$\vec{n}$ は，回路面 S の法線ベクトルで，その向きは回路 C の向き（回路をたどる向き）に右ねじを回したときにねじの進む向きである．

　(1)，(2)，(3) のいずれの場合でも回路に生じる誘導起電力 V は，磁束の時間変化によって

$$V = -\frac{d\Phi}{dt}$$

で表される．これを**ファラデーの電磁誘導の法則**という．右辺の負の符号は，「誘導起電力は回路を貫く磁束の変化を妨げる向きに生じる」というレンツの法則を表している．誘導起電力 V の符号は，V が回路 C の向きを向いている場合を正と決める．(3) の場合の誘導起電力 V は，回路 C に沿って生じた誘導電場 $\vec{E}$ の C の向き（C 上をたどる $d\vec{s}$ の向き）に 1 周する線積分

$$V = \oint_{C} \vec{E} \cdot d\vec{s}$$

で与えられる．この場合

$$V = \oint_{C} \vec{E} \cdot d\vec{s} = -\frac{d\Phi}{dt} = -\frac{d}{dt} \int_{S} \vec{B} \cdot d\vec{S} = -\int_{S} \frac{\partial \vec{B}}{\partial t} \cdot d\vec{S}$$

と表される. 上式の右辺の $\vec{B}$ が偏微分になるのは, 一般には $\vec{B}$ は時刻 t ばかりでなく, 位置座標の関数になるからである.

■ 誘導起電力の発生パターン

いま, 面積 S の回路が, 一様な磁場（静磁場でなくてもよい）の中にある場合を考える. 回路面の法線ベクトル $\vec{n}$ と磁場 $\vec{B}$ とのなす角を θ とすると, 磁束は $\Phi = BS\cos\theta$ となるので,

$$V = -\frac{d}{dt}(BS\cos\theta)$$

と表される. この式から, 誘導起電力は, 次の方法で発生できることがわかる.

1. 回路の面積を時間的に変化させる.

$$V = -B\frac{dS}{dt}\cos\theta$$

2. $\vec{B}$ と回路面の法線ベクトル $\vec{n}$ とのなす角 θ を時間的に変化させる.

$$V = BS\sin\theta\frac{d\theta}{dt}$$

3. 回路は静止していて, $\vec{B}$ の大きさを時間的に変化させる.

$$V = -\frac{dB}{dt}S\cos\theta$$

7.2 自己誘導

■ 自己誘導

電磁誘導での起電力の原因となる (3) の場合では, 磁場 $\vec{B}$ の変化が与えられたとして回路に生じる誘導起電力を考えたが, ここではその磁場 $\vec{B}$ の変化の原因となる電流の変化による誘電起電力の発生を考える.

コイル C に電流 I が流れると, コイル自身の中にも磁場 $\vec{B}$ が生じる（図 7.2）. このとき, B は I に比例するのでコイルを貫く磁束も I に比例する. 比例定数を L とすると

$$\Phi = LI$$

と表せる. I が時間変化すると Φ も時間変化し, コイルの中に誘導起電力

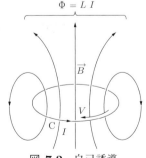

図 **7.2** 自己誘導

$$V = -\frac{d\Phi}{dt} = -L\frac{dI}{dt}$$

が生じる. この現象を**自己誘導**といい, 係数 L を**自己インダクタンス**という. 単位は上式より

V·s/A となるが，これをヘンリー（記号 H）という．この誘導起電力は電流を増やそうとすると減らす向きに生じるから，**逆起電力**とも呼ばれる．（図 7.2）には，I が増えるときの誘導起電力 V の向きを示してある．

■ ソレノイドの自己インダクタンス

断面積 S，単位長さ当りの巻き数 n，長さ l の十分長いソレノイドの自己インダクタンス L を求めてみよう．このコイルに電流 I を流すと，コイル内部に一様な磁場 $\vec{B}$ が生じる．その大きさ B は

$$B = \mu_0 n I$$

である．ソレノイドの全巻き数は nl である．したがって，ソレノイド全体を貫く磁束は，1 巻きごとの磁束 (BS) に nl をかけたものである．

$$\Phi = nlBS = \mu_0 n^2 SlI$$

$\Phi = LI$ と比較して

$$L = \mu_0 n^2 Sl$$

と求められる．Sl はソレノイドの内部の全体積 V なので

$$L = \mu_0 n^2 V$$

とも表される．

7.3　コイルに蓄えられるエネルギー

■ 磁場のエネルギー

コンデンサーの内部に蓄えられた静電エネルギーとは，コンデンサーの両極板上の電荷により極板間の空間に生じた電場のエネルギーである．電気容量 C のコンデンサーが極板上に電荷 $\pm Q$ を蓄えているとき**静電エネルギー**は

$$U_C = \frac{1}{2}\frac{Q^2}{C}$$

で与えられる．コンデンサーに静電エネルギーが蓄えられるのと同様，コイルには磁気エネルギーが蓄えられる．

自己インダクタンス L のコイルに電流 I が流れているとき，コイル内の空間に蓄えられた**磁気エネルギー**は

$$U_L = \frac{1}{2}LI^2$$

で与えられる．これは，コイルに流れる電流を 0 から I まで増加させるとき，電源がコイルにす

る仕事として求められる．電流が微小時間 dt の間に i から $i + di$ に増加したとき，自己インダクタンス L のコイルには大きさ $V = L\dfrac{di}{dt}$ の誘導起電力が発生する．電源はその逆起電力に逆らってコイルに仕事をしなければならない．その仕事を dW とすると，

$$dW = Vidt = \left(L\frac{di}{dt}\right)idt = Lidi$$

よって，

$$W = \int_0^I Lidi = \frac{1}{2}LI^2$$

となる．この仕事は電流によってコイル内の空間に生じた磁場のエネルギーに等しく，磁気エネルギー U_L としてコイルの内部に蓄えられる．コンデンサーの静電エネルギー U_C の源は電荷であり，コイルの磁気エネルギーの源は電荷の流れである電流である．U_C と U_L の間には

$$Q \; \rightarrow \; I$$
$$\frac{1}{C} \; \rightarrow \; L$$

の対応関係がある．

7.4 LC 振動回路

■ 振動電流

図 7.3 のように，起電力 V で充電したコンデンサー C を時刻 $t = 0$ にコイル L につなぐ．

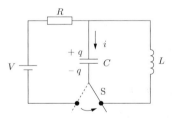

図 **7.3** LC 振動回路

時刻 t にコンデンサーに蓄えられている電荷を q とし，電流 i の向きを図の向き（充電のときと同じ）を正にとると LC 閉回路の方程式は

$$\frac{q}{C} + L\frac{di}{dt} = 0$$

となる．$i = \dfrac{dq}{dt}$ を代入して

$$\frac{d^2q}{dt^2} = -\frac{1}{LC}q = -\omega^2 q \quad \left(\omega = \frac{1}{\sqrt{LC}}\right)$$

この微分方程式は単振動の式と同じである. 一般解は

$$q = Q \sin(\omega t + \phi)$$

である. 初期条件は $t = 0$ で $q = CV = Q_0$ である.

$$Q_0 = Q \sin \phi$$

一方

$$i = \frac{dq}{dt} = \omega Q \cos(\omega t + \phi)$$

$t = 0$ で $i = 0$ であるから

$$0 = \omega Q \cos \phi$$
$$\phi = \frac{\pi}{2}$$
$$Q = Q_0 = CV$$

よって

$$q = CV \sin \left(\omega t + \frac{\pi}{2} \right) = CV \cos \omega t = Q_0 \cos \omega t$$
$$i = \omega CV \cos \left(\omega t + \frac{\pi}{2} \right) = -\omega Q_0 \sin \omega t = -I_0 \sin \omega t$$

i が負から始まるのは電流が充電が終わったときのコンデンサーの正極板から流れ出すことを表している. このような i は**振動電流**と呼ばれ

$$f = \frac{\omega}{2\pi} = \frac{1}{2\pi \sqrt{LC}}$$

を振動回路の**固有振動数**（周波数）という.

■ LC 振動回路のエネルギー保存の法則

　LC 振動回路のエネルギー保存の法則について考える.

$$\frac{q}{C} + L\frac{di}{dt} = 0$$

の両辺に idt $\left(i = \dfrac{dq}{dt} \right)$ をかけ

$$\frac{1}{C}q\frac{dq}{dt} + Li\frac{di}{dt} = 0$$

両辺を積分すると

$$\frac{1}{2}\frac{q^2}{C} + \frac{1}{2}Li^2 = k \quad (k : 積分定数)$$

となる. 初期条件 $t = 0$ で $q = Q_0 = CV$, $i = 0$ より

$$k = \frac{Q_0^2}{2C} = \frac{1}{2}CV^2$$

と決まる．よって

$$\frac{1}{2}\frac{q^2}{C} + \frac{1}{2}Li^2 = \frac{1}{2}CV^2 = 一定$$

これはコンデンサーの静電エネルギーとコイルに蓄えられている磁場のエネルギーの和は一定で，この場合はスイッチ S をコイル L につなぎかえる前の RC 回路のコンデンサー（電荷は Q_0）のもっていた静電エネルギー $\frac{1}{2}CV^2 \left(= \frac{1}{2}\frac{Q_0^2}{C}\right)$ に等しいことを表している．$q = 0$ のとき，電流 i は最大値 I_0 となり，コイルに蓄えられるエネルギーは最大 $\frac{1}{2}LI_0^2 \left(= \frac{1}{2}\frac{Q_0^2}{C}\right)$ になる．

7.5 相互誘導

■ 相互誘導

　電流の変化による誘導起電力の発生は，自己誘導に限らず，相互誘導でも起こる．2 つのコイル C_1, C_2 を近くにおき，C_1 に電流 I_1 が流れているとする．I_1 がつくる磁場 $\overrightarrow{B_1}$ は他方の C_2 にも生じている（図 7.4）．$\overrightarrow{B_1}$ は I_1 に比例するから，C_2 を貫く磁束 Φ_2 も I_1 に比例し，比例定数を M とすると

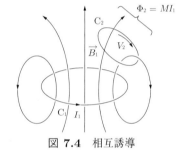

図 7.4　相互誘導

$$\Phi_2 = MI_1$$

と表せる．M は 2 つのコイルの形や位置関係によって定まる定数である．ここで C_1 に流れる電流 I_1 が時間変化すると Φ_2 も時間変化し，C_2 に誘導起電力

$$V_2 = -\frac{d\Phi_2}{dt} = -M\frac{dI_1}{dt}$$

が生じる．一方のコイルに生じた電流の時間変化が，他方のコイルに誘導起電力を生じさせる現象を**相互誘導**といい，係数 M を**相互インダクタンス**という．M の単位は，自己インダクタンス L と同じヘンリー（記号 H）を用いる．

例題 7–1　電磁誘導

〔1〕　図 7.5 のそれぞれの場合について，閉回路（コイル）に流れる電流の
向きを図 7.5 にそれぞれ書き込め．

(1)　　　　　　　　(2)　　　　　　　　(3)　　　　　　　　(4)

図 7.5

〔2〕　図 7.6(a) のように，断面積 S [m²]，巻き数 N 回のコイルをコイル面が水平となるようにおき，抵抗 R を接続する．このコイルを貫く一様な磁場の大きさ B [T] を図 7.6(b) のように変化させたとき，コイルに生じる誘導起電力 V [V] を (i), (ii), (iii) のそれぞれの区間について求めよ．また，そのグラフをかけ．ただし，B は上向きを正とし，V は点 X に対する点 Y の電位とする．

(a)

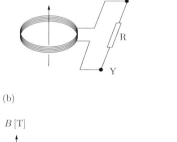

(b)

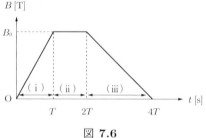

図 7.6

【解答】

〔1〕　(1)　　　　　(2)　　　　　(3)　　　　　(4)

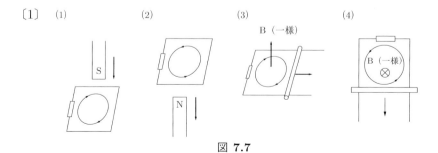

図 7.7

〔2〕　コイルを貫く磁束 $\Phi = BS$ が変化したとき，コイルに誘導起電力が生じて抵抗 R に誘導電流が流れる．レンツの法則より，誘導起電力は誘導電流がつくる磁束がコイルを貫く磁束の変化を妨げるような方向に生じるので，コイルを貫く上向きの磁束 Φ が増加したときには，抵抗には X→Y の方向に誘導電流が流れる．また，誘導起電力 V [V] は点 X に対する点 Y の電位であるので，このときの V の符号は負である．以上，電磁誘導の法則より，コイルを貫く磁束 Φ と誘導起電力 V の間の関係は，符号も考えて

$$V = -N\frac{d\Phi}{dt}$$

と表される．

(i)　$0 \leqq t < T$ のとき

グラフより，$B(t) = \dfrac{B_0}{T}t$ なので，$\Phi(t) = B(t)S = \dfrac{B_0 S}{T}t$ となる．よって，

$$V = -N\frac{d\Phi}{dt} = -\frac{NB_0 S}{T} \text{ [V]}$$

(ii)　$T \leqq t < 2T$ のとき

グラフより，$B(t) = B_0$ なので，$\Phi(t) = B(t)S = B_0 S$ となる．よって，

$$V = -N\frac{d\Phi}{dt} = 0 \text{ [V]}$$

(iii)　$2T \leqq t < 4T$ のとき

グラフより，$B(t) = -\dfrac{B_0}{2T}t + 2B_0$ なので，$\Phi(t) = \left(-\dfrac{B_0}{2T}t + 2B_0\right)S$ となる．よって，

$$V = -N\frac{d\Phi}{dt} = \frac{NB_0 S}{2T} \text{ [V]}$$

V のグラフは，図 7.8 のようになる．

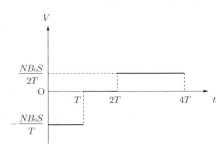

図 **7.8**　相互誘導

例題 7–2　磁場中を動く導体棒

図 7.9 のように，水平面内で
間隔 l [m] の平行導線（レー
ル）と抵抗値 R [Ω] の抵抗を
接続して，レール上に導体棒
PQ をおく．鉛直上向きに大
きさ B [T] の一様な磁場をか
け，導体棒 PQ を一定の速さ
v [m/s] で右方向に動かす．

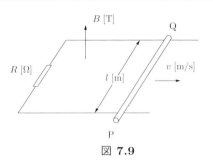

図 **7.9**

(1)　P，Q のうち，どちらの電位が高いか

(2)　PQ に流れる誘導電流の大きさ I を求めよ．

(3)　PQ を速さ v[m/s] で動かし続けるのに必要な力の大きさ F を求めよ．

(4)　PQ を速さ v[m/s] で動かし続けるために外力がする仕事率 P_1 を求
　　めよ．

(5)　抵抗における消費電力 P_2 を求めよ．

【解答】

(1)　レンツの法則より，誘導電流は導体棒を Q → P の向きに流れる．よっ
て，導体棒を電池とみなして，電位が高いのは点 P の方である．

(2)　図 7.10(a) のように，導体棒 PQ の位置（x 座標）を x とする．この
とき，導線と導体棒で囲まれた部分（四角形 ABCD）をコイルと考える
と，このコイルを貫く磁束の大きさは $\Phi = B \times (lx) = Blx$ となるの
で，このコイルに生じる誘導起電力の大きさ V は，

$$V = \left| -\frac{d\Phi}{dt} \right| = \left| -\frac{d(Blx)}{dt} \right| = \left| -Bl\left(\frac{dx}{dt}\right) \right| = vBl \ [V]$$

となる．よって，誘導電流の大きさ I は，

$$I = \frac{V}{R} = \frac{vBl}{R} \ [A]$$

なお，導体棒が右方向に速さ v で移動をし続ける限り，導体棒は端 P が
正極，端 Q が負極，起電力が $V = vBl$ の電池としてのはたらきを続
けるので，図 7.10(b) のような回路と等価と考えることができる．

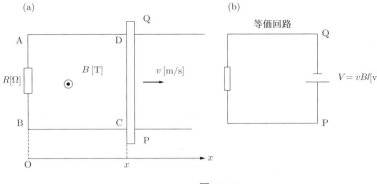

図 **7.10**

(3) 導体棒 PQ を流れる誘導電流が磁場から受ける力の向きは左向きであり，その大きさは $IBl = \dfrac{vB^2l^2}{R}$ となる．よって，導体棒を一定の速さで動かし続けるために必要な力の向きは右向きであり，その大きさ F は，

$$F = \frac{vB^2l^2}{R} \ [\mathrm{N}]$$

(4) 外力がした仕事率 P_1 は，

$$P_1 = Fv = \frac{vB^2l^2}{R} \times v = \frac{v^2B^2l^2}{R} \ [\mathrm{W}]$$

(5) 抵抗における消費電力 P_2 は，

$$P_2 = VI = (vBl) \times \left(\frac{vBl}{R}\right) = \frac{v^2B^2l^2}{R} \ [\mathrm{W}]$$

$P_1 = P_2$ であることより，この回路の消費電力（単位時間あたりに抵抗で発生するジュール熱）は，外力が導体棒にした仕事率に等しいことがわかる．このように，電磁誘導現象においても，力学的エネルギーと電気的エネルギーの間でエネルギー保存の法則が成り立つ．

演習問題
A

7.1 次のそれぞれの ☐ に適当な式を入れ，（　）は適当と思われるものを選べ．

図 7.11 のように，紙面に垂直に裏から表に向かう大きさ B [T] の一様な磁場中で，長さ l [m] の導体棒 PQ を速さ v [m/s] で右向きに動かす．

導体棒 PQ 中の自由電子は磁場から (1：P→Q, Q→P) の向きに力を受け，導体棒の (2：P, Q) 側へ移動する．電子の電荷の大きさ（絶対値）を e [C] とすると，電子が磁場から受ける力の大きさは $F_\mathrm{B} = \boxed{3}$ となる．

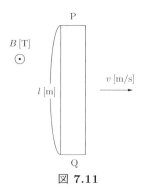

図 **7.11**

この移動した自由電子によって，導体棒中には (4：P→Q, Q→P) の向きの電場が生じる．自由電子はこの電場からも力 F_E を受ける．はじめ F_E は F_B より小さいので，電子は（　2　）側に移動をするが，電子の移動とともに導体棒中に作られる電場が強くなり，それとともに電子が電場から受ける力 F_E も大きくなる．やがて F_B と F_E が等しくなる（つりあう）状態になると，自由電子の移動は止まる．このときの電場の強さを E [V/m] とすると，$F_\mathrm{B} = F_\mathrm{E}$ より，

$$\boxed{3} = \boxed{5}$$

となり，

$$E = \boxed{6}$$

となる．よって，PQ 間の電位差 V は $V = El$ より，

$$V = \boxed{7}$$

となる．

7.2 図 7.12 のように，1 辺の長さが l [m] の巻き数 1 回のコイル abcd を速さ l [m/s] で x 軸の正の方向に移動させる．$0 \leq x \leq 2l$ [m] の範囲には図 7.12 の方向に大きさ B [T] の一様な磁場が存在する．コイルの辺 ab が $x = 0$ m に達する時刻を $t = 0$ s とする．次のそれぞれの場合について，コイル abcd に流れる電流 I [A] を求めよ．ただし，コイルの抵抗値を R [Ω] とする．また，abcd の向きを電流の正の向きとする．

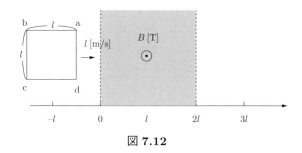

図 **7.12**

(1)　$0 \leqq t < 1$ [s]

(2)　$1 \leqq t < 2$ [s]

(3)　$2 \leqq t < 3$ [s]

(4)　$3 \leqq t$ [s]

7.3　水平面においた 1 辺の長さが a の正方形の形をしたコイルに，鉛直上向きを正として，大きさが

$$B(t) = B_0 \sin \omega t$$

と時間的に変化する一様な磁場をかける．このコイルに生じる誘導起電力を求めよ．

演習問題
B

7.4　図 7.13 のように，鉛直下向きで大きさ B [T] の一様な磁場中で，長さ l [m] の導体棒 OP を水平面内で O を中心として角速度 ω [rad/s] で図 7.13 の方向に回転させる．

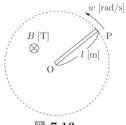

図 **7.13**

(1)　O, P のうち，どちらの電位が高いか．

(2)　OP 間の電位差を求めよ．

例題 7–3　導体棒の運動

　図 7.14 のように，鉛直上向きに大きさ B [T] の一様な磁場中に，2 本の平行直線導線（レール）を間隔が l [m] となるように水平におき，起電力 E [V] の電池 E，抵抗値 R [Ω] の抵抗 R，スイッチ S を接続する．最初スイッチ S は開いている．このレール上に導体棒 PQ をレールと垂直となるようにおく．導体棒 PQ はレールと垂直を保ちながら，なめらかに移動することができるものとする．スイッチ S を閉じたところ，導体棒は静かに動きはじめた．抵抗 R 以外（電池の内部抵抗など）の抵抗値は無視できるものとする．

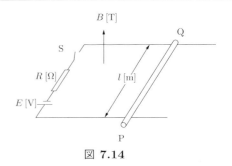

図 7.14

(1)　スイッチ S を閉じた直後，PQ が磁場から受ける力の向きと大きさを求めよ．

(2)　PQ の速さが v [m/s] であるときの PQ に流れる電流の大きさを求めよ．

(3)　PQ の速さはやがて一定になる．このときの PQ の速さ v_0 [m/s] を求めよ．

【解答】

(1)　スイッチ S を閉じた直後の導体棒に生じる誘導起電力は 0 であり，導体棒 PQ には P→Q の向きに $I = \dfrac{E}{R}$ の電流が流れる．よって，導体棒 PQ が磁場から受ける力の

$$向き \cdots 右向き$$
$$大きさ \cdots F = IBl = \frac{EBl}{R}$$

(2)　導体棒 PQ の速さが v [m/s] であるとき，導体棒 PQ には図 7.15 のような大きさ $V = vBl$ の起電力が生じる．よって，このとき，PQ を流れる電流の大きさ I は P→Q の向きを正とすると，

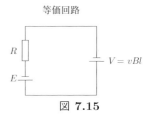

等価回路

図 7.15

$$E - vBl = RI$$
$$\therefore \ I = \frac{E - vBl}{R}$$

(3) 速さが一定となるのは，導体棒 PQ が磁場から受ける力が 0 となる
とき，つまり，導体棒に流れる電流が 0 となるときであるので，

$$E - v_0 Bl = 0$$
$$\therefore \ v_0 = \frac{E}{Bl}$$

演習問題
A

7.5 図 7.16 のように，鉛直上向きに
大きさ B [T] の一様な磁場中に，2
本の平行直線導線（レール）を水平
面に対して θ の角をなす平面上に間
隔が l [m] となるようにおき，起電
力 E [V] の電池 E，接続を切りかえ
ることができるスイッチ S を接続す

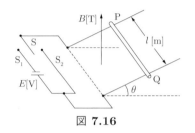

図 **7.16**

る．このレール上に，質量 m [kg]，抵抗値 R [Ω] の導体棒 PQ をレール
と垂直となるようにおく．導体棒 PQ はレールと垂直を保ちながら，なめ
らかに移動することができるものとする．重力加速度の大きさを g [m/s^2]
とする．また，空気抵抗，電池の内部抵抗，導体棒 PQ 以外の抵抗はすべ
て無視できるものとする．

(1) スイッチ S を S$_1$ に接続したところ，PQ はレール上をすべりながら
上向きにのぼりはじめ，やがて一定の速さ v_1 となった．このときの PQ
の速さ v_1 を求めよ．

(2) 次に，スイッチ S を S$_2$ に切りかえたところ，PQ はレール上をすべ
りながら動き，やがて一定の速さ v_2 となった．このときの PQ の速さ
v_2 を求めよ．

例題 7–4　自己誘導・相互誘導

次のそれぞれの □ に適当な式または語句を入れ，(　) は適当と思われるものを選べ．

〔1〕 図 7.17(a) のように，コイルを流れる電流を変化させると，コイルを貫く磁束が変化するので，その変化を妨げる方向に誘導起電力が生じる．この現象を 1 という． 1 により生じる起電力は，その向きが電流の変化を妨げる向きに生じるために，電流の急激な変化を

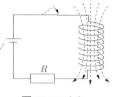

図 **7.17** (a)

(2：助ける・妨げる)．いま，コイルに流れる電流が Δt [s] 間に ΔI [A] だけ変化したとすると，コイルに生じる誘導起電力 V [V] は，

$$V = -L\frac{\Delta I}{\Delta t} \xrightarrow{\Delta t \to 0} \boxed{3}$$

と表される．負の符号は誘導起電力が電流の変化を (4：助ける・妨げる) 向きに生じることを示す．また，比例定数 L を 5 といい，単位には 6 が用いられる．

〔2〕 コイルに流れる電流を増加させようとすると，コイルに生じる誘導起電力に逆らって仕事をしなければいけない．この仕事がコイルに蓄えられるエネルギーとなる．いま，自己インダクタンス L のコイルに流れる電流を Δt [s] 間に i から $i + \Delta i$ に増加させたとする．自己誘導により生じる起電力の大きさは $V = \boxed{7}$ であり，この間に移動させた電気量は $\Delta q = \boxed{8}$ である．よって，Δi だけ電流を増加させるのに必要な仕事は，

$$\Delta W = \Delta q \times V = \boxed{9}$$

となる．よって，$\Delta i \to 0$ として，コイルに流れる電流を 0 から I まで増加させるまでに必要な仕事は，

$$W = \int dW = \int_0^I \boxed{10}\, di = \boxed{11}$$

となり，これが電流 I が流れる自己インダクタンス L のコイルに蓄えられているエネルギーとなる．

〔3〕 図 7.17(b) のように，2 つのコイルを互いに近くにおき，コイル 1 に流れる電流を変化させると，コイル 2 を貫く磁束が変化して，

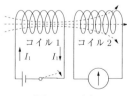

図 **7.17** (b)

コイル 2 に誘導起電力が生じる．この現象を 12 という．コイル 1 がコイル 2 につくる磁場は，コイル 1 を流れる電流 I_1 [A] に比例す

るので，コイル 2 を貫く磁束も I_1 に比例する．よって，コイル 1 を流れる電流が Δt [s] 間に ΔI_1 だけ変化したとき，コイル 2 に生じる誘導起電力 V_2 は，

$$V_2 = -M\frac{\Delta I_1}{\Delta t} \xrightarrow{\Delta t \to 0} \boxed{13}$$

と表される．比例定数 M を $\boxed{14}$ といい，単位には $\boxed{15}$ が用いられる．コイル 2 の電流を変化させてコイル 1 に誘導起電力を生じさせる場合も，M の値は同じになる．

【解答】

〔1〕 (1) $\cdots$ 自己誘導　　(2) $\cdots$ 妨げる　　　　　　　(3) $\cdots$ $-L\dfrac{dI}{dt}$

　　 (4) $\cdots$ 妨げる　　(5) $\cdots$ 自己インダクタンス　(6) $\cdots$ H（ヘンリー）

〔2〕 (7) $\cdots$ $L\dfrac{\Delta i}{\Delta t}$　　(8) $\cdots$ $i\Delta t$　　　(9) $\cdots$ $i\Delta t \times \left(L\dfrac{\Delta i}{\Delta t}\right) = Li\Delta i$

　　 (10) $\cdots$ Li　　(11) $\cdots$ $\dfrac{1}{2}LI^2$

　　 (12) $\cdots$ 相互誘導　　　　　　(13) $\cdots$ $-M\dfrac{dI_1}{dt}$

〔3〕 (14) $\cdots$ 相互インダクタンス　　　(15) $\cdots$ H（ヘンリー）

演習問題

A

7.6 図 7.18(a) のように，コイル 1 とコイル 2 を同一の鉄心に巻き，コイル 1 に流れる電流を図 7.18(b) のように変化させた．このとき，コイル 2 に生じる誘導起電力 V_2 を求め，そのグラフをかけ．ただし，相互インダクタンスを 0.50 H，誘導起電力は X より Y が高いときを正とする．

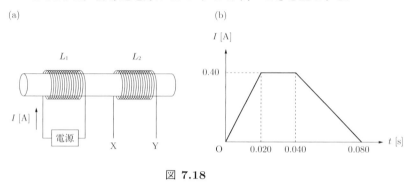

図 **7.18**

7.7 図 7.19 のように，抵抗，2 つの電池，接続をかえることができるスイッチ，コイル AB を接続する．このコイルの近くに，銅線でつくった輪をその軸がコイルの中心軸と一致するように糸で吊す．

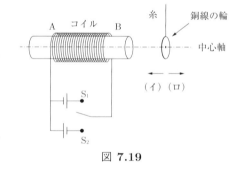

図 **7.19**

(1) スイッチを S_1 に入れた直後の銅線の輪に流れる電流の向きはコイルに流れる電流の向きと同じ方向か逆方向か．

(2) スイッチを S_1 に入れた直後，銅線の輪は動いた．輪の動く方向を（イ），（ロ）から選べ．

(3) しばらくすると銅線の輪の位置はもとに戻るが，この状態でスイッチを開く（切る）と，スイッチを開いた直後にまた銅線の輪が動いた．輪の動く方向を（イ），（ロ）から選べ．

(4) スイッチを S_2 に入れた直後の銅線の輪の動く方向を（イ），（ロ）から選べ．

演習問題
B

7.8　図 7.20 のように，抵抗値 R の抵抗 R，自己インダクタンス L のコイル L，起電力 V_0 の電池 E，接続を変えることができるスイッチ S を接続する．

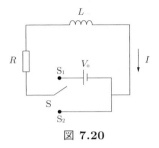

図 **7.20**

〔1〕　時刻 $t = 0$ [s] にスイッチ S を S$_1$ 側に入れた．

  (1)　回路を流れる電流を I として，電流の大きさが変化しているときのキルヒホッフの第 2 法則を示す式を表せ．

  (2)　$t = 0$ のとき $I(0) = 0$ の条件のもとで (1) を解くことにより，$I = I(t)$ を求めよ．

  (3)　十分に時間が経過すると $I(t)$ はある値に近づく．その値 I_0 を求めよ．

〔2〕　十分に時間が経ったのちの時刻 $t = t_1$ [s] に，スイッチ S をすばやく S$_2$ 側に入れた．

  (1)　回路を流れる電流を I として，電流の大きさが変化しているときのキルヒホッフの第 2 法則を示す式を表せ．

  (2)　$t = t_1$ のとき $I(t_1) = I_0$ の条件のもとで (1) を解くことにより，$I = I(t)$ を求めよ．

〔3〕　$I(t)$ のグラフをかけ．

第8章
交　　流

8.1　交流の発生

■ 交流の発生

　図 8.1 のように，一様な磁場 $\vec{B}$ の中で，面積 S のコイルを磁場に垂直な軸のまわりに，角速度 ω で回転させる．コイルの面積を S，コイル面の法線ベクトル $\vec{n}$ と磁場 $\vec{B}$ とのなす角を θ とする．時刻 t において，$\theta = \omega t$ とすれば，コイルを貫く磁束は

$$\Phi = \vec{B} \cdot \vec{S} = BS \cos \theta = BS \cos \omega t$$

となる．コイルに発生する誘導起電力は

$$V = -\frac{d\Phi}{dt} = V_0 \sin \omega t$$

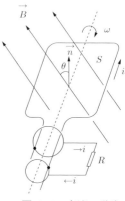

図 8.1　交流の発生

　ただし，$V_0 = \omega BS$ は最大起電力を示す．このような時間とともに周期的に変化する電圧を**交流電圧**という．交流電圧を抵抗などにつなぐと，**交流電流**が流れる．交流の周期は $T = 2\pi/\omega$ [s]，**周波数**は $f = 1/T = \omega/2\pi$ [Hz] である．$\omega \, (= 2\pi f)$ [rad / s] を**角周波数**といい，コイルの回転の角速度 ω に等しい．図 8.2 に，$\Phi - t$ グラフ (a)，$\left(-\dfrac{d\Phi}{dt} \right) - t$ グラフ (b)，$V - t$ グラフ (c) を示す．

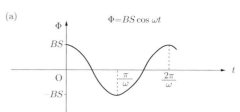

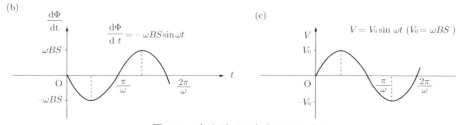

図 8.2　交流電圧が生まれるしくみ

8.2 交流回路

■ RLC 並列回路

抵抗値 R の抵抗 R, 自己インダクタンス L のコイル L, 電気容量 C のコンデンサー C を並列に接続し, 電源電圧が $v = v_0 \sin \omega t$ で変化する交流電源 v につなぐ場合を考える (図 8.3). 抵抗 R に流れる電流を i_R, コイル L に流れる電流を i_L, コンデンサー C に流れる電流を i_C とする.

交流回路でも直流回路と同じく, オームの法則やキルヒホッフの法則を, 瞬間, 瞬間に適用することができる. それぞれの閉回路に対するキルヒホッフの第 2 法則は

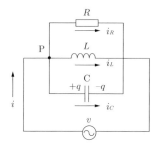

図 8.3 RLC 並列回路

R と v を含む閉回路:

$$Ri_R = v \tag{8.1}$$

L と v を含む閉回路:

$$L\frac{di_L}{dt} = v \tag{8.2}$$

C と v を含む閉回路:
C に $\pm q$ の電荷が蓄えられているものとすると

$$\frac{q}{C} = v, \quad i_C = \frac{dq}{dt} \tag{8.3}$$

これらの左辺は電圧降下, 右辺は起電力の和を表す.
(8.1) 式より

$$i_R = \frac{v}{R} = \frac{v_0}{R} \sin \omega t$$

(8.2) 式より

$$\frac{di_L}{dt} = \frac{1}{L} v_0 \sin \omega t$$
$$\rightarrow \quad i_L = \frac{1}{L} \int v_0 \sin \omega t = -\frac{v_0}{\omega L} \cos \omega t = \frac{v_0}{X_L} \sin \left(\omega t - \frac{\pi}{2} \right)$$

(8.3) 式より

$$i_C = \frac{dq}{dt} = \frac{d}{dt}(cv) = \omega C v_0 \cos \omega t = \frac{v_0}{X_C} \sin \left(\omega t - \frac{\pi}{2} \right)$$

抵抗に相当する $X_L = \omega L$ をコイルのリアクタンス (**誘導リアクタンス**), $X_C = 1/\omega C$ をコンデンサーのリアクタンス (**容量リアクタンス**) という. 単位には抵抗 R と同じオーム (記号 Ω) を用いる. i_R の位相は v と同じであるが, i_L の位相は v より $\pi/2$ 遅れ, i_C の位相は v より $\pi/2$ 進んでいることがわかる. 一般的には, $\sin(\omega t + \phi)$ の $\omega t + \phi$ を位相, ϕ を初期位相と呼ぶ. 交流のときは, ϕ は位相のずれ (進む, 遅れる) を表している.

■ 並列共振

　次に，回路を流れる全電流 i を求めてみよう．図8.3の点 P についてキルヒホッフ第1法則を適用する．

$$i = i_R + i_L + i_C$$
$$= \left\{ \frac{1}{R} \sin \omega t + \left(\frac{1}{X_C} - \frac{1}{X_L} \right) \cos \omega t \right\} v_0$$

ここで，$\sin \left(x + \dfrac{\pi}{2} \right) = \cos x$，$\sin \left(x - \dfrac{\pi}{2} \right) = -\cos x$ を用いた．さらに，三角関数の合成公式 $a \sin \theta + b \cos \theta = \sqrt{a^2 + b^2} \sin(\theta + \alpha)$，$\tan \alpha = \dfrac{b}{a}$ を用いて変形すると

$$i = \frac{v_0}{Z} \sin(\omega t + \phi)$$
$$\tan \phi = \frac{\omega C - \frac{1}{\omega L}}{\frac{1}{R}}$$
$$\frac{1}{Z} = \sqrt{\left(\frac{1}{R} \right)^2 + \left(\omega C - \frac{1}{\omega L} \right)^2}$$

となる．Z は回路全体の抵抗のはたらきをする量でインピーダンスと呼ばれる．単位は Ω である．ここで，角周波数 ω を変えていくと $\omega C - 1/\omega L = 0$ すなわち

$$\omega_0 = \frac{1}{\sqrt{LC}}$$

のとき，Z は最大となるので i の振幅 $i_0 = \dfrac{v_0}{Z}$（v_0 は一定）は最小となる．この現象を**並列共振**といい，このときの周波数

$$f_0 = \frac{1}{2\pi\sqrt{LC}}$$

を**共振周波数**という．このとき，$i_C + i_L = 0$ となり，電源からの電流は R のみに流れ，i_C と i_L は L と C を含む回路だけで流れている．

■ RLC 直列回路

　図8.4のように交流電源に抵抗 R，コイル L，コンデンサー C を直列に接続した RLC 回路を考える．この回路に交流電流 $i = i_0 \sin \omega t$ が流れているとする．このとき，R，L，C での電圧降下 v_R，v_L，v_C は

$$v_R = R\, i_0\, \sin \omega t$$
$$v_L = X_L\, i_0\, \sin \left(\omega t + \frac{\pi}{2} \right)$$
$$v_C = X_C\, i_0\, \sin \left(\omega t - \frac{\pi}{2} \right)$$

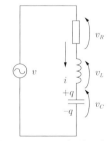

図 8.4　RLC 直列回路

となる．$v = v_0 \sin \omega t$ が与えられたときの i_R，i_L，i_C の位相の変化と逆パターンで，$i = i_0 \sin \omega t$

が与えられたときの v_R, v_L, v_C の位相の変化は，R では同じだが，L では $+\dfrac{\pi}{2}$（進む），$-\dfrac{\pi}{2}$（遅れる）と逆になる．

■ 直列共振

電源電圧 v の瞬時値について，キルヒホッフの第 2 法則（電圧降下の和 = 起電力の和）が成り立つので

$$v_R + v_L + v_C = v$$

$$\{R\sin\omega t + (X_L - X_C)\cos\omega t\}\,i_0 = v$$

これから

$$v = v_0 \sin(\omega t + \phi)$$

ここで

$$v_0 = Zi_0,$$
$$Z = \sqrt{R^2 + \left(\omega L - \frac{1}{\omega C}\right)^2}$$
$$\tan\phi = \frac{\omega L - 1/\omega C}{R}$$

である．Z は RLC 直列回路のインピーダンスである．

$$\omega L - \frac{1}{\omega C} = 0$$

すなわち

$$\omega_0 = \frac{1}{\sqrt{LC}}$$

のとき，Z は最小となるので，v の振幅 $v_0 = Zi_0 = $ 一定より i_0 が最大になる．この現象を**直列共振**といい，**共振周波数**は

$$f_0 = \frac{1}{2\pi\sqrt{LC}}$$

となる．

8.3 交流の実効値

■ 交流の実効値

v や i が $v = v_0\sin(\omega t + \phi)$ や $i = i_0\sin(\omega t + \phi)$ で表されているとき，v や i の平均 $\overline{v}$, $\overline{i}$ は 0 となってしまう．v については

$$\overline{v} = \frac{1}{T}\int_0^T v_0\sin(\omega t + \phi)dt = 0 \quad (T \text{ は周期})$$

i についても同様に $\overline{i} = 0$ となる.

 v の 2 乗平均 $\overline{v^2}$

 v の**実効値** v_e を v の 2 乗平均 $\overline{v^2}$ の平方根 $\sqrt{\overline{v^2}}$ で定義する.

$$\overline{v^2} = \frac{1}{T} \int_0^T v_0^2 \sin^2(\omega t + \phi) dt$$

正弦の半角の公式 $\sin^2 \dfrac{\alpha}{2} = \dfrac{1}{2}(1 - \cos\alpha)$ を用いて変形し,積分すると

$$\overline{v^2} = \frac{1}{2} v_0^2$$

がえられる.これから**電圧の実効値**は

$$v_e = \sqrt{\overline{v^2}} = \frac{v_0}{\sqrt{2}}$$

となる.同様に**電流の実効値**は

$$i_e = \frac{i_0}{\sqrt{2}}$$

となる.

■ 平均消費電力と力率

 RLC 直列回路で消費される電力の平均 $\overline{P}$(**平均消費電力**と呼ぶ)は

$$\overline{P} = \frac{1}{T} \int_0^T vi\,dt = \frac{1}{T} \int_0^T v_0 \sin(\omega t + \phi) i_0 \sin\omega t\,dt = \frac{1}{T} v_0 i_0 \int_0^T \sin(\omega t + \phi) \sin\omega t\,dt$$

となる.ここで,三角関数の積を和に変形する積和公式

$$\sin\alpha\sin\beta = -\frac{1}{2}\left\{\cos(\alpha+\beta) - \cos(\alpha-\beta)\right\}$$

を用いて変形し,積分すると

$$\overline{P} = \frac{1}{2} v_0 i_0 \cos\phi$$

さらに,v_e,i_e を用いて

$$\overline{P} = v_e i_e \cos\phi$$

と表される.この $\cos\phi$ を**力率**という.

 R,L,C を共に含むときの ϕ の値は

$$\tan\phi = \frac{\omega L - \dfrac{1}{\omega C}}{R}$$

より決まる.$\cos\phi = \dfrac{1}{\sqrt{1 + \tan^2\phi}} = \dfrac{R}{Z}$ の式から,$\cos\phi$ の値は直ちに求めることができる.

$$R \text{ だけのとき,} \quad \phi = 0$$

$$L \text{ だけのとき,} \quad \tan\phi = +\infty \to \phi = +\frac{\pi}{2}$$

$$C \text{ だけのとき,} \quad \tan\phi = -\infty \to \phi = -\frac{\pi}{2}$$

となることに注意すると，R，L，C だけのときの平均消費電力は，それぞれ

$$\overline{P_R} = v_e i_e, \quad \overline{P_L} = 0, \quad \overline{P_C} = 0$$

となる．また，$v_0 = Z i_0$ より $v_e = Z i_e$ の関係が出てくる．これより

$$R \text{ だけのとき,} \, v_e = R i_e$$

$$L \text{ だけのとき,} \, v_e = X_L i_e$$

$$C \text{ だけのとき,} \, v_e = X_C i_e$$

の関係が成り立っていることがわかる．さらに，$\overline{P}$ に $v_e = Z i_e$ と $Z\cos\phi = R$ を代入すると，

$$\overline{P} = R i_e{}^2$$

となり，電力は抵抗でのみ消費されていることがわかる．

例題 8–1 交流，交流回路 —抵抗を流れる交流—

〔1〕 次のそれぞれの ☐ に適当な式または語句を入れよ.

磁場中でコイルを磁場に垂直な軸のまわりに回転させると，コイルには符号を変えながら周期的に変化する誘導起電力が生じる. このような周期的に向きが変わる電圧を ☐1 という.

交流電源の電圧 V が時刻 t とともに，

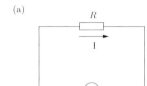

$$V(t) = V_0 \sin \omega t$$

のように変化する場合について考える. ω を ☐2 , $f = 2\pi/\omega$ を ☐3 という. 図 8.5(a) のように，この電圧を抵抗値 R の抵抗に加えたとき，オームの法則 $V = RI$ より回路に流れる電流（交流電流）は，

$$I(t) = I_0 \sin \omega t = \boxed{4} \sin \omega t$$

となる. 電圧 $V(t)$，電流 $I(t)$ のグラフはそれぞれ図 8.5(b), (c) のようになる.

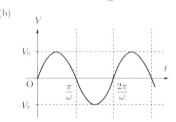

抵抗での消費電力は $P(t) = \boxed{5}$ となる. また，この消費電力の交流1周期についての時間平均は

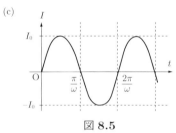

図 8.5

$$\overline{P} = \boxed{6}$$

となる. 交流電圧の実効値 V_e と交流電流の実効値 I_e を

$$V_e = \boxed{7}\, V_0, \qquad I_e = \boxed{8}\, I_0$$

と定める. このとき，$\overline{P}$ を V_e と I_e を用いて表すと，$\overline{P} = \boxed{9}$ となる. また，$V_e = RI_e$ という関係（オームの法則）も成り立つので，実効値を用いると電力やオームの法則の計算を直流電流の場合と同様に行うことができる.

一般に，交流電圧，交流電流は実効値を用いて表される. 例えば，実効値 100 V の交流電源に 500 W のニクロム線を接続して電流を流すと，ニクロム線にかかる電圧の最大値は ☐10 V であり，電流の実効値は ☐11 A で，最大値は ☐12 A となる.

〔2〕 図 8.6(a) のように，面積 S [m²] の
1 回巻きコイルを大きさ B [T] の一
様な磁場中で角速度 ω [rad/s] で回転
させる．コイルが図 8.6(b) の PQ の
位置にあるときの時刻を $t = 0$ s と
する．

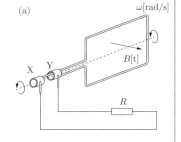

(1) 時刻 $t = 0$ での，コイルを貫く
磁束 $\Phi(0)$ を求めよ．

(2) ある時刻 t での，コイルを貫く
磁束 $\Phi(t)$ を求めよ．

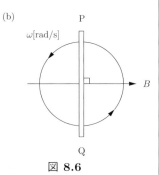

(3) コイルに生じる誘導起電力 Vt
を求めよ．

(4) $V(t)$ の最大値 V_{MAX} を求めよ．

図 **8.6**

【解答】

〔1〕 (1) ⋯ 交流電圧　　　(2) ⋯ 角周波数　　　(3) ⋯ 周波数

(4) ⋯ $\dfrac{V_0}{R}$　　　　(5) ⋯ $\dfrac{V_0^2}{R}\sin^2\omega t$　(6) ⋯ $\dfrac{V_0^2}{2R}$

(7) ⋯ $\dfrac{1}{\sqrt{2}}$　　　　(8) ⋯ $\dfrac{1}{\sqrt{2}}$　　　　(9) ⋯ $V_e I_e$

(10) ⋯ $100\sqrt{2}$　　(11) ⋯ 5.0　　　　(12) ⋯ $5\sqrt{2}$

〔2〕(1) 大きさ B の磁場 $\vec{B}$ に垂直な断面積 S の面 S を考えたとき，磁束 Φ
は B と S の積で表されるので，

$$\Phi(0) = BS \ [\mathrm{Wb}]$$

(2) t [s] 後，コイルは ωt [rad] 回転するので，コイルを貫く磁束 $\Phi(t)$
[Wb] は

$$\Phi(t) = BS\cos\omega t \ [\mathrm{Wb}]$$

(3) コイルに生じる誘導起電力 $V(t)$ は，

$$V(t) = -\frac{d\Phi(t)}{dt} = BS\omega\sin\omega t \ [\mathrm{V}]$$

(4) (3) より，$V(t)$ の最大値 V_{MAX} は，$-1 \leq \sin\omega t \leq 1$ より，

$$V_{\mathrm{MAX}} = BS\omega \ [\mathrm{V}]$$

例題 8–2 交流回路 —コイルを流れる交流—

図 8.7(a) のように，電圧 V が時刻 t とともに，

$$V(t) = V_0 \sin \omega t$$

のように変化する交流電源がある．図 8.7(b) のように，この交流電源に自己インダクタンス L のコイルを接続した．

(1) 回路を流れる電流 $I(t)$ を求めよ．また，そのグラフを図 8.7(c) にかけ．

(2) 次のそれぞれの □ に適当な式または語句を入れ，( ) は適当と思われるものを選べ．

コイルを流れる電流は，加えられた交流電圧に対して位相は □ 1 ．また，電流の最大値は $I_0 = $ □ 2 であるので，

$$V_0 = \boxed{3} \; I_0$$

となる．□ 3 を □ 4 といい，単位は □ 5 を用いる．コイルの □ 4 は角周波数 ω に (6：比例・反比例) するので，□ 4 は角周波数 ω が大きいほど (7：大きく・小さく) なり，電流は (8：流れやすく・流れにくく) なる．

(3) コイルの消費電力 $P(t)$ の平均値 $\overline{P}$ を求めよ．

(a)

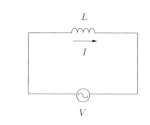

(b)

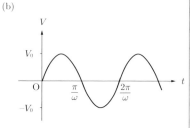

(c)

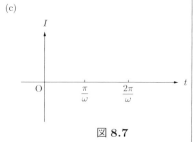

図 8.7

【解答】

(1) キルヒホッフ第 2 法則を示す式は，

$$V - L\frac{dI}{dt} = 0$$

となるので，

$$\frac{dI}{dt} = \frac{V_0}{L} \sin \omega t$$

$$\therefore \; I = -\frac{V_0}{\omega L} \cos \omega t$$

$$= \frac{V_0}{\omega L} \sin\left(\omega t - \frac{\pi}{2}\right)$$

となる．また，グラフは図 8.8 のようになる．

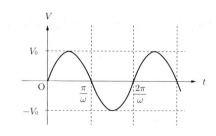

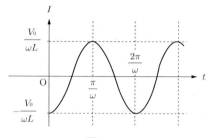

図 **8.8**

(2) (1) $\dfrac{\pi}{2}$ だけ遅れる　　(2) $\dfrac{V_0}{\omega L}$

(3) ωL

(4) 誘導リアクタンス

(5) Ω（オーム）　　(6) 比例

(7) 大きく　　(8) 流れにくく

(3)　コンデンサーの消費電力は

$$P(t) = V(t) \cdot I(t) = -\frac{V_0^2}{\omega L} \sin \omega t \cos \omega t = -\frac{V_0^2}{2\omega L} \sin 2\omega t$$

となり，グラフは図 8.9 のようになる．よって，コイルの消費電力 $P(t)$ の平均値 $\overline{P}$ は 0 となる．

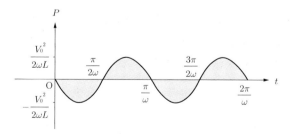

図 **8.9**

例題 8–3　交流回路 —コンデンサーを流れる交流—

図 8.10(a) のように，電圧 V が時刻 t とともに，

$$V(t) = V_0 \sin \omega t$$

のように変化する交流電源がある．図 8.10(a) のように，この交流電源に電気容量 C のコンデンサーを接続した．

(1) 回路を流れる電流 $I(t)$ を求めよ．また，そのグラフを図 8.10(c) にかけ．

(2) 次のそれぞれの □ に適当な式または語句を入れ，( ) は適当と思われるものを選べ．

　コンデンサーに流れこむ電流は，加えられた交流電圧に対して位相は □1□．また，電流の最大値は $I_0 = □2□$ であるので，

$$V_0 = □3□ I_0$$

となる．□3□ を □4□ といい，単位は □5□ を用いる．コンデンサーの □4□ は角周波数 ω に (6：比例・反比例) するので，□4□ は角周波数 ω が大きいほど (7：大きく・小さく) なり，電流は (8：流れやすく・流れにくく) なる．

(3)コンデンサーの消費電力 $P(t)$ の平均値 $\overline{P}$ を求めよ．

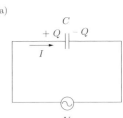
(a)

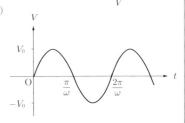
(b)

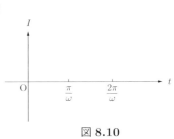
(c)

図 8.10

【解答】

(1) 図 8.10(c) のように，コンデンサーに蓄えられている電荷を Q，回路を流れる電流を I とすると，コンデンサーの電圧降下は $\dfrac{Q}{C}$ となるので，キルヒホッフ第 2 法則を示す式は，

$$V - \frac{Q}{C} = 0 \qquad\qquad ①$$

となる．また，コンデンサーに蓄えられている電荷 Q と回路を流れる電流の関係は，

$$I = \frac{dQ}{dt} \qquad\qquad ②$$

となるので，①，② より，

$$I = C\frac{dV}{dt} = \omega CV_0 \cos\omega t = \omega CV_0 \sin\left(\omega t + \frac{\pi}{2}\right)$$

となる．また，グラフは図 8.11 のようになる．

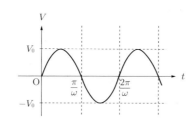

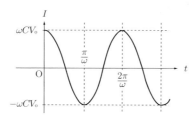

図 **8.11**

(2) (1) $\dfrac{\pi}{2}$ だけ進む　　　(2) ωCV_0　　　　(3) $\dfrac{1}{\omega C}$

 (4) 容量リアクタンス　(5) Ω（オーム）　(6) 反比例

 (7) 小さく　　　　　(8) 流れやすく

(3)　コンデンサーの消費電力は

$$P(t) = V(t) \cdot I(t) = \omega CV_0^2 \sin\omega t \cos\omega t = \frac{\omega CV_0^2}{2}\sin 2\omega t$$

となり，グラフは図 8.12 のようになる．よって，コンデンサーの消費電力 $P(t)$ の平均値 $\overline{P}$ は 0 となる．

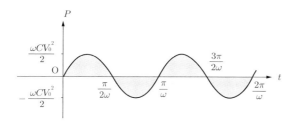

図 **8.12**

演習問題
A

8.1 次のそれぞれの問いに答えよ.

〔1〕 図 8.13 のように, 電気容量 C のコンデンサーに蓄えられている電荷を $+Q$, $-Q$ として, コンデンサーに流れこむ電流を図の向きに I とする.

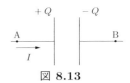

図 8.13

(1) 点 B を電位の基準としたときの点 A の電位 V_1 を求めよ.

(2) コンデンサーに蓄えられる電荷 Q とコンデンサーに流れこむ電流 I の関係を示す式を表せ.

〔2〕 図 8.14 のように, 自己インダクタンス L のコイルがあり, コイルに流れる電流を図の向きに I とする.

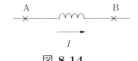

図 8.14

(1) 点 A の電位が点 B の電位よりも高くなるとき, 電流 I は増加しているか, 減少しているか.

(2) 点 B を電位の基準としたときの点 A の電位 V_2 を求めよ.

8.2 図 8.15 のように, 抵抗値 R の抵抗と自己インダクタンス L のコイルを直列につないで, 交流電源に接続した. 回路を流れる電流を $I(t) = I_0 \sin \omega t$ として, 交流電源の電圧 $V(t)$ を求めたい.

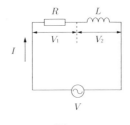

図 8.15

(1) 抵抗での電圧降下の大きさ V_1 とコイルでの電圧降下の大きさ V_2 をそれぞれ求めよ.

(2) 交流電源の電圧 $V(t) = V_1 + V_2$ を求めよ.

(3) V_1, V_2 および $V(t)$ のグラフをかけ.

演習問題
B

8.3 図 8.16 のように，抵抗値 R の抵抗と，

(A)　自己インダクタンス L のコイル
(B)　電気容量 C のコンデンサー

を直列につなぎ，電源に接続した．(A)，(B) のそれぞれの場合について，次の各問いに答えよ．

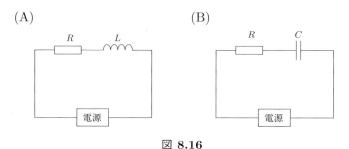

図 **8.16**

〔1〕　電源が電圧 V の直流電源の場合，十分に時間が経過したのちの回路を流れる電流 I を求めよ．

〔2〕　電源が時刻 t とともに $V(t) = V_0 \sin \omega t$ のように変化する交流電源の場合

(1)　十分に時間が経ったのちの回路を流れる電流 $I(t)$ を求めよ．
(2)　回路を流れる電流の最大値を求めよ．
(3)　回路のインピーダンス Z を求めよ．

8.4 図 8.17 のように，抵抗値 R の抵抗，自己インダクタンス L のコイル，電気容量 C のコンデンサーを並列につなぎ，電圧 $V(t) = V_0 \sin \omega t$ の交流電源に接続した．

(1)　抵抗を流れる電流 $I_1(t)$，コイルを流れる電流 $I_2(t)$，コンデンサーに流れ込む電流 $I_3(t)$ をそれぞれ求めよ．
(2)　回路を流れる全電流 $I(t)$ を求めよ．
(3)　この回路のインピーダンス Z を求めよ．

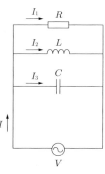

図 **8.17**

例題 8-4　電気振動

　図 8.18 のように，電気容量 C のコンデンサー
C，自己インダクタンス L のコイル L，スイッチ S
を接続した回路をつくる．はじめスイッチ S は開
いており，コンデンサーの極板にはそれぞれ $+Q$，
$-Q$ の電荷が蓄えられている．時刻 $t = 0$ のとき
にスイッチ S を閉じたところ，コンデンサーの電

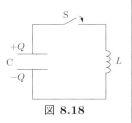

図 8.18

荷がコイルを通って放電するが，コイルには自己誘導による起電力が生じ
るため，回路には一定時間で向きを変える電流が流れ続ける．この現象を
$\boxed{\quad 1 \quad}$ という．以下，この現象を詳しく調べてみる．

　図 8.19 のように，コンデンサーに蓄えられてい
る電荷が $+q$，$-q$ である瞬間について考える．こ
のときのコンデンサーの極板間の電位差 V_C は，
$V_C = \boxed{\quad 2 \quad}$ となる．また，このときの電流を図
8.19 のように I とすると，コイルでの電圧降下の
大きさ V_L は，$V_L = \boxed{\quad 3 \quad}$ となる．よって，キ

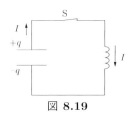

図 8.19

ルヒホッフの第 2 法則を示す式は，

$$\boxed{\qquad\qquad 4 \qquad\qquad}$$

となる．また，このときのコンデンサーに蓄えられている電荷と回路を流
れる電流との関係は $I = -\dfrac{dq}{dt}$ となるので，I を消去すると，q に関して
の 2 階微分方程式

$$\boxed{\qquad\qquad 5 \qquad\qquad}$$

が得られる．この方程式は，単振動を記述する方程式と等しく，方程式の解
は $q = A\sin(\omega t + \phi)$ とおくことができる（ここで，$\omega > 0$ とする）．この
解を方程式に代入することにより，角周波数 $\omega = \boxed{\quad 6 \quad}$ が求まる．また，
周波数は $f = \boxed{\quad 7 \quad}$ となる．さらに，初期条件 $t = 0$ のとき，$q = Q$，
$\dfrac{dq}{dt} = I(0) = 0$ とすると，初期条件より A，ϕ が定まり，

$$q(t) = \boxed{\qquad\qquad 8 \qquad\qquad}$$

と求まるので，回路を流れる電流 $I(t)$ は，

$$I(t) = -\frac{dq}{dt} = \boxed{\qquad\qquad 9 \qquad\qquad}$$

となる．

　電気振動では，コンデンサーの極板間に生じる電場と，コイルがつくる
磁場との間でのエネルギーのやりとりが行われる．ここで，

　　コンデンサーに蓄えられるエネルギー

$$U_C = \frac{1}{2}CV_C^2 = \frac{q^2}{2C} = \boxed{\quad 10 \quad}$$

コイルに蓄えられるエネルギー
$$U_{\mathrm{L}} = \frac{1}{2}LI^2 = \boxed{11}$$

となるので，$U_{\mathrm{C}} + U_{\mathrm{L}} = \boxed{13}$ となり，これらのエネルギーの和は一定に保たれることがわかる．

【解答】

(1) $\cdots$ 電気振動　　　　　　　　(2) $\cdots$ $q = CV_0$ より，$(V_C =)\dfrac{q}{C}$

(3) $\cdots$ $(V_L =)\, L\dfrac{dI}{dt}$　　　　　　(4) $\cdots$ $\dfrac{q}{C} - L\dfrac{dI}{dt} = 0$

(5) $\cdots$ $I = -\dfrac{dq}{dt}$ を代入して，$\dfrac{q}{C} + L\dfrac{d^2q}{dt^2} = 0$ となるので
$$\frac{d^2q}{dt^2} = -\frac{1}{LC}q$$

(6) $\cdots$ $q = A\sin(\omega t + \phi)$ より，
$$\frac{dq}{dt} = A\omega\cos(\omega t + \phi), \qquad \frac{d^2q}{dt^2} = -A\omega^2\sin(\omega t + \phi)$$

となるので，微分方程式に代入して，
$$-A\omega^2\sin(\omega t + \phi) = -\frac{1}{LC}\cdot A\sin(\omega t + \phi)$$
$$\therefore \ \omega = \frac{1}{\sqrt{LC}}$$

(7) $\cdots$ $f = \dfrac{\omega}{2\pi} = \dfrac{1}{2\pi\sqrt{LC}}$

(8) $\cdots$ 初期条件より，
$$q(0) = Q \text{ より，} A\sin\phi = Q \qquad\qquad \text{———①}$$
$$I(0) = 0 \text{ より，} -A\omega\cos\phi = 0 \qquad\qquad \text{———②}$$

①，② を連立させて解くと，$A = Q$, $\phi = \dfrac{\pi}{2}$ となり，
$$q(t) = Q\sin\left(\omega t + \frac{\pi}{2}\right) = Q\cos\omega t$$

(9) $\cdots$ $I = -\dfrac{dq}{dt} = \omega Q\sin\omega t$

(10) $\cdots$ $U_C = \dfrac{1}{2}CV^2 = \dfrac{q^2}{2C} = \dfrac{Q^2}{2C}\cos^2\omega t$

(11) $\cdots$ $U_L = \dfrac{1}{2}LI^2 = \dfrac{1}{2}L\cdot\omega^2Q^2\sin^2\omega t$
$$= \frac{L}{2}\cdot\frac{1}{LC}\cdot Q^2\sin^2\omega t = \frac{Q^2}{2C}\sin^2\omega t$$

(12) $\cdots$ $U_C + U_L = \dfrac{Q^2}{2C}\cos^2\omega t + \dfrac{Q^2}{2C}\sin^2\omega t$
$$= \frac{Q^2}{2C}\left(\cos^2\omega t + \sin^2\omega t\right) = \frac{Q^2}{2C}$$

例題 8–5 RLC 直列回路

図 8.20 のように，抵抗値 R の抵抗，自己イ
ンダクタンス L のコイル，電気容量 C のコ
ンデンサーを直列につなぎ，交流電源に接続し
た．回路を流れる電流を $I(t) = I_0 \sin \omega t$ とし
て，交流電源の電圧 $V(t)$ を求めたい．

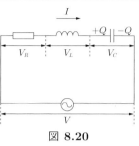

図 **8.20**

(1) 抵抗，コイル，コンデンサーでの電圧降下
   をそれぞれ V_R，V_L，V_C とすると，交流
   電源の電圧 $V(t) = V_R + V_L + V_C$ となり，

$$V(t) = V_0 \sin(\omega t + \phi)$$

と表すことができる．V_0 および $\tan \phi$ を求めよ．
(2) 回路のインピーダンス Z を求めよ．
(3) 角周波数 ω を変化させると，回路のインピーダンス Z も変化する．
   Z が最小となる角周波数 ω_0，このときの交流電源の周波数 f_0 を求
   めよ．

【解答】

(1) 図 8.20 のように，コンデンサーに蓄えられている電荷を $+Q$，$-Q$ と
し，この瞬間に回路を流れる電流を図 8.20 の方向に I とおく．このと
き，抵抗，コイル，コンデンサーでのでの電圧降下 V_R，V_L，V_C はそ
れぞれ

コンデンサーに蓄えられている電荷を Q とすると，

$$V_R = RI, \qquad V_L = L\frac{dI}{dt}, \qquad V_C = \frac{Q}{C}$$

となる．よって，キルヒホッフの第 2 法則を示す式は $V(t) - V_R - V_L - V_C = 0$ となるので，

$$V = RI + L\frac{dI}{dt} + \frac{Q}{C}$$

$$\therefore \ Q = C\left(V - RI - L\frac{dI}{dt}\right)$$

となる．また，コンデンサーに蓄えられている電荷と回路を流れる電流
の関係は $I = \dfrac{dQ}{dt}$ となるので，電圧 V と電流 I の間には次の関係が成
り立つ．

$$I = C\left(\frac{dV}{dt} - R\frac{dI}{dt} - L\frac{d^2I}{dt^2}\right)$$

$$\therefore \ \frac{dV}{dt} = \frac{I}{C} + R\frac{dI}{dt} + L\frac{d^2I}{dt^2}$$

今，$I = I_0 \sin \omega t$ より，

$$\frac{dI}{dt} = I_0 \omega \cos \omega t, \qquad \frac{d^2 I}{dt^2} = -I_0 \omega^2 \sin \omega t$$

となり，

$$\begin{aligned}\frac{dV}{dt} &= \frac{I_0}{C} \sin \omega t + R(I_0 \omega \cos \omega t) + L(-I_0 \omega^2 \sin \omega t) \\ &= I_0 \left\{ \omega R \cos \omega t + \left(-\omega^2 L + \frac{1}{C} \right) \sin \omega t \right\}\end{aligned}$$

となる．よって，両辺を t で積分して，

$$V(t) = I_0 \left\{ R \sin \omega t + \left(\omega L - \frac{1}{\omega C} \right) \cos \omega t \right\}$$

となり，三角関数の合成の式を用いて，

$$V(t) = I_0 \sqrt{R^2 + \left(\omega L - \frac{1}{\omega C} \right)^2} \sin(\omega t + \phi)$$

$$\left(\text{ここで，} \tan \phi = \frac{\omega L - \dfrac{1}{\omega C}}{R} \right)$$

となる．以上より，

$$V_0 = I_0 \sqrt{R^2 + \left(\omega L - \frac{1}{\omega C} \right)^2}, \qquad \tan \phi = \frac{\omega L - \dfrac{1}{\omega C}}{R}$$

(2) (1) より，回路のインピーダンス Z は，

$$Z = \sqrt{R^2 + \left(\omega L - \frac{1}{\omega C} \right)^2}$$

(3) (2) の Z の式に対して ω を変数とすると，

$$\omega_0 L - \frac{1}{\omega_0} C = 0$$

のとき Z は最小となり，このときの角周波数 ω_0 および周波数 f_0 は，

$$\omega_0 = \frac{1}{\sqrt{LC}}, \qquad f_0 = \frac{\omega_0}{2\pi} = \frac{1}{2\pi \sqrt{LC}}$$

例題 8-6　並列共振回路

抵抗値 R の抵抗 R，自己インダクタンス L のコイル L，電気容量 C のコンデンサー C，および交流電源を用いて図 8.21 のような交流回路をつくった．コイルおよびコンデンサーの両端の電圧を $V_1 = V_0 \sin \omega t$ として，次の各問いに答えよ．

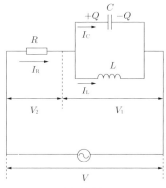

図 **8.21**

(1) コンデンサーに流れ込む電流 I_C を求めよ．

(2) コイルを流れる電流 I_L を求めよ．

(3) 抵抗を流れる電流 $I_R = I_C + I_L$ を求めよ．

(4) 抵抗での電圧降下 V_2 を求めよ．

(5) 交流電源の電圧を $V(t) = V_1 + V_2$ を計算することにより求め，$V(t)$ の最大値 V_M を求めよ．

(6) V_0 を ω，R，L，C および V_M を用いて表せ．

(7) 交流電圧の角周波数をゆっくりと変えていったとき，V_0 が最大となる角周波数 ω_0，周波数 f_0 を求めよ．

(8) (7) のときの V_0 および I_R を求めよ．

【解答】

(1) コンデンサーに蓄えられている電荷を図 8.21 のように $+Q$，$-Q$ とすると $V_1 = \dfrac{Q}{C}$ より，

$$Q = CV_1 = CV_0 \sin \omega t$$

となる．また，コンデンサーに流れ込む電流 I_C とコンデンサーに蓄えられている電荷 Q の関係は $I_C = \dfrac{dQ}{dt}$ となるので，

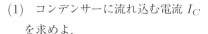

$$I_C = \omega C V_0 \cos \omega t$$

(2) コイルでの電圧降下は $L\dfrac{dI_L}{dt}$ となるので，$V_1 = L\dfrac{dI_L}{dt}$ より，

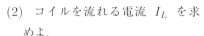

$$L\frac{dI_L}{dt} = V_0 \sin \omega t$$
$$\frac{dI_L}{dt} = \frac{V_0}{L} \sin \omega t$$

$$\therefore\ I_L = -\frac{V_0}{\omega L}\cos\omega t$$

(3) キルヒホッフの第1法則より,

$$I_R = I_C + I_L = \omega C V_0 \cos\omega t + \left(-\frac{V_0}{\omega L}\cos\omega t\right)$$

$$= \left(\omega C - \frac{1}{\omega L}\right) V_0 \cos\omega t$$

(4) 抵抗での電圧降下は RI_R なので,

$$V_2 = \left(\omega C - \frac{1}{\omega L}\right) R V_0 \cos\omega t$$

(5) キルヒホッフの第2法則を示す式は $V(t) - V_1 - V_2 = 0$ となるので,
$V(t) = V_1 + V_2$ より,

$$V(t) = V_0 \sin\omega t + \left(\omega C - \frac{1}{\omega L}\right) R V_0 \cos\omega t$$

$$= V_0 \sqrt{1 + R^2 \left(\omega C - \frac{1}{\omega L}\right)^2}\ \sin(\omega t + \phi)$$

$$\left(\text{ここで},\ \tan\phi = \omega C - \frac{1}{\omega L}\right)$$

よって,

$$V_{\mathrm{M}} = V_0 \sqrt{1 + R^2 \left(\omega C - \frac{1}{\omega L}\right)^2}$$

(6) (5) より,

$$V_0 = \frac{V_{\mathrm{M}}}{\sqrt{1 + R^2 \left(\omega C - \frac{1}{\omega L}\right)^2}}$$

(7) (6) の V_0 の式に対して ω を変数とすると,

$$\omega C - \frac{1}{\omega L} = 0$$

のとき V_0 が最大となり,このときの角周波数 ω_0 および周波数 f_0 は,

$$\omega_0 = \frac{1}{\sqrt{LC}}, \quad f_0 = \frac{\omega_0}{2\pi} = \frac{1}{2\pi\sqrt{LC}}$$

(8) (7) のときの V_0, I_R はそれぞれ

$$V_0 = V_{\mathrm{M}}, \quad I_R = 0$$

第9章
マクスウェルの方程式と電磁波

9.1 変位電流

■ 変位電流

図9.1のように，平行板コンデンサー（面積 S）に充電しているとき，電流 I が流れ込む側の極板の電荷を $+q$ とする．

流れ込む電流を囲む閉曲線 C をとり，それを縁とする平面 S_1 と正の極板を含む曲面 S_2 をとり，定常電流で成り立つアンペールの法則を適用する．S_1，S_2 を貫く電流密度をそれぞれ $\vec{i_1}$，$\vec{i_2}$ とすると

S_1 に対して

$$\oint_C \vec{B} \cdot d\vec{s} = \mu_0 \int_{S_1} \vec{i_1} \cdot d\vec{S} = \mu_0 I$$

S_2 に対して

$$\oint_C \vec{B} \cdot d\vec{s} = \mu_0 \int_{S_2} \vec{i_2} \cdot d\vec{S} = 0 \quad (\because \vec{i_2} = \vec{0})$$

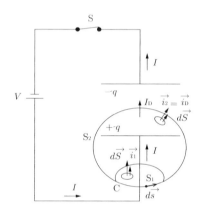

図 9.1 変位電流

となる．S_1，S_2 いずれの場合の $d\vec{S}\,(= \vec{n}\,dS)$ の向きも，$d\vec{s}$ の向きに右ねじを回したとき，ねじの進む向きである．左辺の積分は C に沿っての線積分だから，C を縁とする面 S に無関係なので，S_1，S_2 のいずれに対しても同じであるが，右辺は S_1 の場合は電流 I が面を貫くので $\mu_0 I$，S_2 の場合は電流が面を貫かないので 0 となる．平面（曲面）S のとり方によって異なる．これは，定常電流でない場合には，アンペールの定理をそのまま適用できないことを示している．この矛盾を解決する糸口がある．コンデンサーの正の極板に流れ込む電流 I と電荷 q の間には

$$I = \frac{dq}{dt}$$

の関係がある．一方，正負極板間の電場はガウスの法則より

$$E = \frac{q}{\varepsilon_0 S}$$

である．この両辺を微分して上記の関係式を代入すると

$$\frac{dE}{dt} = \frac{1}{\varepsilon_0 S}\frac{dq}{dt} = \frac{1}{\varepsilon_0 S}I$$

となる．これから

$$I = \varepsilon_0 \frac{dE}{dt} S \tag{9.1}$$

が出てくる．左辺の導線を流れる電流に対応して，右辺をコンデンサーの極板間に体積電流密度（単位は $\mathrm{A/m^2}$）

$$i_D = \varepsilon_0 \frac{dE}{dt}$$

の電流が流れているとし，これに S をかけた $I_D = i_D S$ が電流 I に等しいことを (9.1) 式は示している．

$$I_D = I$$

この電流密度 i_D はイギリスのマクスウェルのひらめきによって発見されたもので，**変位電流**（または**電束電流**）と呼ばれる．

■ アンペール・マクスウェルの法則

　一般に，変位電流を考えると，同じ閉曲線 C を縁とする平面（曲面でもよい）$\mathrm{S_1}$ と曲面 $\mathrm{S_2}$ に対してアンペールの法則を適用すると

$$\oint_{\mathrm{C}} \vec{B} \cdot d\vec{s} = \mu_0 \int_{\mathrm{S_1}} \vec{i_1} \cdot d\vec{S} = \mu_0 I$$

$$\oint_{\mathrm{C}} \vec{B} \cdot d\vec{s} = \mu_0 \int_{\mathrm{S_2}} \vec{i_2} \cdot d\vec{S} = \mu_0 \int_{\mathrm{S_2}} \vec{i_D} \cdot d\vec{S} = \mu_0 I_D = \mu_0 I$$

となり，$\mathrm{S_1}$，$\mathrm{S_2}$ のいずれの場合の右辺も等しくなる．ここで，$\vec{i_2} = \vec{i_D}$ を用いた．すなわち，$\mathrm{S_2}$ を通過する変位電流は正確に $\mathrm{S_1}$ を通過する（伝導）電流 I に等しい．電場の変化によって生じる変位電流も電荷の流れによる（伝導）電流も同じように磁場 $\vec{B}$ をつくると考えて，C を縁とする任意の曲面 S に対してアンペールの法則を

$$\oint_{\mathrm{C}} \vec{B} \cdot d\vec{s} = \mu_0 \int_{\mathrm{S}} \left(\vec{i} + \varepsilon_0 \frac{\partial \vec{E}}{\partial t} \right) \cdot d\vec{S}$$

と拡張する．これを**アンペール・マクスウェルの法則**という．ここで，微分が偏微分に変わっているのは，一般には $\vec{E}$ は時刻 t ばかりでなく，空間の場所を表す位置座標の関数だからである．

9.2　マクスウェルの方程式

■ マクスウェルの方程式（積分形）

　これまで学んできた，電場と磁場についてのガウスの法則，ファラデーの電磁誘導の法則，電流と磁場の関係を与えるアンペール・マクスウェルの法則をまとめたものがマクスウェルの方程式で，次の 4 つの式にまとめられる．

(1)　電場 $\vec{E}$ に関するガウスの法則

$$\oint_{\mathrm{S}} \vec{E} \cdot d\vec{S} = \frac{Q}{\varepsilon_0} \tag{9.2}$$

(2)　磁場 $\vec{B}$ に関するガウスの法則

$$\oint_{\mathrm{S}} \vec{B} \cdot d\vec{S} = 0 \tag{9.3}$$

(3)　ファラデーの電磁誘導の法則

$$\oint_{\mathrm{C}} \vec{E} \cdot d\vec{s} = -\frac{d\Phi}{dt} \left(= -\int_{\mathrm{S}} \frac{\partial \vec{B}}{\partial t} \cdot d\vec{S} \right) \tag{9.4}$$

(4)　アンペール・マクスウェルの法則

$$\oint_{\mathrm{C}} \vec{B} \cdot d\vec{s} = \mu_0 \int_{\mathrm{S}} \left(\vec{i} + \varepsilon_0 \frac{\partial \vec{E}}{\partial t} \right) \cdot d\vec{S} \tag{9.5}$$

■ マクスウェルの方程式（微分形）

　これらは積分形で書いたマクスウェルの方程式であるが，これらを微分形で書くと次のようになる．

1.　$\mathrm{div}\, \vec{E} = \dfrac{\rho}{\varepsilon_0}$　（ρ は体積電荷密度） $\tag{9.2'}$

2.　$\mathrm{div}\, \vec{B} = 0$ $\tag{9.3'}$

3.　$\mathrm{rot}\, \vec{E} = -\dfrac{\partial \vec{B}}{\partial t}$ $\tag{9.4'}$

4.　$\mathrm{rot}\, \vec{B} = \mu_0 \left(\vec{i} + \varepsilon_0 \dfrac{\partial \vec{E}}{\partial t} \right)$ $\tag{9.5'}$

9.3　電磁波

■ 平面電磁波

　電荷も電流もない（$\rho = 0$，$\vec{i} = 0$）真空中のマクスウェル方程式を考える．
　$\vec{E}$，$\vec{B}$ の空間変化が x 軸方向にだけ依存する，すなわち $\vec{E} = \vec{E}(x,t)$，$\vec{B} = \vec{B}(x,t)$ のとき，(9.2$'$) 式，(9.3$'$) 式より $E_x = 0$，$B_x = 0$ となる．また，(9.4$'$) 式，(9.5$'$) 式 より，

$$\frac{\partial E_y}{\partial x} = -\frac{\partial B_z}{\partial t}, \qquad \frac{\partial B_z}{\partial x} = -\varepsilon_0 \mu_0 \frac{\partial E_y}{\partial t}$$

という関係が得られる．この式は，電場の変化が磁場を生み出し，磁場の変化が電場の変化を生み出すサイクルがくり返し行われることを表している．このように，互いに相手を源として出現する電場と磁場は切り離して考えることができないので，両者を一緒にして**電磁場**と呼んでいる．
　上の 2 式を x または t で微分した式をつくり，両式より B_z を消去すると，E_y に対する方程式

$$\frac{\partial^2 E_y}{\partial x^2} = \varepsilon_0 \mu_0 \frac{\partial^2 E_y}{\partial t^2} \tag{9.6}$$

が，同様に E_y を消去すると B_z に対する方程式

$$\frac{\partial^2 B_z}{\partial x^2} = \varepsilon_0 \mu_0 \frac{\partial^2 B_z}{\partial t^2} \tag{9.7}$$

が得られる．このように，$\vec{E}$ は y 成分，$\vec{B}$ は z 成分しかもたないので，

$$\vec{E} = (0, E_y(x,t), 0), \qquad \vec{B} = (0, 0, B_z(x,t))$$

と表される．一般に，波の速さ v で x 軸に沿って進む波動を記述する波動関数 f を満たす方程式は

$$\frac{\partial^2 f}{\partial x^2} = \frac{1}{v^2} \frac{\partial^2 f}{\partial t^2}$$

で表される．(9.6) 式と (9.7) 式を比較すると，f は E_y，B_z に対応している．したがって，電場 $\vec{E}$ は y 軸方向に，磁場 $\vec{B}$ は z 軸の方向に変化しながら，ともに $c = 1/\sqrt{\varepsilon_0 \mu_0}$ の速さで x 軸方向に波として伝わっていくことがわかる．その速さ v は，クーロン力の実験で得られた $\varepsilon_0 = 8.85 \times 10^{-12}$ C^2/N·m^2 と，$\mu = 4\pi \times 10^{-7}$ N/A^2 を代入すると

$$c = 3.00 \times 10^8 \text{m/s}$$

となり，**真空中の光速** c と一致する！

参考

クーロン力から ε_0 を決めるのは精度が低いので，現在は，$c = 2.99792458 \times 10^8$ m/s と $\mu_0 = 4\pi \times 10^{-7}$ N/A^2 を定義値として与え，上式の関係より，

$$\varepsilon_0 = 10^7/4\pi c^2 = 8.854 \cdots \times 10^{-12} \text{ C}^2/\text{N} \cdot \text{m}^2$$

と決めている．

E_y と B_z に対する微分方程式の最も簡単な平面波の解は

$$E_y(x,t) = E_0 \sin(kx - \omega t)$$
$$B_z(x,t) = B_0 \sin(kx - \omega t)$$

である．ただし，$\omega^2 = c^2 k^2$，$B_0/E_0 = \sqrt{\varepsilon_0 \mu_0} = 1/c$ である．ここで，ω は角振動数，$k = 2\pi/\lambda$ (λ は波長)，は波数を表す．このように，真空中のマクスウェルの方程式から波動解が出てくる．電場と磁場の変動は互いに関連し合った波として空間を伝わることが予想される．この波を**電磁波**という．

■ 平面電磁波の性質

$+x$ 軸方向に速さ c で進む**平面電磁波の性質**をまとめると，次のようになる．

(1) $\vec{E} = (0, E_y, 0)$ と $\vec{B} = (0, 0, B_z)$ はともに同じ波動方程式を満足する．

(2) 電磁波の速さ c は真空中での光の速さに等しい．

(3) $\vec{E}$ と $\vec{B}$ の変動方向は互いに垂直である（$\vec{E} \perp \vec{B}$）．

(4) $\vec{E}$ と $\vec{B}$ の変動方向はいずれも電磁波の進行方向（$\vec{c}$ の方向）に垂直（$\vec{E} \perp \vec{c}, \vec{B} \perp \vec{c}$）で，$\vec{E} \times \vec{B}$ の方向は $\vec{c}$ の方向を向いている．

（$\vec{E}$ から $\vec{B}$ の方向へ右ねじを回すとき，右ねじの進む方向は $\vec{c}$ の方向を向く．）

(4) の性質は電磁波は横波であることを示している．平面電磁波の $\vec{E}$，$\vec{B}$，$\vec{c}$ の向きを図 9.2 に示す．$+x$ 軸方向へ進む平面電磁波をグラフで表すと図 9.3 のようになる．$\vec{E}$ と $\vec{B}$ がからみ合って伝わっていく波の様子が見てとれる．1864 年にマクスウェルが理論的に導いた電磁波は，その後 1888 年に，ヘルツにより実験でその存在が確かめられた．通信に利用される各種電波，目に見える光，X 線，γ 線などはすべて電磁波の一種である．

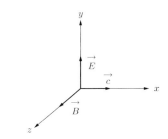

図 **9.2** 電磁波の伝わる向きと E, B の
変化する方向との関係

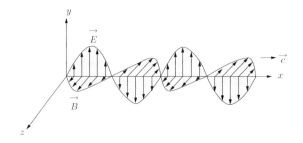

図 **9.3** $+x$ 軸方向へ伝わる平面電磁波

例題 9–1　マクスウェルの方程式

　次のそれぞれの法則を数式で表し，その法則を簡単に説明せよ．

(1)　電場に関するガウスの法則

(2)　磁場に関するガウスの法則

(3)　ファラデーの電磁誘導の法則

(4)　アンペール・マクスウェルの法則

【解答】

(1)　電場に関するガウスの法則

$$\oint_S \vec{E} \cdot d\vec{S} = \frac{Q}{\varepsilon_0}$$

（閉曲面 S を貫いて出ていく電気力線の総数は，閉曲面内の電荷 Q を ε_0 で割ったものに等しい．）

(2)　磁場に関するガウスの法則

$$\oint_S \vec{B} \cdot d\vec{S} = 0$$

（閉曲面 S を貫く磁束の総量は 0 である．（磁気単極子は存在しない．））

(3)　ファラデーの電磁誘導の法則

$$\oint_C \vec{E} \cdot d\vec{s} = -\frac{d\Phi}{dt} \left(= -\int_S \frac{\partial \vec{B}}{\partial t} \cdot d\vec{S} \right)$$

（磁場の時間的変化によって電場が生じる．）

(4)　アンペール・マクスウェルの法則

$$\oint_C \vec{B} \cdot d\vec{s} = \mu_0 \int_S \left(\vec{i} + \varepsilon_0 \frac{\partial \vec{E}}{\partial t} \right) \cdot d\vec{S}$$

（電流と時間変動する電場によって磁場が生じる．）

例題 9-2　電磁波

電荷も電流もない真空中では，次の 2 つの関係式（法則）

$$\mathrm{rot}\,\vec{E} = -\frac{\partial \vec{B}}{\partial t} \quad \text{（ファラデーの電磁誘導の法則）}$$

$$\mathrm{rot}\,\vec{B} = \varepsilon_0\mu_0 \frac{\partial \vec{E}}{\partial t} \quad \text{（アンペール・マクスウェルの法則）}$$

が成り立つ．ここで，電磁場が 1 方向にのみ空間変化している場合について考える．そこで，空間変化する方向を z 軸方向として，電場も磁場も x, y 方向へは一様であり，$\vec{E} = \vec{E}(z,t)$, $\vec{B} = \vec{B}(z,t)$ であるとする．

(1) $\vec{E} = (E_x, E_y, E_z)$ として，

$$\frac{\partial^2 E_z}{\partial^2 z} - \varepsilon_0\mu_0 \frac{\partial^2 E_z}{\partial^2 t} = 0$$

が成り立つことを示せ．

(2) (1) の方程式の解の 1 つは正弦波

$$E_z(z,t) = A\sin(kz - \omega t + \phi)$$

と書き表すことができる．この正弦波の伝わる速さ $v = \dfrac{\omega}{k}$ を求めよ．

【解答】

(1) $\vec{E}$, $\vec{B}$ はともに z と t だけの関数なので，

$$\mathrm{rot}\,\vec{E} = \left(\frac{\partial E_z}{\partial y} - \frac{\partial E_y}{\partial z},\ \frac{\partial E_x}{\partial z} - \frac{\partial E_z}{\partial x},\ \frac{\partial E_y}{\partial x} - \frac{\partial E_x}{\partial y} \right)$$

$$= \left(-\frac{\partial E_y}{\partial z},\ \frac{\partial E_x}{\partial z},\ 0 \right)$$

となり，ファラデーの電磁誘導の法則より，

$$\begin{cases} -\dfrac{\partial E_y}{\partial z} = -\dfrac{\partial B_x}{\partial t} & \text{———①} \\[2mm] \dfrac{\partial E_x}{\partial z} = -\dfrac{\partial B_y}{\partial t} & \text{———②} \\[2mm] 0 = -\dfrac{\partial B_z}{\partial t} \end{cases}$$

となる．また，

$$\mathrm{rot}\,\vec{B} = \left(\frac{\partial B_z}{\partial y} - \frac{\partial B_y}{\partial z},\ \frac{\partial B_x}{\partial z} - \frac{\partial B_z}{\partial x},\ \frac{\partial B_y}{\partial x} - \frac{\partial B_x}{\partial y} \right)$$

$$= \left(-\frac{\partial B_y}{\partial z},\ \frac{\partial B_x}{\partial z},\ 0 \right)$$

となるので，アンペールの法則より，

$$\begin{cases} -\dfrac{\partial B_y}{\partial z} = \varepsilon_0\mu_0\dfrac{\partial E_x}{\partial t} & \text{————③} \\[3mm] \dfrac{\partial B_x}{\partial z} = \varepsilon_0\mu_0\dfrac{\partial E_y}{\partial t} & \text{————④} \\[3mm] 0 = -\dfrac{\partial E_z}{\partial t} \end{cases}$$

となる. ② の両辺を z で偏微分して,

$$\frac{\partial^2 E_x}{\partial z^2} = -\frac{\partial^2 B_y}{\partial t\partial z} \qquad\qquad\text{————⑤}$$

また, ③ の両辺を t で偏微分して,

$$-\frac{\partial^2 B_y}{\partial z\partial t} = \varepsilon_0\mu_0\frac{\partial^2 E_x}{\partial t^2} \qquad\qquad\text{————⑥}$$

よって, ⑤, ⑥ より B_y を消去すると,

$$\frac{\partial^2 E_x}{\partial^2 z} - \varepsilon_0\mu_0\frac{\partial^2 E_x}{\partial^2 t} = 0$$

$$\left(\begin{array}{l} \boxed{参考} \\[2mm] \text{②, ③ より, 同様にして } E_x \text{ を消去すると, } B_y \text{ についての微分方程式} \\[3mm] \qquad\qquad \dfrac{\partial^2 B_y}{\partial^2 z} - \varepsilon_0\mu_0\dfrac{\partial^2 B_y}{\partial^2 t} = 0 \\[3mm] \text{が得られる.} \end{array}\right)$$

(2)　E_x を z, t でそれぞれ 2 階偏微分 すると,

$$\frac{\partial E_x}{\partial z} = Ak\cos(kz-\omega t+\phi), \qquad \frac{\partial^2 E_x}{\partial z^2} = -Ak^2\sin(kz-\omega t+\phi)$$

$$\frac{\partial E_x}{\partial t} = -A\omega\cos(kz-\omega t+\phi), \qquad \frac{\partial^2 E_x}{\partial t^2} = -A\omega^2\sin(kz-\omega t+\phi)$$

となるので, 微分方程式に代入して

$$-Ak^2\sin(kz-\omega t+\phi) = \varepsilon_0\mu_0\left\{-A\omega^2\sin(kz-\omega t+\phi)\right\}$$

$$k^2 = \varepsilon_0\mu_0\omega^2$$

$$\therefore\ \frac{\omega}{k} = \frac{1}{\sqrt{\varepsilon_0\mu_0}}$$

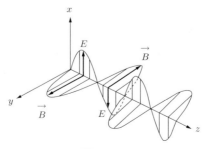

図 **9.4**

付録 A　微分方程式

A.1　微分方程式

■ 微分方程式とは

　未知の関数の導関数を含む方程式を微分方程式という．微分方程式を満足する関数を微分方程式の解といい，この解を求めることを微分方程式を解くという．微分方程式の中で，未知の関数の最も次数（階数）の高い導関数が n 階微分であるとき，この方程式を n 階微分方程式という．例えば，

$$\frac{d^2x}{dt^2} + P\frac{dx}{dt} + Qx = 0$$

などは，2 階微分方程式である．

■ 微分方程式の解

　1 次方程式の解の個数は 1 個，2 次方程式の解の個数は 2 個であったが，一般に微分方程式の解は無数にある．例えば，微分方程式

$$\frac{dx}{dt} = 2t \tag{①}$$

は，微分して $2t$ となる関数が解であるので，この方程式の解は $x(t) = t^2,\ t^2+1,\ t^2+2,\cdots$ となる．この微分方程式を解を全て表したものを一般解という．① の一般解は

$$x(t) = t^2 + C$$

と表される．ここで，C は任意定数である．

　一般に，n 階微分方程式では n 個の任意定数が含まれた解が一般解となる．また，任意定数に何かしらの値を代入すると，無数にある解の中から 1 つを求めることができる．この解を特解または特殊解という．一般解に含まれる任意定数は，初期条件などの条件が与えられれば，その条件を満足するように定めることができる．

■ 常微分方程式と偏微分方程式

　微分方程式の解は何かしらの関数となるが，この解である関数が 1 変数関数 $y = f(x)$ であり，$x,\ y$，および y の導関数 $y',\ y'',\ \cdots$ を含む方程式を常微分方程式という．一方，解である関数が $u = u(x,y)$，$u = u(x,y,z)$ などの多変数関数であり，これらの偏微分を含む方程式を偏微分方程式という．

A.2　1階微分方程式

■ 直接積分形

$$\frac{dx}{dt} = f(t)$$

両辺を t で積分して

$$\int dx = \int f(t)dt$$

$$x(t) = \int f(t)dt = F(t) + C$$

ここで，$F(t)$ は $f(t)$ の不定積分，C は任意定数である．

■ 変数分離形

$$\frac{dx}{dt} = f(t) \cdot g(x)$$

$g(x) \neq 0$ として，両辺を $g(x)$ で割ると，

$$\frac{1}{g(x)}\frac{dx}{dt} = f(t)$$

両辺を t で積分して，

$$\int \frac{1}{g(x)}dx = \int f(t)dt$$

$$\int \frac{1}{g(x)}dx = F(t) + C$$

左辺の計算をし，$x = x(t)$ とすることによって方程式の解が求まる．このような解を得る方法を変数分離法という．

■ 1階線形微分方程式

$$\frac{dx}{dt} + f(t)x = g(t)$$

この方程式の右辺 $g(t)$ が，

$$g(t) = 0 \text{ のとき，同次方程式}$$

$$g(t) \neq 0 \text{ のとき，非同次方程式}$$

という．

(1)　同次方程式の解

$$\frac{dx}{dt} + f(t)x = 0$$

変数分離法により解くことができる．$x(t) \neq 0$ として，両辺を $x(t)$ で割り t で積分すると，

$$\int \frac{1}{x}dx = -\int f(t)dt$$

$$\log x = -\int f(t)dt + C'$$

$$\therefore x(t) = Ce^{-\int f(t)dt}$$

ここで，C は任意定数であり，$C = e^{C'}$ とした．

(2)　非同次方程式の解

$$\frac{dx}{dt} + f(t)x = g(t)$$

同次方程式の解の C を t の関数 $C(t)$ に置きかえて，方程式の解を

$$x(t) = C(t)e^{-\int f(t)dt}$$

と仮定する．

> 同次方程式の任意定数 C が定数でなく t の関数 $C(t)$ とすれば，
>
> $$\frac{dx}{dt} = (C(t))'e^{-\int f(t)dt} + C(t)\left(e^{-\int f(t)dt}\right)'$$
>
> となるが，右辺の第 2 項は $-f(t)x$ となり，微分方程式の $f(t)x$ の項と打ち消しあう（下の計算を参照）．よって，第 1 項が $g(t)$ となるように $C(t)$ を決めることができれば，$x(t) = C(t)e^{-\int f(t)dt}$ が非同次方程式の解になりうると予想される．このように，定数を変数とみなして解を求める方法を定数変化法という．

このとき，

$$\begin{aligned}\frac{dx}{dt} &= \frac{dC(t)}{dt} \cdot e^{-\int f(t)dt} + C(t) \cdot \frac{d}{dt}\left(e^{-\int f(t)dt}\right) \\ &= \frac{dC(t)}{dt} \cdot e^{-\int f(t)dt} + C(t) \cdot e^{-\int f(t)dt} \cdot (-f(t)) \\ &= \frac{dC(t)}{dt} \cdot e^{-\int f(t)dt} - f(t)x\end{aligned}$$

となるので，微分方程式に代入して，

$$\left(\frac{dC(t)}{dt} \cdot e^{-\int f(t)dt} - f(t)x\right) + f(t)x = g(t)$$

$$\frac{dC(t)}{dt} \cdot e^{-\int f(t)dt} = g(t)$$

$$\frac{dC(t)}{dt} = g(t) \cdot e^{\int f(t)dt}$$

$$\therefore C(t) = \int g(t) \cdot e^{\int f(t)dt}dt + C$$

となる. 以上より, 非同次方程式の一般解は,

$$x(t) = \left(\int g(t) \cdot e^{\int f(t)dt} dt + C \right) \cdot e^{-\int f(t)dt} dt$$

となる. ここで,

$$x_1(t) = C \cdot e^{-\int f(t)dt}, \quad x_2(t) = \left(\int g(t) \cdot e^{\int f(t)dt} dt \right) \cdot e^{-\int f(t)dt}$$

とすれば, 非同次方程式の一般解は,

$$x(t) = x_1(t) + x_2(t)$$

と書き表すことができる. よって, 非同次方程式の一般解は, 同次方程式の一般解 $x_1(t)$ と非同次方程式の特解 $x_2(t)$ の和となることがわかる. 一般に, 高階の微分方程式の場合でも, 非同次方程式の一般解は,

$$（同次方程式の一般解）＋（非同次方程式の特解）$$

となる. また, $t \to \infty$ のとき, しばしば $x_1(t) \to 0$ となり, $x(t) \to x_2(t)$ となる. よって, このような場合, 非同次方程式の十分に時間が経過した後の解を考えたいときなどは, 特解だけを考えればよい. さらに, $g(t)$ が $\sin \omega t$ や $\cos \omega t$ などで表される周期的な関数である場合は, 非同次方程式の特解を

$$x_2(t) = C_1 \sin \omega t + C_2 \cos \omega t$$

として求めることができる. ここで, C_1, C_2 は任意定数である.

例題 A. 1

抵抗値 R の抵抗, 自己インダクタンス L のコイル, 起電力 $V(t)$ の電源, スイッチ S を接続して図 A.1(a) のような回路をつくる. スイッチ S を閉じた後の回路に流れる電流を図の向きに $I(t)$ とすると, キルヒホッフの第 2 法則は,

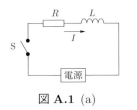

図 **A.1** (a)

$$L\frac{dI}{dt} + RI = V(t)$$

となる.

(1) この微分方程式の同次方程式の一般解を求めよ.

(2) 定数変化法により, 非同次方程式の一般解を求めよ.

(3) 電源の起電力が $V(t) = V_0$ であるときの回路に流れる電流 $I(t)$ を求めよ. ただし, 初期条件 $I(0) = 0$ とする.

【解答】

(1)　同次方程式は $L\dfrac{dI}{dt} + RI = 0$ となるので，両辺を LI で割り t で積分すると，

$$\int \frac{1}{I}dI = \int \left(-\frac{R}{L}\right)dt$$

$$\log|I| = -\frac{R}{L}t + C'$$

$$\therefore\ I(t) = Ce^{-\frac{R}{L}t}$$

(2)　$I(t) = C(t)e^{-\frac{R}{L}t}$ とする．このとき，

$$
\begin{aligned}
\frac{dI}{dt} &= \frac{dC(t)}{dt} \cdot e^{-\frac{R}{L}t} + C(t) \cdot \left(-\frac{R}{L}e^{-\frac{R}{L}t}\right) \\
&= \frac{dC(t)}{dt} \cdot e^{-\frac{R}{L}t} - \frac{R}{L} \cdot C(t)e^{-\frac{R}{L}t}
\end{aligned}
$$

となり，方程式に代入して，

$$L\left(\frac{dC(t)}{dt} \cdot e^{-\frac{R}{L}t} - \frac{R}{L} \cdot C(t)e^{-\frac{R}{L}t}\right) + R \cdot C(t)e^{-\frac{R}{L}t} = V(t)$$

$$\therefore\ \frac{dC(t)}{dt} = \frac{V}{L}e^{\frac{R}{L}t}$$

よって，両辺を t で積分して，

$$C(t) = \frac{V}{L} \cdot \frac{L}{R}e^{\frac{R}{L}t} + C = \frac{V}{R}e^{\frac{R}{L}t} + C$$

以上より，非同次方程式の一般解は，

$$I(t) = \left(\frac{V}{R}e^{\frac{R}{L}t} + C\right)e^{-\frac{R}{L}t} = \frac{V(t)}{R} + Ce^{-\frac{R}{L}t}$$

(3)　$I(0) = 0$ より，$C = -\dfrac{V_0}{R}$ と定まる．よって，

$$I(t) = \frac{V_0}{R}\left(1 - e^{-\frac{R}{L}t}\right)$$

グラフは図 A.1(b) のようになる．

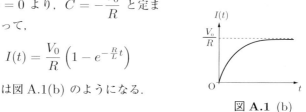

図 **A.1** (b)

A.3　2 階微分方程式

■ 2 階線形微分方程式

$$\frac{d^2x}{dt^2} + P(t)\frac{dx}{dt} + Q(t)x = R(t)$$

この方程式の右辺 $R(t)$ が，

$$R(t) = 0 \text{ のとき,} \quad \text{同次方程式}$$

$$R(t) \neq 0 \text{ のとき,} \quad \text{非同次方程式}$$

という.

(1) 同次方程式の解

$$\frac{d^2 x}{dt^2} + P(t)\frac{dx}{dt} + Q(t)x = 0$$

$x_1(t)$ と $x_2(t)$ が微分方程式の 1 次独立な解であるとき,一般解は

$$x(t) = C_1 x_1(t) + C_2 x_2(t)$$

となる.

$$\begin{pmatrix} \quad (1 \text{ 次独立と } 1 \text{ 次従属)} \\ \text{恒等式 } C_1 x_1(t) + C_2 x_2(t) \equiv 0 \text{ が} \\ \text{(i) } C_1 = C_2 = 0 \text{ のときのみ成り立つとき,} x_1(t) \text{ と } x_2(t) \text{ を } 1 \text{ 次独立という.} \\ \text{(ii) } C_1, C_2 \text{ のうち少なくとも } 1 \text{ つが } 0 \text{ でなくても成り立つとき,} x_1(t) \text{ と } x_2(t) \text{ を } 1 \text{ 次} \\ \quad \text{従属という.} \end{pmatrix}$$

(2) 非同次方程式の解

$$\frac{d^2 x}{dt^2} + P(t)\frac{dx}{dt} + Q(t)x = R(t)$$

この微分方程式の特解が $x_0(t)$ と 1 つ求まったとき,一般解は,同時方程式の一般解と非同次方程式の特解の和

$$x(t) = (C_1 x_t(t) + C_2 x_2(t)) + x_0(t)$$

となる.

■ 単振動形

$$\frac{d^2 x}{dt^2} = -\omega^2 x$$

$x_1(t) = \sin \omega t$ と $x_2(t) = \cos \omega t$ は明らかにこの微分方程式の解となる.また,$x_1(t)$ と $x_2(t)$ は 1 次独立であるので,この微分方程式の一般解は

$$x(t) = C_1 \sin \omega t + C_2 \cos \omega t$$

または

$$x(t) = A \sin(\omega t + \phi)$$

となる.任意定数 C_1, C_2 (または,A, ϕ) は初期条件などより定めることができる.

■ 定数係数 2 階線形同次微分方程式

$$\frac{d^2x}{dt^2} + p\frac{dx}{dt} + qx = 0$$

この微分方程式の解を $x(t) = e^{\lambda t}$ とおく．微分方程式に代入して，

$$(\lambda^2 + p\lambda + q)e^{\lambda t} = 0$$

$$\therefore \ \lambda^2 + p\lambda + q = 0$$

この方程式を特性方程式という．特性方程式の解によって，微分方程式の一般解 $x(t)$ は次のそれぞれのようになる．

(1)　$\lambda^2 + p\lambda + q = 0$ が相異なる 2 つの実数解 λ_1，λ_2 を持つとき

$$x(t) = C_1 e^{\lambda_1 t} + C_2 e^{\lambda_2 t}$$

(2)　$\lambda^2 + p\lambda + q = 0$ が共役複素解 $\lambda_1 = \alpha + i\beta$，$\lambda_2 = \alpha - i\beta$ を持つとき

$$x(t) = e^{\alpha t}(C_1 \sin \beta t + C_2 \cos \beta t)$$

(3)　$\lambda^2 + p\lambda + q = 0$ が重解 λ_1 を持つとき

$$x(t) = (C_1 + C_2 t)e^{\lambda_1 t}$$

■ 定数係数 2 階線形非同次微分方程式

$$\frac{d^2x}{dt^2} + p\frac{dx}{dt} + qx = r(t)$$

非同次方程式の特解が $x_0(t)$ と 1 つ求まったとき，一般解は同次方程式の一般解 $x_1(t)$ と非同次方程式の特解 $x_0(t)$ の和

$$x(t) = x_1(t) + x_0(t)$$

となる．また，$r(t)$ が $\sin \omega t$ や $\cos \omega t$ などで表される周期的な関数である場合は，1 階微分方程式のときと同様に，非同次方程式の特解を

$$x_0(t) = C_1 \sin \omega t + C_2 \cos \omega t$$

として求めることができる．

例題 A. 2

次の微分方程式の一般解を求めよ.

(1) $\dfrac{d^2x}{dt^2} + \dfrac{dx}{dt} - 2x = 0$　　　　　　(2) $\dfrac{d^2x}{dt^2} + 4\dfrac{dx}{dt} + 13x = 0$

(3) $\dfrac{d^2x}{dt^2} + 4\dfrac{dx}{dt} + 4x = 0$

【解答】

(1) 特性方程式 $\lambda^2 + \lambda - 2 = 0$ は, $\lambda = -2, 1$ を解にもつので,

$$x(t) = C_1 e^{-2t} + C_2 e^t$$

(2) 特性方程式 $\lambda^2 + 4\lambda + 13 = 0$ は, $\lambda = -2 \pm 3i$ を解にもつので,

$$x(t) = e^{-2t}\left(C_1 \sin 3t + C_2 \cos 3t\right)$$

(3) 特性方程式 $\lambda^2 + 4\lambda + 4 = 0$ は, $\lambda = -2$ （重解）を解にもつので,

$$x(t) = e^{-2t}\left(C_1 + C_2 t\right)$$

例題 A. 3

微分方程式

$$\frac{d^2x}{dt^2} + 2\gamma\frac{dx}{dt} + \omega^2 x = f\sin\Omega t$$

の特解を $x_0(t) = A\sin\Omega t + B\cos\Omega t$ として, A, B を求めよ.

【解答】

$$\frac{dx_0}{dt} = A\Omega\cos\Omega t - B\Omega\sin\Omega t, \qquad \frac{d^2x_0}{dt^2} = -A\Omega^2\sin\Omega t - B\Omega^2\cos\Omega t$$

となるので, これらを方程式に代入して, $\sin\Omega t$, $\cos\Omega t$ について整理すると,

$$\left\{(\omega^2 - \Omega^2)A - 2\gamma\Omega B - f\right\}\sin\Omega t$$
$$+ \left\{2\gamma\Omega A + (\omega^2 - \Omega^2)B\right\}\cos\Omega t = 0$$

となる. よって,

$$\begin{cases} (\omega^2 - \Omega^2)A - 2\gamma\Omega B - f = 0 & \text{————①} \\ 2\gamma\Omega A + (\omega^2 - \Omega^2)B = 0 & \text{————②} \end{cases}$$

①, ② を連立させて

$$A = \frac{\omega^2 - \Omega^2}{(\omega^2 - \Omega^2)^2 - 2\gamma\Omega}, \qquad B = -\frac{2\gamma\Omega}{(\omega^2 - \Omega^2)^2 - 2\gamma\Omega}$$

例題 A. 4

抵抗値 R の抵抗，自己インダクタンス L のコイル，電気容量 C のコンデンサー，スイッチ S を用いて図 A.2 のような回路をつくった．はじめコンデンサーには $+q, -q$ の電荷が蓄えられていたとする．スイッチ S を閉じたとき，この回路に電流が流れた．スイッチ S を閉じたときを $t = 0$ とし，コンデンサーに蓄えられている電荷が q である瞬間（この瞬間の時刻を t とする）の回路に流れる電流を $I(t)$ とすると，キルヒホッフの第 2 法則は，

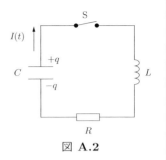

図 **A.2**

$$\frac{q}{C} - L\frac{dI}{dt} - RI = 0 \qquad\text{————①}$$

と書き表すことができる．また，電流 I とコンデンサーに蓄えられている電荷 q の間には

$$I = -\frac{dq}{dt} \qquad\text{————②}$$

の関係が成り立つ．

(1) 電流 I に関する 2 階微分方程式を導け．

(2) (1) の微分方程式を解くことにより，回路に流れる電流 $I(t)$ を求めよ．

【解答】

(1) ① 式の両辺を t で微分して ② を代入すると

$$-\frac{1}{C}I = L\frac{d^2I}{dt^2} + R\frac{dI}{dt}$$

$$\therefore \frac{d^2I}{dt^2} + \frac{R}{L}\cdot\frac{dI}{dt} + \frac{1}{LC}I = 0 \qquad\text{————③}$$

(2) ③ は定数係数 2 階微分方程式である．この微分方程式の特性方程式は，

$$\lambda^2 + \frac{R}{L}\lambda + \frac{1}{LC} = 0$$

となるので，

$$\lambda = \frac{-\dfrac{R}{L} \pm \sqrt{\left(\dfrac{R}{L}\right)^2 - \dfrac{4}{LC}}}{2} = \frac{1}{2L}\left\{-R \pm \sqrt{R^2 - \frac{4L}{C}}\right\}$$

となる．

(i) $R^2 > \dfrac{4L}{C}$，つまり $R > 2\sqrt{\dfrac{L}{C}}$ のとき

このとき，特性方程式の 2 解はともに実数で，

$$\lambda_1 = \frac{1}{2L}\left\{-R - \sqrt{R^2 - \frac{4L}{C}}\right\},\ \lambda_2 = \frac{1}{2L}\left\{-R + \sqrt{R^2 - \frac{4L}{C}}\right\}$$

となる．よって，一般解 $I(t)$ は，

$$I(t) = C_1 e^{\lambda_1 t} + C_2 e^{\lambda_2 t}$$

となる．ここで，$\lambda_1 < 0,\ \lambda_2 < 0$ なので，$t \to \infty$ のとき，$I(t) \to 0$ となる．

(ii) $R^2 = \dfrac{4L}{C}$，つまり $R = 2\sqrt{\dfrac{L}{C}}$ のとき

このとき，特性方程式の解は重解となり，

$$\lambda = -\frac{R}{2L}$$

となる．よって，一般解 $I(t)$ は，

$$I(t) = (C_1 + C_2 t)e^{\lambda t}$$

となる．ここで，$\lambda < 0$ なので，この場合も $t \to \infty$ のとき，$I(t) \to 0$ となる．

(iii) $R^2 < \dfrac{4L}{C}$，つまり $R < 2\sqrt{\dfrac{L}{C}}$ のとき

このとき，特性方程式の解は，

$$\lambda = \frac{1}{2L}\left\{-R \pm \sqrt{R^2 - \frac{4L}{C}}\,i\right\}$$

となる．よって，$\alpha = -\dfrac{R}{2L}$，$\beta = \dfrac{1}{2L}\sqrt{R^2 - \dfrac{4L}{C}}$ とすると，一般解 $I(t)$ は，

$$I(t) = e^{\alpha t}(C_1 \sin \beta t + C_2 \cos \beta t)$$

となる．ここで，$\alpha < 0$ なので，この場合も (i)，(ii) の場合と同様に $t \to \infty$ のとき，$I(t) \to 0$ となる．

付録 B　ベクトル解析—ベクトルの微分—

B.1　スカラー場とベクトル場

ある空間（もしくは空間の領域）において，各点で何かしらの量 X が位置の関数として表されるとき，その空間（もしくは空間の領域）を X の場という．ここで，位置 (x, y, z) の関数としてスカラー関数 $\varphi(x, y, z)$ が与えられているとき，φ をスカラー場といい，ベクトル関数 $\vec{A}(x, y, z)$ が与えられているとき，$\vec{A}$ をベクトル場という．

B.2　∇（ナブラ）（ベクトル微分演算子）

偏微分 $\dfrac{\partial}{\partial x}$, $\dfrac{\partial}{\partial y}$, $\dfrac{\partial}{\partial z}$ をそれぞれ x, y, z 成分とするベクトル

$$\nabla = \left(\frac{\partial}{\partial x}, \frac{\partial}{\partial y}, \frac{\partial}{\partial z} \right) = \frac{\partial}{\partial x} \vec{i} + \frac{\partial}{\partial y} \vec{j} + \frac{\partial}{\partial z} \vec{k}$$

をナブラという．

B.3　$\mathrm{grad}\, \varphi = \nabla \varphi$（スカラー場の勾配）

スカラー場 $\varphi(x, y, z)$ にナブラ演算子 ∇ を作用させたものを $\mathrm{grad}\, \varphi$（グラディエント φ）と書き，φ の勾配という．

$$\mathrm{grad}\, \varphi = \nabla \varphi = \left(\frac{\partial \varphi}{\partial x}, \frac{\partial \varphi}{\partial y}, \frac{\partial \varphi}{\partial z} \right) = \frac{\partial \varphi}{\partial x} \vec{i} + \frac{\partial \varphi}{\partial y} \vec{j} + \frac{\partial \varphi}{\partial z} \vec{k}$$

なお，$\mathrm{grad}\, \varphi$ はベクトルであるので，向きと大きさを持つ．

B.4　$\mathrm{div} \vec{A} = \nabla \cdot \vec{A}$（ベクトル場の発散）

ベクトル場 $\vec{A} = (A_x, A_y, A_z)$ に対して，ナブラ演算子 ∇ と $\vec{A}$ の内積を $\mathrm{div} \vec{A}$（ダイバージェンス $\vec{A}$）と書き，$\vec{A}$ の発散という．

$$\mathrm{div} \vec{A} = \left(\frac{\partial}{\partial x}, \frac{\partial}{\partial y}, \frac{\partial}{\partial z} \right) \cdot (A_x, A_y, A_z)$$
$$= \frac{\partial A_x}{\partial x} + \frac{\partial A_y}{\partial y} + \frac{\partial A_z}{\partial z}$$

なお，$\mathrm{div} \vec{A}$ はスカラーであるので，向きはなく大きさだけを持つ．

B.5 $\mathrm{rot}\vec{A} = \nabla \times \vec{A}$ （ベクトル場の回転）

ベクトル場 $\vec{A} = (A_x, A_y, A_z)$ に対して，ナブラ演算子 ∇ と $\vec{A}$ の外積を $\mathrm{rot}\vec{A}$（ローテーション $\vec{A}$）と書き，$\vec{A}$ の回転という．

$$
\begin{aligned}
\mathrm{rot}\vec{A} &= \left(\frac{\partial}{\partial x}, \frac{\partial}{\partial y}, \frac{\partial}{\partial z}\right) \times (A_x, A_y, A_z) \\
&= \left(\frac{\partial A_z}{\partial y} - \frac{\partial A_y}{\partial z}, \frac{\partial A_x}{\partial z} - \frac{\partial A_z}{\partial x}, \frac{\partial A_y}{\partial x} - \frac{\partial A_x}{\partial y}\right) \\
&= \left(\frac{\partial A_z}{\partial y} - \frac{\partial A_y}{\partial z}\right)\vec{i} + \left(\frac{\partial A_x}{\partial z} - \frac{\partial A_z}{\partial x}\right)\vec{j} + \left(\frac{\partial A_y}{\partial x} - \frac{\partial A_x}{\partial y}\right)\vec{k}
\end{aligned}
$$

$\mathrm{rot}\vec{A}$ はベクトルであるので，向きと大きさを持つ．

B.6 Δ （ラプラシアン）

ナブラ演算子を 2 回くり返して得られる演算子

$$
\Delta = \nabla^2 = \frac{\partial^2}{\partial x^2} + \frac{\partial^2}{\partial y^2} + \frac{\partial^2}{\partial z^2}
$$

をラプラスの演算子またはラプラシアンという．つまり，スカラー関数 $\varphi(x, y, z)$ とベクトル関数 $\vec{A} = (A_x, A_y, A_z) = A_x\vec{i} + A_y\vec{j} + A_z\vec{k}$ に対する演算は次のようになる．

$$
\begin{aligned}
\Delta\varphi &= \nabla^2\varphi \\
&= \frac{\partial^2\varphi}{\partial x^2} + \frac{\partial^2\varphi}{\partial y^2} + \frac{\partial^2\varphi}{\partial z^2} \\
\Delta\vec{A} &= \nabla^2\vec{A} \\
&= \left(\frac{\partial^2 A_x}{\partial x^2} + \frac{\partial^2 A_x}{\partial y^2} + \frac{\partial^2 A_x}{\partial z^2}\right)\vec{i} + \left(\frac{\partial^2 A_y}{\partial x^2} + \frac{\partial^2 A_y}{\partial y^2} + \frac{\partial^2 A_y}{\partial z^2}\right)\vec{j} \\
&\quad + \left(\frac{\partial^2 A_z}{\partial x^2} + \frac{\partial^2 A_z}{\partial y^2} + \frac{\partial^2 A_z}{\partial z^2}\right)\vec{k}
\end{aligned}
$$

例題 B. 1

次のそれぞれの等式が成り立つことを証明せよ．

(1) $\nabla \times (\nabla f) = 0$

(2) $\nabla \cdot (\nabla \times \vec{A}) = 0$

(3) $\nabla \times (\nabla \times \vec{A}) = \nabla(\nabla \cdot \vec{A}) - \nabla^2\vec{A}$

【解答】

(1)　$\nabla f = \dfrac{\partial f}{\partial x}\vec{i} + \dfrac{\partial f}{\partial y}\vec{j} + \dfrac{\partial f}{\partial z}\vec{k}$ なので,

$$
\begin{aligned}
(左辺) &= \nabla \times (\nabla f)\\
&= \left(\frac{\partial}{\partial x}\vec{i} + \frac{\partial}{\partial y}\vec{j} + \frac{\partial}{\partial z}\vec{k}\right) \times \left(\frac{\partial f}{\partial x}\vec{i} + \frac{\partial f}{\partial y}\vec{j} + \frac{\partial f}{\partial z}\vec{k}\right)\\
&= \left(\frac{\partial^2 f}{\partial y \partial z} - \frac{\partial^2 f}{\partial z \partial y}\right)\vec{i} + \left(\frac{\partial^2 f}{\partial z \partial x} - \frac{\partial^2 f}{\partial x \partial z}\right)\vec{j}\\
&\qquad\qquad\qquad + \left(\frac{\partial^2 f}{\partial x \partial y} - \frac{\partial^2 f}{\partial y \partial x}\right)\vec{k}\\
&= \vec{0}
\end{aligned}
$$

(2)　
$$
\begin{aligned}
(左辺) &= \nabla \cdot (\nabla \times \vec{A})\\
&= \left(\frac{\partial}{\partial x}\vec{i} + \frac{\partial}{\partial y}\vec{j} + \frac{\partial}{\partial z}\vec{k}\right) \cdot \left\{\left(\frac{\partial A_z}{\partial y} - \frac{\partial A_y}{\partial z}\right)\vec{i}\right.\\
&\qquad \left. + \left(\frac{\partial A_x}{\partial z} - \frac{\partial A_z}{\partial x}\right)\vec{j} + \left(\frac{\partial A_y}{\partial x} - \frac{\partial A_x}{\partial y}\right)\vec{k}\right\}\\
&= \frac{\partial}{\partial x}\left(\frac{\partial A_z}{\partial y} - \frac{\partial A_y}{\partial z}\right) + \frac{\partial}{\partial y}\left(\frac{\partial A_x}{\partial z} - \frac{\partial A_z}{\partial x}\right)\\
&\qquad\qquad\qquad + \frac{\partial}{\partial z}\left(\frac{\partial A_y}{\partial x} - \frac{\partial A_x}{\partial y}\right)\\
&= 0
\end{aligned}
$$

(3)　
$$
\nabla \times \vec{A} = \left(\frac{\partial A_z}{\partial y} - \frac{\partial A_y}{\partial z}\right)\vec{i} + \left(\frac{\partial A_x}{\partial z} - \frac{\partial A_z}{\partial x}\right)\vec{j}
$$
$$
+ \left(\frac{\partial A_y}{\partial x} - \frac{\partial A_x}{\partial y}\right)\vec{k},
$$
$$
\nabla \cdot \vec{A} = \frac{\partial A_x}{\partial x} + \frac{\partial A_y}{\partial y} + \frac{\partial A_z}{\partial z}.
$$

ここで, 両辺の x 成分だけを考えると,

$$
\begin{aligned}
(左辺の\ x\ 成分) &= \frac{\partial}{\partial y}\left(\frac{\partial A_y}{\partial x} - \frac{\partial A_x}{\partial y}\right) - \frac{\partial}{\partial z}\left(\frac{\partial A_x}{\partial z} - \frac{\partial A_z}{\partial x}\right)\\
&= \frac{\partial^2 A_y}{\partial y \partial x} - \frac{\partial^2 A_x}{\partial^2 y} - \frac{\partial^2 A_x}{\partial^2 z} + \frac{\partial^2 A_z}{\partial z \partial x}\\
(右辺の\ x\ 成分) &= \frac{\partial}{\partial x}\left(\frac{\partial A_x}{\partial x} + \frac{\partial A_y}{\partial y} + \frac{\partial A_z}{\partial z}\right)\\
&\qquad\qquad - \left(\frac{\partial^2 A_x}{\partial x^2} + \frac{\partial^2 A_x}{\partial y^2} + \frac{\partial^2 A_x}{\partial z^2}\right)\\
&= \frac{\partial^2 A_y}{\partial x \partial y} + \frac{\partial^2 A_z}{\partial x \partial z} - \frac{\partial^2 A_x}{\partial y^2} - \frac{\partial^2 A_x}{\partial z^2}
\end{aligned}
$$

$\therefore (左辺の\ x\ 成分) = (右辺の\ x\ 成分)$

y 成分, z 成分も同様にして示すことができる

例題 B. 2

電荷も電流も存在しない真空中では，電場 $\vec{E}$ と磁場 $\vec{B}$ に関して次の
マクスウェルの方程式が成り立つ（例題 C.1 参照）．

(i) $\nabla \cdot \vec{E} = 0$　　(ii) $\nabla \cdot \vec{B} = 0$　　(iii) $\nabla \times \vec{E} = -\dfrac{\partial \vec{B}}{\partial t}$

(iv) $\nabla \times \vec{B} = \dfrac{1}{c^2}\dfrac{\partial \vec{E}}{\partial t}$

このとき，

$$\frac{\partial^2 \vec{E}}{\partial t^2} = c^2 \nabla^2 \vec{E}$$

が成り立つことを示せ．必要であれば $\nabla \times (\nabla \times \vec{A}) = \nabla(\nabla \cdot \vec{A}) - \nabla^2 \vec{A}$
を用いよ．

【解答】 (iii) の両辺に回転（∇ の外積）をとると，

$$\nabla \times \left(\nabla \times \vec{E}\right) = -\nabla \times \frac{\partial \vec{B}}{\partial t} = -\frac{\partial (\nabla \times \vec{B})}{\partial t}$$

ここで，

$$（左辺）= \nabla \times \left(\nabla \times \vec{E}\right) = \nabla(\nabla \cdot \vec{E}) - \nabla^2 \vec{E} = -\nabla^2 \vec{E} \quad (\because (\mathrm{i}))$$

$$（右辺）= -\frac{\partial (\nabla \times \vec{B})}{\partial t} = -\frac{1}{c^2}\frac{\partial^2 \vec{E}}{\partial t^2} \quad (\because (\mathrm{iv}))$$

よって，$\dfrac{\partial^2 \vec{E}}{\partial t^2} = c^2 \nabla^2 \vec{E}$ となる．同様にして，磁場 $\vec{B}$ に関して，
$\dfrac{\partial^2 \vec{B}}{\partial t^2} = c^2 \nabla^2 \vec{B}$ が成り立つことを示すこともできる．

付録 C　ベクトル解析—ベクトルの積分—

C.1　線積分

■ スカラー場の線積分

スカラー場内の 2 点 A, B と曲線 C を考える．曲線上の各点でスカラー関数がパラメーター s の関数として $\varphi(s)$ と与えられているとする．このとき，点 A から B までの曲線 C に沿っての積分

$$\int_A^B \varphi(s)ds$$

を $\varphi(s)$ の曲線 C に沿った線積分という．積分区間は経路を C として $\int_C \varphi(s)ds$ と書き表すこともある．また，経路 C が閉曲線である場合は，$\oint_C \varphi(s)ds$ と表すこともある．

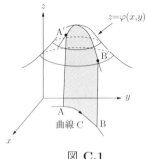

図 C.1

■ ベクトル場の線積分

図 C.2 のように，ベクトル場 $\vec{A}$ 内の 2 点 A, B と曲線 C を考える．曲線 C 上のある点 P での接線方向の単位ベクトルを $\vec{t}$ とすると，$\vec{A}$ の接線方向の成分は $\vec{A} \cdot \vec{t}$ となる．この $\vec{A}$ の方向成分の点 A から B までの曲線 C に沿って積分した（足し合わせた）

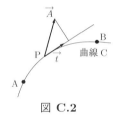

図 C.2

$$\int_A^B \vec{A} \cdot \vec{t}\,ds \quad \text{または} \int_C \vec{A} \cdot \vec{t}\,ds$$

を $\vec{A}$ の曲線 C に沿っての線積分という．また，$\vec{t}\,ds$ を $d\vec{s}$ として，

$$\int_A^B \vec{A} \cdot d\vec{s} \quad \text{または} \int_C \vec{A} \cdot d\vec{s}$$

と書き表すこともある．この $d\vec{s}$ を線要素ベクトルという．スカラー場の線積分のときと同様に，経路 C が閉曲線である場合は，$\oint_C \vec{A} \cdot \vec{t}\,ds$ または $\oint_C \vec{A} \cdot d\vec{s}$ と表すこともある．

また，2 次元の場合は，$d\vec{s} = (dx, dy)$ として，

$$\int_A^B (A_x dx + A_y dy)$$

3 次元の場合は，$d\vec{s} = (dx, dy, dz)$ として，

$$\int_A^B (A_x dx + A_y dy + A_z dz)$$

となる．

C.2 面積分

■ スカラー場の面積分

スカラー場内のある曲面とその上の領域 S を考える．領域 S 内の各点でスカラー関数 $\varphi(x,y,z)$ が与えられているとき，

$$\iint_S \varphi(x,y,z)dS$$

を領域 S 上での $\varphi(x,y,z)$ の面積分という．曲面（領域）S が閉曲面であるときは，

$$\oint_S \varphi(x,y,z)dS$$

と表すこともある．

■ ベクトル場の面積分

図 E.3 のように，ベクトル場 $\vec{A} = (A_x, A_y, A_z)$ 内の曲面とその上の領域 S，さらに，領域 S 内の点 P と点 P を含む微小領域（面）dS を考える．ここで，点 P での面 dS の単位法線ベクトルを $\vec{n}$ とすると，点 P での $\vec{A}$ の法線方向の成分（面 dS に対して垂直方向の成分）は $\vec{A} \cdot \vec{n}$ となる．この法線方向の成分を領域 S 全体において積分した（足し合わせた）

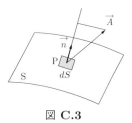

図 **C.3**

$$\iint_S \vec{A} \cdot \vec{n}\,dS$$

を $\vec{A}$ の曲面（領域）S 上での面積分という．また，$\vec{n}dS$ を $d\vec{S}$ として，

$$\iint_S \vec{A} \cdot d\vec{S}$$

と書き表すこともある．さらに，スカラー場の面積分のときと同様に，曲面（領域）S が閉曲面であるときは，

$$\oint_S \vec{A} \cdot \vec{n}\,dS \quad \text{または} \quad \oint_S \vec{A} \cdot d\vec{S}$$

と表すこともある．

C.3　ガウスの発散定理

閉曲面 S で囲まれた空間の領域を V とする．このとき，ベクトル関数 $\vec{A}(x,y,z)$ に対して，

$$\oint_S \vec{A} \cdot d\vec{S} = \iiint_V \operatorname{div}\vec{A}\, dV$$

が成り立つ．ここで，$d\vec{S} = \vec{n}\, dS$，$\vec{n}$ は S の内部から外部に向かう法線ベクトルを示す．これはガウスの発散定理と呼ばれ，面積分と体積積分との変換を表す．

C.4　ストークスの定理

閉曲線 C を周とする曲面を S とする．このとき，ベクトル関数 $\vec{A}(x,y,z)$ に対して，

$$\oint_C \vec{A} \cdot d\vec{s} = \iint_S \operatorname{rot}\vec{A} \cdot d\vec{S}$$

が成り立つ．ここで，$d\vec{S} = \vec{n}\, dS$，$\vec{n}$ は面 dS に垂直で $d\vec{s}$ の方向に右ねじを回したときのそのねじが進む向きの単位ベクトルを示す．これはストークスの定理と呼ばれ，線積分と面積分の変換を表す．

例題 C. 1

　電場と磁場に関する法則は，次の 4 つの法則にまとめられる．

(1)　電場に関するガウスの法則

$$\int_S \vec{E} \cdot d\vec{S} = \frac{Q}{\varepsilon_0} \;\rightarrow\; \operatorname{div}\vec{E} = \frac{\rho}{\varepsilon_0} \quad (\rho は体積電荷密度)$$

(2)　磁場に関するガウスの法則

$$\int_S \vec{B} \cdot d\vec{S} = 0 \;\rightarrow\; \operatorname{div}\vec{B} = 0$$

(3)　ファラデーの電磁誘導の法則磁場に関するガウスの法則

$$\int_C \vec{E} \cdot d\vec{s} = -\int_S \frac{\partial\vec{B}}{\partial t} \cdot d\vec{S} \;\rightarrow\; \operatorname{rot}\vec{E} = -\frac{\partial\vec{B}}{\partial t}$$

(4)　アンペール・マクスウェルの法則

$$\int_C \vec{B} \cdot d\vec{s} = \mu_0 \left(\vec{i} + \varepsilon\frac{\partial\vec{E}}{\partial t}\right) \cdot d\vec{S}$$

$$\rightarrow\; \operatorname{rot}\vec{B} = \mu_0 \left(\vec{i} + \varepsilon\frac{\partial\vec{E}}{\partial t}\right)$$

これらをマクスウェルの方程式という．それぞれの積分形から微分形が成り立つことを示せ．

【解答】

(1) ガウスの定理より

$$(左辺) = \int_{\mathrm{S}} \overrightarrow{E} \cdot d\overrightarrow{S} = \int_{\mathrm{V}} \mathrm{div}\,\overrightarrow{E}\, dV$$

また，電荷密度を ρ とすると

$$(右辺) = \frac{Q}{\varepsilon_0} = \frac{1}{\varepsilon_0} \int_{\mathrm{V}} \rho dV = \int_{\mathrm{V}} \frac{\rho}{\varepsilon_0} dV$$

よって，

$$\int_{\mathrm{V}} \mathrm{div}\,\overrightarrow{E}\, dV = \int_{\mathrm{V}} \frac{\rho}{\varepsilon_0} dV$$

$$\therefore \ \mathrm{div}\,\overrightarrow{E} = \frac{\rho}{\varepsilon_0}$$

(2) ガウスの定理より

$$(左辺) = \int_{\mathrm{S}} \overrightarrow{B} \cdot d\overrightarrow{S} = \int_{\mathrm{V}} \mathrm{div}\,\overrightarrow{B}\, dV$$

よって，

$$\int_{\mathrm{V}} \mathrm{div}\,\overrightarrow{B}\, dV = 0$$

$$\therefore \ \mathrm{div}\,\overrightarrow{B} = 0$$

(3) ストークスの定理より

$$(左辺) = \int_{\mathrm{C}} \overrightarrow{E} \cdot d\vec{s} = \int_{\mathrm{S}} \mathrm{rot}\,\overrightarrow{E} \cdot d\overrightarrow{S}$$

よって，

$$\int_{\mathrm{S}} \mathrm{rot}\,\overrightarrow{E} \cdot d\overrightarrow{S} = \int_{\mathrm{S}} \left(-\frac{\partial \overrightarrow{B}}{\partial t} \right) \cdot d\overrightarrow{S}$$

$$\therefore \ \mathrm{rot}\,\overrightarrow{E} = -\frac{\partial \overrightarrow{B}}{\partial t}$$

(4) ストークスの定理より

$$(左辺) = \int_{\mathrm{C}} \overrightarrow{B} \cdot d\vec{s} = \int_{\mathrm{S}} \mathrm{rot}\,\overrightarrow{B} \cdot d\overrightarrow{S}$$

よって，

$$\int_{\mathrm{S}} \mathrm{rot}\,\overrightarrow{B} \cdot d\overrightarrow{S} = \int_{\mathrm{S}} \mu_0 \left(\overrightarrow{i} + \varepsilon_0 \frac{\partial \overrightarrow{E}}{\partial t} \right) \cdot d\overrightarrow{S}$$

$$\therefore \ \mathrm{rot}\,\overrightarrow{B} = \mu_0 \left(\overrightarrow{i} + \varepsilon_0 \frac{\partial \overrightarrow{B}}{\partial t} \right)$$

演習問題の解答

第1章

1.1 (1) こすった後の毛皮に生じた電荷を Q とする.電荷が移動する前と後での,エボナイト棒および毛皮の総電気量は変化しないので,

$$-3.2 \times 10^{-6} + Q = 0$$

$$\therefore \ Q = 3.2 \times 10^{-6}$$

よって,生じた電荷は正で,その大きさは 3.2×10^{-6} C

(2) 電子1個の移動で,エボナイト棒および毛皮の電気量はそれぞれ 1.6×10^{-19} C だけ変化するので,移動した電子の個数は,

$$\frac{3.2 \times 10^{-6}}{1.6 \times 10^{-19}} = 2.0 \times 10^{-6-(-19)}$$

$$= 2.0 \times 10^{13} \text{個}$$

1.2 (1) 両球の電荷は異符号なので,両球の間にはたらく静電気力の向きは引力.また,静電気力の大きさを F_1 とすると,

$$\begin{aligned} F_1 &= 9.0 \times 10^9 \\ &\times \frac{|+3.0 \times 10^{-6}| \times |-1.0 \times 10^{-6}|}{(3.0 \times 10^{-1})^2} \\ &= 3.0 \times 10^{9+(-6)+(-6)-(-2)} \\ &= 3.0 \times 10^{-1} = 0.30 \text{ N} \end{aligned}$$

(2) 導体球 A, B の電気量の和は,$+3.0 + (-1.0) = +2.0\mu$C で,2球を接触させたことによりそれぞれ電気量は等しくなるので,接触後の導体球 A, B の電気量はともに $+2.0 \div 2 = +1.0\mu$C となる.よって,両球の電荷は同符号なので,両球の間にはたらく

静電気力の向きは斥力.また,静電気力の大きさを F_2 とすると,

$$\begin{aligned} F_2 &= 9.0 \times 10^9 \\ &\times \frac{|+1.0 \times 10^{-6}| \times |+1.0 \times 10^{-6}|}{(3.0 \times 10^{-1})^2} \\ &= 1.0 \times 10^{9+(-6)+(-6)-(-2)} \\ &= 1.0 \times 10^{-1} = 0.10 \text{ N} \end{aligned}$$

1.3 (1) 導体球 A が導体球 B から受ける静電気力の

向き $\cdots$ 右向き

大きさ $\cdots$ $F_{1B} = k\dfrac{|+q||-2q|}{r^2}$

$$= \frac{2kq^2}{r^2}$$

導体球 A が導体球 C から受ける静電気力の

向き $\cdots$ 左向き

大きさ $\cdots$ $F_{1C} = k\dfrac{|+q||+3q|}{(2r)^2}$

$$= \frac{3kq^2}{4r^2}$$

よって,導体球 A が受ける静電気力の

向き $\cdots$ $F_{1B} > F_{1C}$ なので,右向き

大きさ $\cdots$ $F_1 = \left(\dfrac{2kq^2}{r^2}\right) + \left(-\dfrac{3kq^2}{4r^2}\right)$

$$= \frac{5kq^2}{4r^2}$$

(2) 導体球 B が導体球 A から受ける静電気力の

向き $\cdots$ 左向き

大きさ $\cdots$ $F_{2A} = \dfrac{2kq^2}{r^2}$

導体球 B が導体球 C から受ける静電気力の

向き $\cdots$ 右向き

大きさ $\cdots$ $F_{2\mathrm{C}} = \dfrac{6kq^2}{r^2}$

よって，導体球 B が受ける静電気力の

向き $\cdots$ $F_{2\mathrm{A}} < F_{2\mathrm{C}}$ なので，右向き

大きさ $\cdots$ $F_2 = \left(\dfrac{6kq^2}{r^2}\right) + \left(-\dfrac{2kq^2}{r^2}\right)$

$\qquad = \dfrac{4kq^2}{r^2}$

(3) 導体球 C が導体球 A から受ける静電気力の

向き $\cdots$ 右向き

大きさ $\cdots$ $F_{3\mathrm{A}} = \dfrac{3kq^2}{4r^2}$

導体球 C が導体球 B から受ける静電気力の

向き $\cdots$ 左向き

大きさ $\cdots$ $F_{3\mathrm{B}} = \dfrac{6kq^2}{r^2}$

よって，導体球 C が受ける静電気力の

向き $\cdots$ $F_{3\mathrm{A}} < F_{3\mathrm{B}}$ なので，左向き

大きさ $\cdots$ $F_3 = \left(\dfrac{6kq^2}{r^2}\right) + \left(-\dfrac{3kq^2}{4r^2}\right)$

$\qquad = \dfrac{21kq^2}{4r^2}$

1.4 (1) 点 B にある点電荷が点 A にある点電荷から受ける静電気力 $\overrightarrow{F_{\mathrm{A}}}$ の

向き $\cdots$ 図 D.1 に示す$\overrightarrow{F_{\mathrm{A}}}$の向き

大きさ $\cdots$ $F_{\mathrm{A}} = k\dfrac{|+q||-2q|}{a^2}$

$\qquad = \dfrac{2kq^2}{a^2}$

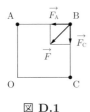

図 D.1

点 B にある点電荷が点 C にある点電荷から受ける静電気力 $\overrightarrow{F_{\mathrm{C}}}$ の

向き $\cdots$ 図 D.1 に示す$\overrightarrow{F_{\mathrm{C}}}$の向き

大きさ $\cdots$ $F_{\mathrm{C}} = k\dfrac{|+q||-2q|}{a^2}$

$\qquad = \dfrac{2kq^2}{a^2}$

よって，点 B にある点電荷が受ける静電気力 $\overrightarrow{F}$ の

向き $\cdots$ 図 D.1 に示す$\overrightarrow{F}$の向き

大きさ $\cdots$ $F = \dfrac{2kq^2}{a^2} \times \dfrac{\sqrt{2}}{1}$

$\qquad = \dfrac{2\sqrt{2}kq^2}{a^2}$

(2) 点 B にある点電荷が受ける静電気力の合力が 0 となるためには，点 O に固定した点電荷の電気量の符号は負である．今，その電気量を Q とすると，点 B にある点電荷が点 O にある点電荷から受ける静電気力の大きさ F_2 は，

$$F_2 = k\frac{|-2q||Q|}{(\sqrt{2}a)^2} = \frac{kq|Q|}{a^2}$$

合力の大きさが 0 となるためには $F = F_2$ となればよいので，

$$\frac{2\sqrt{2}kq^2}{a^2} = \frac{kq|Q|}{a^2}$$

$$\therefore |Q| = 2\sqrt{2}q$$

以上より，点 O に固定した点電荷の電気量は $Q < 0$ より，

$$Q = -2\sqrt{2}q \,[\mathrm{C}]$$

1.5 (1) $\overrightarrow{r_1} = \overrightarrow{\mathrm{OB}} = (a, a)$, $r_1 = |\overrightarrow{r_1}| = \sqrt{a^2 + a^2} = \sqrt{2}a$ より，

$$\overrightarrow{F_1} = k\frac{Q^2}{r_1^3}\overrightarrow{r_1} = \frac{kQ^2}{a^2}\left(\frac{\sqrt{2}}{4}, \frac{\sqrt{2}}{4}\right)$$

(2) $\overrightarrow{r_2} = \overrightarrow{\mathrm{AB}} = (0, a)$, $r_2 = |\overrightarrow{r_2}| = a$ より，

$$\overrightarrow{F_2} = k\frac{Q^2}{r_2^3}\overrightarrow{r_2} = \frac{kQ^2}{a^2}(0, 1)$$

(3) $\overrightarrow{F} = \overrightarrow{F_1} + \overrightarrow{F_2}$

$\qquad = \dfrac{kQ^2}{a^2}\left(\dfrac{\sqrt{2}}{4}, \dfrac{\sqrt{2}}{4} + 1\right)$

1.6 (1) 原点 O は正三角形 ABC の重心となるので，OA=OB=OC=2 となる．よって，

A $(2a, 0, 0)$, B $(-a, \sqrt{3}a, 0)$, C $(-a, -\sqrt{3}a, 0)$. また，△APO に注目して，OP $= \sqrt{(2\sqrt{3}a)^2 - (2a)^2} = 2\sqrt{2}a$ なので，P $(0, 0, 2\sqrt{2}a)$.

(2) $\vec{r_1} = \overrightarrow{AP} = \overrightarrow{OP} - \overrightarrow{OA} = (-2a, 0, 2\sqrt{2}a)$, $|\vec{r_1}| = 2\sqrt{3}a$ なので，

$$\vec{F_1} = k\frac{Q^2}{(2\sqrt{3}a)^3}(-2a, 0, 2\sqrt{2}a)$$
$$= \frac{kQ^2}{24\sqrt{3}a^2}(-2, 0, 2\sqrt{2})$$

(3) $\vec{r_2} = \overrightarrow{BP} = \overrightarrow{OP} - \overrightarrow{OB} = (a, -\sqrt{3}a, 2\sqrt{2}a)$, $|\vec{r_2}| = 2\sqrt{3}a$ なので，

$$\vec{F_2} = k\frac{Q^2}{(2\sqrt{3}a)^3}(a, -\sqrt{3}a, 2\sqrt{2}a)$$
$$= \frac{kQ^2}{24\sqrt{3}a^2}(1, -\sqrt{3}, 2\sqrt{2})$$

$\vec{r_3} = \overrightarrow{CP} = \overrightarrow{OP} - \overrightarrow{OC} = (a, \sqrt{3}a, 2\sqrt{2}a)$, $|\vec{r_3}| = 2\sqrt{3}a$ なので，

$$\vec{F_3} = k\frac{Q^2}{(2\sqrt{3}a)^3}(a, \sqrt{3}a, 2\sqrt{2}a)$$
$$= \frac{kQ^2}{24\sqrt{3}a^2}(1, \sqrt{3}, 2\sqrt{2})$$

(4) $\vec{F} = \vec{F_1} + \vec{F_2} + \vec{F_3}$
$$= \frac{kQ^2}{24\sqrt{3}a^2}(0, 0, 6\sqrt{2})$$
$$= \left(0, 0, \frac{\sqrt{6}kQ^2}{12a^2}\right)$$

1.7 糸の張力の大きさを T，静電気力の大きさを F とおく．小球にはたらいている力はつりあっているので，水平方向，鉛直方向の力の和は 0 となる．よって，

水平方向 $\cdots T\sin\theta = F$ ————①

鉛直方向 $\cdots T\cos\theta = mg$ ————②

となり，①，② より T を消去して，

$$F = mg\tan\theta$$

となる．ここで，2 球間の距離は $2l\sin\theta$ なので，2 球間にはたらく静電気力の大きさ F は，

$$F = k\frac{Q^2}{(2l\sin\theta)^2}$$

となる．よって，

$$k\frac{Q^2}{(2l\sin\theta)^2} = mg\tan\theta$$
$$\therefore Q = 2l\sin\theta\sqrt{\frac{mg\tan\theta}{k}}$$

1.8 明らかに，q と Q は異符号．また，点電荷の位置の対称性より，点 A にある点電荷にはたらく静電気力のつりあいだけを考えればよい．点 A にある点電荷が点 B, C, D にある点電荷から受ける力 $\vec{F_B}$, $\vec{F_C}$, $\vec{F_D}$ の向きは図 D.2 に示すようになり，大きさはそれぞれ，

$$\left|\vec{F_B}\right| = k\frac{q^2}{(2a)^2} = \frac{k_0 q^2}{4a^2}$$
$$\left|\vec{F_C}\right| = k\frac{q^2}{(2\sqrt{2}a)^2} = \frac{k_0 q^2}{8a^2}$$
$$\left|\vec{F_D}\right| = k\frac{q^2}{(2a)^2} = \frac{k_0 q^2}{4a^2}$$

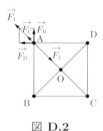

図 **D.2**

よって，点 A にある点電荷が点 B, C, D にある点電荷から受ける静電気力の合力 $\vec{F_1}$ の向きは図 D.2 に示すようになり，その大きさ F_1 は，

$$F_1 = \frac{kq^2}{a^2}\left(\frac{\sqrt{2}}{4} + \frac{1}{8}\right) = \frac{(2\sqrt{2}+1)kq^2}{8a^2}$$

となる．また，点 A にある点電荷が点 O にある点電荷から受ける力 $\vec{F_2}$ の向きは図 D.2 に示すようになり，その大きさ F_2 は，

$$F_2 = k\frac{q|Q|}{(\sqrt{2}a)^2} = \frac{kq|Q|}{2a^2}$$

となる．よって，点 A にはたらく静電気力のつりあい ($F_1 = F_2$) より，

$$\frac{(2\sqrt{2}+1)kq^2}{8a^2} = \frac{kq|Q|}{2a^2}$$
$$|Q| = \frac{2\sqrt{2}+1}{4}q$$

Q と q は異符号なので，

$$Q = -\frac{2\sqrt{2}+1}{4}q$$

1.9　(1)　x 軸の正の方向を静電気力の正の方向とする．

小物体が点 A にある点電荷から受ける力 F_A は，

$$F_\mathrm{A} = k\frac{qQ}{(x-(-r))^2} = \frac{kqQ}{(r+x)^2}$$

小物体が点 B にある点電荷から受ける力 F_B は，

$$F_\mathrm{B} = -k\frac{qQ}{(r-x)^2} = -\frac{kqQ}{(r-x)^2}$$

よって，小物体が受ける静電気力 F は，

$$
\begin{aligned}
F &= kqQ\left\{\frac{1}{(r+x)^2} - \frac{1}{(r-x)^2}\right\}\\
&= \frac{kqQ}{r^2}\left\{\left(1+\frac{x}{r}\right)^{-2} - \left(1-\frac{x}{r}\right)^{-2}\right\}\\
&= \frac{kqQ}{r^2}\left\{\left(1-\frac{2x}{r}\right) - \left(1+\frac{2x}{r}\right)\right\}\\
&= \frac{kqQ}{r^2}\left(-\frac{4x}{r}\right)\\
&= -\frac{4kqQ}{r^3}x
\end{aligned}
$$

(2)　(1) より，小物体の運動は単振動となる．小物体にはたらく力が $F = -kx$ であるときの運動の周期は $T = 2\pi\sqrt{\dfrac{m}{k}}$ であったので，この小物体の運動の周期は，

$$T = 2\pi\sqrt{\frac{m}{\left(\dfrac{4kqQ}{r^3}\right)}} = \pi\sqrt{\frac{mr^3}{kqQ}}$$

となる．点 P から動き出してはじめて原点 O に達するまでの時間は $\dfrac{T}{4}$ となり，

$$\frac{T}{4} = \frac{\pi}{4}\sqrt{\frac{mr^3}{kqQ}}$$

第 2 章

2.1　(1)

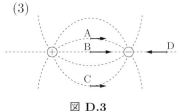

(2)

(3)

図 **D.3**

2.2　(1)　点 A での電場の

　　向き $\cdots$ 右向き

　　大きさ $\cdots$ $E_\mathrm{A} = (9.0\times10^9)$

$$\times\frac{|+2.0\times10^{-6}|}{3.0^2}$$

$$= 2.0\times10^3 \text{ N/C}$$

　　点 B での電場の

　　向き $\cdots$ 左向き

　　大きさ $\cdots$ $E_\mathrm{B} = (9.0\times10^9)$

$$\times\frac{|+2.0\times10^{-6}|}{2.0^2}$$

$$= 4.5\times10^3 \text{ N/C}$$

(2)　点 A での電場の

　　向き $\cdots$ 左向き

　　大きさ $\cdots$ $E_\mathrm{A} = (9.0\times10^9)$

$$\times\frac{|-3.0\times10^{-6}|}{3.0^2}$$

$$= 3.0\times10^3 \text{ N/C}$$

点 B での電場の

向き $\cdots$ 左向き

大きさ $\cdots$ $E_B = (9.0 \times 10^9)$
$$\times \frac{|-3.0 \times 10^{-6}|}{2.0^2}$$
$$= 6.75 \times 10^3$$
$$\fallingdotseq 6.8 \times 10^3 \ \text{N/C}$$

2.3 (1) 点 A の点電荷が原点 O につくる電場の

向き $\cdots$ 左向き

大きさ $\cdots$ $E_A = k\dfrac{|-2Q|}{a^2} = \dfrac{2kQ}{a^2}$

点 B の点電荷が原点 O につくる電場の

向き $\cdots$ 左向き

大きさ $\cdots$ $E_B = k\dfrac{|+Q|}{a^2} = \dfrac{kQ}{a^2}$

よって，原点 O での電場 $\overrightarrow{E_1}$ の

向き $\cdots$ 左向き

大きさ $\cdots$ $E_1 = \dfrac{2kQ}{a^2} + \dfrac{kQ}{a^2}$
$$= \dfrac{3kQ}{a^2}$$

(2) 点 A の点電荷が点 P につくる電場の

向き $\cdots$ 左向き

大きさ $\cdots$ $E_A = k\dfrac{|-2Q|}{(3a)^2} = \dfrac{2kQ}{9a^2}$

点 B の点電荷が点 P につくる電場の

向き $\cdots$ 右向き

大きさ $\cdots$ $E_B = k\dfrac{|+Q|}{a^2} = \dfrac{kQ}{a^2}$

よって，点 P での電場 $\overrightarrow{E_2}$ の

向き $\cdots$ $E_A < E_B$なので，右向き

大きさ $\cdots$ $E_2 = \left(-\dfrac{2kQ}{9a^2}\right) + \left(\dfrac{kQ}{a^2}\right)$
$$= \dfrac{7kQ}{9a^2}$$

(3) 点 A，B の点電荷がつくる電場 E_A，E_B のようすはそれぞれ図 F.4 のようになるので，電場の強さが 0 となる位置は点 B より

も右となることがわかる．そこで，電場の強さが 0 となる位置の座標を x $(x > a)$ とおくと，

$$k\frac{|-2Q|}{(x+a)^2} = k\frac{|+Q|}{(x-a)^2}$$
$$2(x-a)^2 = (x+a)^2$$
$$x^2 - 6ax + a^2 = 0$$
$$\therefore \ x = (3 \pm 2\sqrt{2})a$$

$x > a$ より，

$$x = (3 + 2\sqrt{2})a$$

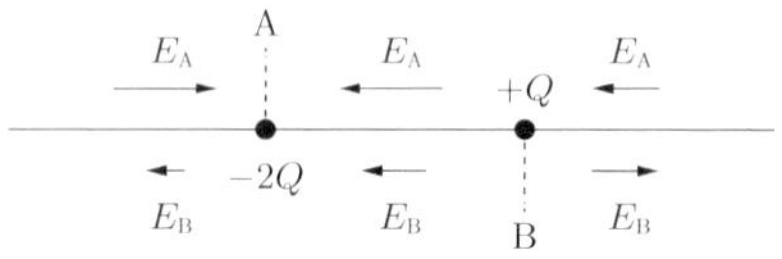

図 **D.4**

2.4 (1) 点 A の点電荷が点 C につくる電場 $\overrightarrow{E_{1A}}$ は，$\overrightarrow{r_{1A}} = \overrightarrow{AC} = (0, a)$，$r_{1A} = |\overrightarrow{r_{1A}}| = a$ より，

$$\overrightarrow{E_{1A}} = k\frac{+Q}{r_{1A}{}^3}\overrightarrow{r_{1A}} = \frac{kQ}{a^2}(0, 1)$$

点 B の点電荷が点 C につくる電場 $\overrightarrow{E_{1B}}$ は，$\overrightarrow{r_{1B}} = \overrightarrow{BC} = (a, 0)$，$r_{1B} = |\overrightarrow{r_{1B}}| = a$ より，

$$\overrightarrow{E_{1B}} = k\frac{-Q}{r_{1B}{}^3}\overrightarrow{r_{1A}} = \frac{kQ}{a^2}(-1, 0)$$

よって，点 C の電場 $\overrightarrow{E_1}$ は，

$$\overrightarrow{E_1} = \overrightarrow{E_{1A}} + \overrightarrow{E_{1B}} = \frac{kQ}{a^2}(-1, 1)$$

(2) 点 A の点電荷が点 D につくる電場 $\overrightarrow{E_{2A}}$ は，$\overrightarrow{r_{2A}} = \overrightarrow{AD} = (a, a)$，$r_{2A} = |\overrightarrow{r_{1A}}| = \sqrt{2}a$ より，

$$\overrightarrow{E_{1A}} = k\frac{+Q}{r_{2A}{}^3}\overrightarrow{r_{2A}}$$
$$= \frac{kQ}{2\sqrt{2}a^3}(a, a)$$
$$= \frac{kQ}{a^2}\left(\frac{\sqrt{2}}{4}, \frac{\sqrt{2}}{4}\right)$$

点 B の点電荷が点 D につくる電場 $\overrightarrow{E_{2B}}$ は，$\overrightarrow{r_{2B}} = \overrightarrow{BD} = (2a, 0)$，$r_{2B} = |\overrightarrow{r_{2B}}| = 2a$ より，

$$\overrightarrow{E_{2\mathrm{B}}} = k\frac{-Q}{r_{2\mathrm{B}}{}^3}\,\overrightarrow{r_{2\mathrm{B}}}$$
$$= -\frac{kQ}{8a^3}(2a,0)$$
$$= \frac{kQ}{a^2}\left(-\frac{1}{4},0\right)$$

よって，点 D の電場 $\overrightarrow{E_2}$ は，

$$\overrightarrow{E_2} = \overrightarrow{E_{2\mathrm{A}}} + \overrightarrow{E_{2\mathrm{B}}}$$
$$= \frac{kQ}{a^2}\left(\frac{\sqrt{2}-1}{4},\frac{\sqrt{2}}{4}\right)$$

2.5　（解法 1）

AP $=$ BP $= r$ とおく．

点 A の点電荷が点 P につくる電場 $\overrightarrow{E_1}$ は，$\overrightarrow{r_1} = \overrightarrow{\mathrm{AP}} = (-a,b)$ より，

$$\overrightarrow{E_1} = k\frac{-Q}{r^3}(-a,b) = \frac{kQ}{r^3}(a,-b)$$

点 B の点電荷が点 P につくる電場 $\overrightarrow{E_2}$ は，$\overrightarrow{r_2} = \overrightarrow{\mathrm{BP}} = (a,b)$ より，

$$\overrightarrow{E_2} = k\frac{Q}{r^3}(a,b) = \frac{kQ}{r^3}(a,b)$$

よって，点 P の電場 $\overrightarrow{E}$ は，

$$\overrightarrow{E} = \overrightarrow{E_1} + \overrightarrow{E_2}$$
$$= \frac{kQ}{r^3}(2a,0)$$
$$= \frac{kQ}{(x^2+y^2)^{3/2}}(2a,0)$$
$$\left(\because r = (a^2+b^2)^{1/2}\right)$$

以上より，点 P での電場の向きは x 軸の正の方向，大きさ E は，

$$E = \frac{2kaQ}{(x^2+y^2)^{3/2}}$$

（解法 2）

AP $=$ BP $= r$ とおく．

点 A の点電荷が点 P につくる電場 $\overrightarrow{E_1}$ の向きは図 D.5 のようになり，その大きさ E_1 は，

$$E_1 = k\frac{Q}{r^2}$$

点 B の点電荷が点 P につくる電場 $\overrightarrow{E_2}$ の向きは図 D.5 のようになり，その大きさ E_2 は，

$$E_2 = k\frac{Q}{r^2}$$

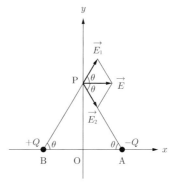

図 D.5

よって，点 P の電場 $\overrightarrow{E}$ の向きは x 軸の正の方向，$\overrightarrow{E}$ の大きさ E は $\angle$PAO $= \angle$PBO $= \theta$ とおくと，

$$E = E_1 \times (2\cos\theta)$$
$$= \frac{2kQ\cos\theta}{r^2}$$
$$= \frac{2kaQ}{r^3}\quad\left(\because\cos\theta = \frac{a}{r}\right)$$
$$= \frac{2kaQ}{(x^2+y^2)^{3/2}}\quad\left(\because r = (a^2+b^2)^{1/2}\right)$$

2.6　(1)　$\overrightarrow{\mathrm{AP}} = \overrightarrow{r_1} = (x,-a)$ とすると，$r_1 = |\overrightarrow{r_1}| = \sqrt{x^2+a^2}$ であり，点 A の点電荷が点 P につくる電場 $\overrightarrow{E_{1\mathrm{A}}}$ は，

$$\overrightarrow{E_{1\mathrm{A}}} = k\frac{q}{r_1{}^3}\overrightarrow{r_1}$$
$$= \frac{kq}{(x^2+a^2)^{\frac{3}{2}}}(x,-a)$$

$\overrightarrow{\mathrm{BP}} = \overrightarrow{r_2} = (x,a)$ とすると，$r_2 = |\overrightarrow{r_2}| = \sqrt{x^2+a^2}$ であり，点 B の点電荷が点 P につくる電場 $\overrightarrow{E_{1\mathrm{B}}}$ は，

$$\overrightarrow{E_{1\mathrm{B}}} = k\frac{-q}{r_2{}^3}\overrightarrow{r_2}$$
$$= -\frac{kq}{(x^2+a^2)^{\frac{3}{2}}}(x,a)$$

よって，点 P での電場 $\overrightarrow{E_1}$ は，

$$\overrightarrow{E_1} = \overrightarrow{E_{1\mathrm{A}}} + \overrightarrow{E_{1\mathrm{B}}}$$
$$= \frac{kq}{(x^2+a^2)^{\frac{3}{2}}}(0,-2a)$$

以上より，点 P での電場の向きは y 軸の負の方向で，その大きさ $E_1(x)$ は，

$$E_1(x) = \frac{2kaq}{(x^2 + a^2)^{\frac{3}{2}}}$$

なお，$E_1(x)$ のグラフは図 D.6 のようになる．

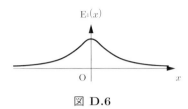

図 D.6

(2) $\overrightarrow{\mathrm{AQ}} = (0, y-a)$，$\overrightarrow{\mathrm{BQ}} == (0, y+a)$ であるので，点 Q での電場 $\overrightarrow{E_2}$ は，

$$\overrightarrow{E_2} = k\frac{q}{|y-a|^3}(0, y-a)$$
$$+ k\frac{-q}{|y+a|^3}(0, y+a)$$
$$= kq\left(0, \frac{y-a}{|y-a|^3} - \frac{y+a}{|y+a|^3}\right)$$

(i) $y < -a$ のとき
$|y-a| = -(y-a)$，$|y+a| = -(y+a)$ であるので，

$$\overrightarrow{E_2} = kq\left(0, -\frac{1}{(y-a)^2} + \frac{1}{(y+a)^2}\right)$$
$$= kq\left(0, \frac{-4ay}{(y^2-a^2)^2}\right)$$

よって，$y < -a$ より $\overrightarrow{E_2}$ の y 成分は正となるので，電場の向きは y 軸の正の方向となり，その大きさ $E_2(y)(= |\overrightarrow{E_2}|)$ は，

$$E_2(y) = -\frac{4kaqy}{(y^2-a^2)^2}$$

(ii) $-a < y < a$ のとき
$|y-a| = -(y-a)$，$|y+a| = y+a$ であるので，

$$\overrightarrow{E_2} = kq\left(0, -\frac{1}{(y-a)^2} - \frac{1}{(y+a)^2}\right)$$
$$= kq\left(0, \frac{-2(y^2+a^2)}{(y^2-a^2)^2}\right)$$

よって，$\overrightarrow{E_2}$ の y 成分は負となるので，電場の向きは y 軸の負の方向となり，その大きさ $E_2(y)$ は，

$$E_2(y) = \frac{2kq(y^2 + a^2)}{(y^2 - a^2)^2}$$

(iii) $a < y$ のとき
$|y-a| = y-a$，$|y+a| = y+a$ であるので，

$$\overrightarrow{E_2} = kq\left(0, \frac{1}{(y-a)^2} - \frac{1}{(y+a)^2}\right)$$
$$= kq\left(0, \frac{4ay}{(y^2-a^2)^2}\right)$$

よって，$\overrightarrow{E_2}$ の y 成分は正となるので，電場の向きは y 軸の正の方向となり，その大きさ $E_2(y)$ は，

$$E_2(y) = \frac{4kaQy}{(y^2 - a^2)^2}$$

なお，$E_2(y)$ のグラフは図 D.7 のようになる．

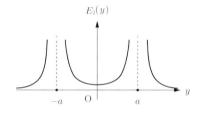

図 D.7

2.7

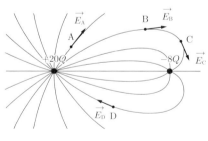

図 D.8

2.8 (1) $\cdots$ $(N_1 =)$ $E\Delta S$

(2) $\cdots$ $\Delta S \cos\theta$

(3) $\cdots$ $(N_2 =)$ $E\Delta S \cos\theta$

(4) $\cdots$ θ

(5) $\cdots$ $\cos\theta$

(6) $\cdots$ $(N_2 =)$ $(\overrightarrow{E} \cdot \overrightarrow{n})\Delta S$

2.9　$S_1 \cdots \dfrac{2Q}{\varepsilon_0}$

$S_2 \cdots -\dfrac{Q}{\varepsilon_0}$

$S_3 \cdots \dfrac{2Q-Q}{\varepsilon_0} = \dfrac{Q}{\varepsilon_0}$

$S_4 \cdots 0$

2.10　(1)　$\cdots \vec{E} \cdot \vec{n}$

(2)　$\cdots \dfrac{Q}{\varepsilon_0}$

(3)　$\cdots \displaystyle\int_S \vec{E} \cdot \vec{n}\, dS = \dfrac{Q}{\varepsilon_0}$

2.11　平板から等しい距離の位置ではどこも電場の
強さは等しくなるので，閉曲面 S を図 F.9 のよ
うな底面積 S，高さ $2d$ の円柱にとる．（これは
柱であれば，円柱でも四角柱でもかまわない．）
このとき，面に垂直な単位ベクトルを $\vec{n}$ とする
と，上面，下面では $\vec{E} /\!/ \vec{n}$，側面では $\vec{E} \perp \vec{n}$
となり，上面と下面ではどこも電場の強さは等
しくなる．また，閉曲面 S 内の電荷は $Q = \sigma S$
となる．よって，点 P での電場の強さを E と
おくと，ガウスの法則より，

$$\int_S \vec{E} \cdot \vec{n}\, dS = \frac{Q}{\varepsilon_0}$$

$$\int_{\text{上面}} \vec{E} \cdot \vec{n}\, dS + \int_{\text{側面}} \vec{E} \cdot \vec{n}\, dS$$
$$+ \int_{\text{下面}} \vec{E} \cdot \vec{n}\, dS = \frac{\sigma S}{\varepsilon_0}$$

$$E \cdot S + 0 + E \cdot S = \frac{\sigma S}{\varepsilon_0}$$

$$\therefore\ E = \frac{\sigma}{2\varepsilon_0}$$

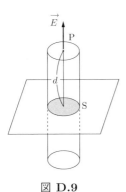

図 **D.9**

（参考）
E に d が入らないことに注意する．つまり，
電場は平板からの距離によらずどこも同じと
なる．このように，向きや強さが位置によらず
同じである電場を一様電場という．帯電した
平板がつくる電場は，平板が十分に大きいか，
平板に十分近い場所では一様電場となる．近
接して平行におかれた平板間にできる電場も
ほぼ一様な電場となる．この一様な電場では，
電気力線は平行で等間隔となる（2.12 参照）．

2.12　2.11 の結果より，面密度 σ で帯電している
平板がつくる電場の強さは，

$$E = \frac{\sigma}{2\varepsilon_0}$$

である．点 P，Q，R での平板 A の正電荷が
つくる電場 $\vec{E_+}$ と平板 B の負電荷がつくる電
場 $\vec{E_-}$ の向きはそれぞれ図 D.10 のようになる
ので，各点での電場の向きと強さは次のように
なる．

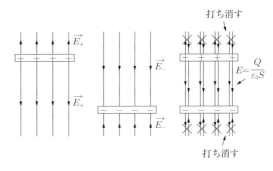

図 **D.10**

点 P $\cdots$　$\vec{E_+}$ と $\vec{E_-}$ は逆向きで打ち消しあうの
　　　　で，電場の強さは 0

点 Q $\cdots$　電場の向きは下向きで，強さは
$$\frac{\sigma}{2\varepsilon_0} + \frac{\sigma}{2\varepsilon_0} = \frac{\sigma}{\varepsilon_0}$$

点 R $\cdots$　$\vec{E_+}$ と $\vec{E_-}$ は逆向きで打ち消しあうの
　　　　で，電場の強さは 0

2.13　原点 O から等しい距離の位置ではどこも電場
の強さは等しくなるので，閉曲面 S を原点 O を
中心とする半径 r の球面にとる．

(1)　$r \geqq R$ のとき，閉曲面 S 内の全電気量 Q_1 は，

$$Q_1 = Q$$

となる．よって，ガウスの法則より，

$$\int_S \overrightarrow{E} \cdot \overrightarrow{n}\, dS = \frac{Q_1}{\varepsilon_0}$$

$$E \times 4\pi r^2 = \frac{Q}{\varepsilon_0}$$

$$\therefore\ E = \frac{1}{4\pi\varepsilon_0}\frac{Q}{r^2}$$

(2)　$r < R$ のとき，閉曲面 S 内の全電気量 Q_2 は，

$$Q_2 = Q \times \frac{\frac{4}{3}\pi r^3}{\frac{4}{3}\pi R^3} = \frac{r^3 Q}{R^3}$$

となる．よって，ガウスの法則より，

$$\int_S \overrightarrow{E} \cdot \overrightarrow{n}\, dS = \frac{Q_2}{\varepsilon_0}$$

$$E \times 4\pi r^2 = \frac{r^3 Q}{\varepsilon_0 R^3}$$

$$\therefore\ E = \frac{1}{4\pi\varepsilon_0}\frac{rQ}{R^3}$$

第 3 章

3.1　(1)　極板間の電場は一様であるので，点 A，B（および C）での電場の向きと大きさはすべて等しい．電場の向きは高電位から低電位の方向となり，極板 X の電位は極板 Y の電位よりも高いので，点 A および点 B の電場の向きは右向き（X → Y）である．また，電場の強さを E として，極板間の電圧を V，極板間隔を d とすると $V = Ed$ の関係が成り立つので，

$$12 = E \times (6.0 \times 10^{-2})$$

$$E = 2.0 \times 10^2\ \text{V/m}$$

(2)　点 A，B の電位をそれぞれ V_A，V_B とすると，極板 X が基準で電場の向きが X → Y であるので，

$$V_A = (-2.0 \times 10^2) \times (3.0 \times 10^{-2})$$

$$= -6.0\ \text{V}$$

$$V_B = (-2.0 \times 10^2) \times (4.0 \times 10^{-2})$$

$$= -8.0\ \text{V}$$

(3)　点 A，B の電位をそれぞれ V'_A，V'_B とすると，極板 Y が基準で電場の向きが X → Y であるので，

$$V'_A = (2.0 \times 10^2) \times (3.0 \times 10^{-2})$$

$$= 6.0\ \text{V}$$

$$V'_B = (2.0 \times 10^2) \times (2.0 \times 10^{-2})$$

$$= 4.0\ \text{V}$$

(4)　AB 間と AC 間の電位差は等しいので，どちらの経路で移動させた場合でも静電気力がした仕事は等しく，ともに，

$$W = Q(V_A - V_B)$$

$$= (+1.6 \times 10^{-19}) \times (-6.0 - (-8.0))$$

$$= 3.2 \times 10^{-19}\,\text{J}$$

3.2　(1)　O → B では $y = 0$，$d\vec{s} = (dx, 0)$，B → A では $x = 3$，$d\vec{s} = (0, dy)$ なので，

$$W_1 = \int_{C_1} q\overrightarrow{E} \cdot d\vec{s}$$

$$= \int_O^B q\overrightarrow{E} \cdot d\vec{s} + \int_B^A q\overrightarrow{E} \cdot d\vec{s}$$

$$= q\left(\int_0^3 x^2\, dx + \int_0^2 (6+y)\, dy \right)$$

$$= 23q$$

(2)　直線 OA に沿って動かすときは，$y = \dfrac{2}{3}x$ なので，$\dfrac{dy}{dx} = \dfrac{2}{3}$ となる．よって，

$$W_2 = \int_{C_2} q\overrightarrow{E} \cdot d\vec{s}$$

$$= q\int_{C_2} \left\{ (x^2 + 2y)\,dx + (2x + y)\,dy \right\}$$

$$= q\int_0^3 \left\{ \left(x^2 + \frac{4}{3}x\right) + \left(2x + \frac{2}{3}x\right)\cdot\frac{2}{3} \right\}\,dx$$

$$= q\int_0^3 \left(x^2 + \frac{28}{9}x\right)dx$$

$$= 23q$$

3.3　(1) $V_{\mathrm{O}} = k\dfrac{Q}{\frac{a}{\sqrt{2}}} + k\dfrac{-4Q}{\frac{a}{\sqrt{2}}} + k\dfrac{Q}{\frac{a}{\sqrt{2}}}$

$\qquad\quad = \dfrac{kQ}{a}\left(\sqrt{2} - 4\sqrt{2} + \sqrt{2}\right)$

$\qquad\quad = \dfrac{-2\sqrt{2}kQ}{a}$

$\qquad V_{\mathrm{D}} = k\dfrac{Q}{a} + k\dfrac{-4Q}{\sqrt{2}a} + k\dfrac{Q}{a}$

$\qquad\quad = \dfrac{kQ}{a}\left(1 - 2\sqrt{2} + 1\right)$

$\qquad\quad = \dfrac{(-2\sqrt{2}+2)kQ}{a}$

(2)　ゆっくりと移動させるのに必要な仕事 (静電気力に逆らった力がした仕事) はポテンシャルエネルギーの差となるので,

$$W = qV_{\mathrm{D}} - qV_{\mathrm{O}}$$
$$= q\left\{\dfrac{(-2\sqrt{2}+2)kQ}{a} - \dfrac{-2\sqrt{2}kQ}{a}\right\}$$
$$= \dfrac{2kqQ}{a}$$

(3)　点 O に達したときの速さを v とおくと, エネルギー保存の法則より,

$$\dfrac{1}{2}m \times 0^2 + qV_{\mathrm{D}} = \dfrac{1}{2}mv^2 + qV_{\mathrm{O}}$$
$$\dfrac{1}{2}mv^2 = q(V_{\mathrm{D}} - V_{\mathrm{O}})$$
$$\dfrac{1}{2}mv^2 = q\left\{\dfrac{(-2\sqrt{2}+2)kQ}{a}\right.$$
$$\left. - \dfrac{-2\sqrt{2}kQ}{a}\right\}$$
$$\dfrac{1}{2}mv^2 = \dfrac{2kqQ}{a}$$
$$\therefore\ v = 2\sqrt{\dfrac{kqQ}{ma}}$$

3.4　点 P (x, y) での電場 $\overrightarrow{E}$ は,

$$\overrightarrow{E} = k\dfrac{Q}{(x^2 + y^2)^{\frac{3}{2}}}(x, y)$$

となる.

(1)　経路 C_1 上では $y = 0$ なので $\overrightarrow{E} = \left(\dfrac{kQ}{x^2}, 0\right)$, また $d\vec{s} = (dx, 0)$ なので,

$$\overrightarrow{E} \cdot d\vec{s} = \left(\dfrac{kQ}{x^2}, 0\right)$$

よって,

$$V = -\int_r^{2r}\left(\dfrac{kQ}{x^2}\right)dx$$
$$= -kQ\left[-\dfrac{1}{x}\right]_r^{2r}$$
$$= -\dfrac{kQ}{2r}$$

(2)　A → C では $x = r$ となるので, $\overrightarrow{E} = k\dfrac{Q}{(r^2 + y^2)^{\frac{3}{2}}}(r, y)$, また $d\vec{s} = (0, dy)$ なので,

$$\overrightarrow{E} \cdot d\vec{s} = \left(0, \dfrac{kQy}{(r^2 + y^2)^{\frac{3}{2}}}dy\right)$$

また, C → B ではたえず $\overrightarrow{E} \perp d\vec{s}$ となるので, $\overrightarrow{E} \cdot d\vec{s} = 0$.

以上より,

$$V = -\int_{\mathrm{A}}^{\mathrm{C}}\overrightarrow{E} \cdot d\vec{s} + \left(-\int_{\mathrm{C}}^{\mathrm{B}}\overrightarrow{E} \cdot d\vec{s}\right)$$
$$= -\int_0^{\sqrt{3}r}\dfrac{kQy}{(r^2 + y^2)^{\frac{3}{2}}}dy + 0$$
$$= -kQ\int_0^{\sqrt{3}r}\dfrac{y}{(r^2 + y^2)^{\frac{3}{2}}}dy$$

$y = r\tan\theta$ とおくと, $\dfrac{dy}{d\theta} = \dfrac{r}{\cos^2\theta}$,

$\begin{array}{c|ccc} y & 0 & \to & \sqrt{3}r \\ \hline \theta & 0 & \to & \frac{\pi}{3} \end{array}$ なので,

$$V = -kQ\int_0^{\frac{\pi}{3}}\dfrac{r\tan\theta}{\{r^2(1 + \tan^2\theta)\}^{\frac{3}{2}}}\dfrac{r}{\cos^2\theta}d\theta$$
$$= -kQ\int_0^{\frac{\pi}{3}}\dfrac{\left(\dfrac{r\sin\theta}{\cos\theta}\right)}{\left(\dfrac{r^2}{\cos^2\theta}\right)^{\frac{3}{2}}}\dfrac{r}{\cos^2\theta}d\theta$$
$$= -\dfrac{kQ}{r}\int_0^{\frac{\pi}{3}}\sin\theta d\theta$$
$$= -\dfrac{kQ}{r}\left[-\cos\theta\right]_0^{\frac{\pi}{3}}$$
$$= -\dfrac{kQ}{2r}$$

3.5　(1)

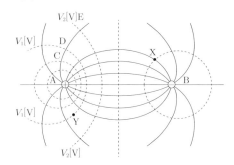

図 **D.11**

(2)　等電位線上では外力は仕事をしないので 0 となる.

(3)　点電荷が点 E を通る等電位線を横切った位置を点 E′ とする. 点 D と Y, 点 E と E′ がそれぞれ等電位なので, 点電荷が点 Y, E′ にあるときの静電気力によるポテンシャルエネルギーは, それぞれ qV_1, qV_2 となる. よって, 横切ったときの速さを v とおくと, エネルギー保存の法則より,

$$\frac{1}{2}m \times 0^2 + qV_1 = \frac{1}{2}mv^2 + qV_2$$

$$\frac{1}{2}mv^2 = q(V_1 - V_2)$$

$$\therefore v = \sqrt{\frac{2q(V_1 - V_2)}{m}}$$

3.6　(1)　$AP = \sqrt{x^2 + (y+a)^2}$, $BP = \sqrt{x^2 + (y-a)^2}$ であるので,

$$\begin{aligned}
V(x, y) &= k\frac{-Q}{\sqrt{x^2 + (y+a)^2}} \\
&\quad + k\frac{+2Q}{\sqrt{x^2 + (y-a)^2}} \\
&= kQ\left(-\frac{1}{\sqrt{x^2 + (y+a)^2}}\right. \\
&\quad \left. + \frac{2}{\sqrt{x^2 + (y-a)^2}}\right)
\end{aligned}$$

(2) $V(x, 0) = kQ\left(-\frac{1}{\sqrt{x^2 + a^2}} + \frac{2}{\sqrt{x^2 + a^2}}\right)$

$$= \frac{kQ}{\sqrt{x^2 + a^2}}$$

グラフは図 D.12(a) のようになる.

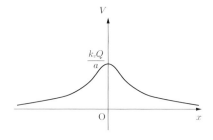

図 **D.12** (a)

(3)　$V(0, y)$

$$\begin{aligned}
&= kQ\left(-\frac{1}{\sqrt{(y+a)^2}} + \frac{2}{\sqrt{(y-a)^2}}\right) \\
&= kQ\left(-\frac{1}{|y+a|} + \frac{2}{|y-a|}\right)
\end{aligned}$$

(i)　$y < -a$ のとき

$$\begin{aligned}
V(0, y) &= kQ\left(\frac{1}{y+a} - \frac{2}{y-a}\right) \\
&= \frac{kQ(-y-3a)}{y^2 - a^2}
\end{aligned}$$

(ii)　$-a < y < a$ のとき

$$\begin{aligned}
V(0, y) &= kQ\left(-\frac{1}{y+a} - \frac{2}{y-a}\right) \\
&= \frac{-kQ(3y+a)}{y^2 - a^2}
\end{aligned}$$

(iii)　$a < y$ のとき

$$\begin{aligned}
V(0, y) &= kQ\left(-\frac{1}{y+a} + \frac{2}{y-a}\right) \\
&= \frac{kQ(y+3a)}{y^2 - a^2}
\end{aligned}$$

グラフは図 D.12(b) のようになる.

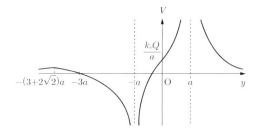

図 **D.12** (b)

(4)　電位 $V(x, y) = 0$ より,

$$-\frac{1}{\sqrt{x^2 + (y+a)^2}} + \frac{2}{\sqrt{x^2 + (y-a)^2}} = 0$$

$$2\left\{\sqrt{x^2 + (y+a)^2}\right\} = \sqrt{x^2 + (y-a)^2}$$

$$x^2 + y^2 + \frac{10}{3}ay + a^2 = 0$$

$$x^2 + \left(y + \frac{5}{3}a\right)^2 = \left(\frac{4}{3}a\right)^2$$

よって, 中心 $\left(0, -\dfrac{5}{3}a\right)$, 半径 $\dfrac{4}{3}a$ の円となり, グラフは図 D.12(c) のようになる.

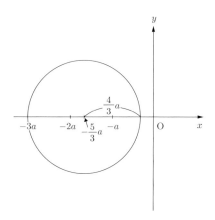

図 D.12 (c)

3.7　(1)　小物体 P にはたらく力は図 D.13 のようになる. ここで, T は棒から受ける力であり, qE は小物体 P が電場から受ける静電気力である. よって,

鉛直方向の力のつりあいより,

$$T\cos\frac{\pi}{3} = mg \qquad \text{①}$$

水平方向の力のつりあいより,

$$T\sin\frac{\pi}{3} = qE \qquad \text{②}$$

①, ② より, T を消去して,

$$E = \frac{\sqrt{3}mg}{q}$$

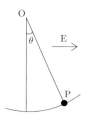

図 D.13

(2)　小物体 P の位置が θ であるときの小物体 P の速さを v とおく. 重力および静電気力によるポテンシャルエネルギーの基準をともに最下点 ($\theta = 0$) とすると,

小物体 P の位置が $\theta = \pi$ でのポテンシャルエネルギー U_1

$$U_1 = mg \times 2l + 0 = 2mgl$$

小物体 P の位置が θ でのポテンシャルエネルギー U_2

$$\begin{aligned}
U_2 &= mgl(1 - \cos\theta) + (-qEl\sin\theta) \\
&= mgl(1 - \cos\theta) - q\left(\frac{\sqrt{3}mg}{q}\right)l\sin\theta \\
&= mgl(1 - \cos\theta - \sqrt{3}\sin\theta) \\
&= mgl\left\{1 - 2\sin\left(\theta + \frac{\pi}{6}\right)\right\}
\end{aligned}$$

となる. よって, エネルギー保存の法則より,

$$\begin{aligned}
&\frac{1}{2}m \times 0^2 + 2mgl \\
&\quad = \frac{1}{2}mv^2 + mgl\left\{1 - 2\sin\left(\theta + \frac{\pi}{6}\right)\right\}
\end{aligned}$$

となるので, $v = 0$ となるときの角 θ は,

$$2mgl = mgl\left\{1 - 2\sin\left(\theta + \frac{\pi}{6}\right)\right\}$$

$$\sin\left(\theta + \frac{\pi}{6}\right) = -\frac{1}{2}$$

$-\pi \leq \theta \leq \pi$ より,

$$\theta + \frac{\pi}{6} = -\frac{\pi}{6}, \frac{7}{6}\pi$$

$$\therefore \theta = -\frac{\pi}{3}, \pi$$

$\theta = \pi$ は運動を始めた位置なので不適. よって,

$$\theta = -\frac{\pi}{3}$$

3.8 (1) 速さが最大となる点 C では，P の加速度が 0 となるので，点 C での電場の強さは 0 となる．よって，点 C の x 座標を x_1 とすると，

$$k\frac{-2Q}{(x_1+a)^2}+k\frac{+Q}{(x_1-a)^2}=0$$

$$2(x_1-a)^2=(x_1+a)^2$$

$${x_1}^2-6ax_1+a^2=0$$

$$\therefore x_1=(3\pm2\sqrt{2})a$$

明らかに $x>a$ となるので，

$$x_1=(3+2\sqrt{2})a$$

また，点 C の電位を V_1 とすると，

$$V_1=k\frac{-2Q}{(3+2\sqrt{2})a+a}+k\frac{+Q}{(3+2\sqrt{2})a-a}$$
$$=\frac{kQ}{2a}\left(\frac{-2}{2+\sqrt{2}}+\frac{1}{1+\sqrt{2}}\right)$$
$$=\frac{kQ}{2a}\times\frac{-\sqrt{2}}{4+3\sqrt{2}}$$
$$=-\frac{3-2\sqrt{2}}{2}\cdot\frac{kQ}{a}$$

エネルギー保存の法則より，

$$\frac{1}{2}mv^2+\left(-\frac{3-2\sqrt{2}}{2}\cdot\frac{kQ}{a}\right)=0$$

$$\therefore v^2=(3-2\sqrt{2})\cdot\frac{kQ}{ma}$$

よって，

$$v=\sqrt{3-2\sqrt{2}}\cdot\sqrt{\frac{kQ}{ma}}$$
$$=\sqrt{(\sqrt{2}-1)^2}\cdot\sqrt{\frac{kQ}{ma}}$$
$$=(\sqrt{2}-1)\sqrt{\frac{kQ}{ma}}$$

(2) エネルギー保存の法則より，点電荷 P の速さが 0 となるのは電位が 0 となる位置であることがわかる．よって 点 D の x 座標を x_2，電位を V_2 とすると，

$$V_2=k\frac{-2Q}{x_2+a}+k\frac{+Q}{x_2-a}$$

であるので，

$$k\frac{-2Q}{x_2+a}+k\frac{+Q}{x_2-a}=0$$

$$\frac{1}{x_2-a}=\frac{2}{x_2+a}$$
$$x_2+a=2(x_2-a)$$
$$\therefore x_2=3a$$

（参考）
$x>a$ における電位 V のグラフは以下のようになる．

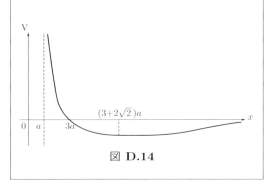

図 **D.14**

第 4 章

4.1 〔1〕(1) 極板に蓄えられる電荷を Q [C] とすると，

$$Q=(0.20\times10^{-6})\times(4.0\times10^2)$$
$$=8.0\times10^{-5}\ \text{C}$$

(2) コンデンサーに蓄えられる静電エネルギーを U とすると，

$$U=\frac{1}{2}\times(0.20\times10^{-6})\times(4.0\times10^2)^2$$
$$=1.6\times10^{-2}\ \text{J}$$

〔2〕(1) 極板間隔を広げたあとのコンデンサーの電気容量 C' は，

$$C'=(0.20\times10^{-6})\div2$$
$$=0.10\times10^{-6}\ \text{C}$$
$$=0.10\ \mu\text{C}$$

また，スイッチ S は開いているので，コンデンサーに蓄えられている電荷は変化しない．よって，極板間隔を広げたあとの極板間の電圧 V' は，

$$V'=\frac{Q}{C'}$$

$$= \frac{8.0 \times 10^{-5}}{0.10 \times 10^{-6}}$$
$$= 800 \text{ V}$$

(2) 極板間隔を広げたのちのコンデンサーに蓄えられる静電エネルギーを U' とすると,

$$U' = \frac{1}{2}C'V^2$$
$$= \frac{1}{2} \times (0.10 \times 10^{-6}) \times (8.0 \times 10^2)^2$$
$$= 3.2 \times 10^{-2} \text{ J}$$

となるので, 静電エネルギーの変化量 ΔU は,

$$\Delta U = U' - U = 1.6 \times 10^{-2} \text{ J}$$

〔3〕(1)   ア

(2) スイッチ S を閉じてから十分に時間が経ったのちのコンデンサーに蓄えられる電荷を Q とすると,

$$Q' = C'V$$
$$= (0.10 \times 10^{-6}) \times (4.0 \times 10^2)$$
$$= 4.0 \times 10^{-5} \text{ C}$$

4.2 円筒コンデンサーの電気容量も平行板コンデンサーのときと同じように, $Q = CV$ となる関係式を導くことにより求める.

円筒導体 I の単位長さあたりに $+\lambda$ [C] の電荷を与えたとする (つまり, 電荷密度が λ [C/m]). このとき, 円筒導体 II には, 静電誘導により単位長さあたりに $-\lambda$ [C] の電荷があらわれる. この円筒コンデンサーに対して, 中心軸から半径 r, 高さ l の円柱面 (閉曲面) を考え, これにガウスの法則を用いて電場の強さを求める. 閉曲面の半径 r が $0 \le r < a$ および $b \le r$ のときは, 閉曲面内の電荷の総和は 0 となるので, 中心軸より r の位置での電場の強さは 0 となる. 一方, $a \le r < b$ のとき, 閉曲面内部の電荷は $Q = \lambda l$ となり, 閉曲面の上面と下面では明らかに $\overrightarrow{E} \perp \overrightarrow{n}$ ($\overrightarrow{n}$ は面に垂直な単位ベクトル) となるので, $\overrightarrow{E} \cdot \overrightarrow{n} = 0$ となる. また, 側面ではどこも電場の強さは一定となるので, これを E とおく. ガウスの法則 $\int_S \overrightarrow{E} \cdot \overrightarrow{n} dS = \dfrac{Q}{\varepsilon_0}$ より,

$$\int_{下面} \overrightarrow{E} \cdot \overrightarrow{n} dS + \int_{側面} \overrightarrow{E} \cdot \overrightarrow{n} dS$$
$$+ \int_{上面} \overrightarrow{E} \cdot \overrightarrow{n} dS = \frac{Q}{\varepsilon_0}$$
$$0 + E \times (2\pi r \times l) + 0 = \frac{\lambda l}{\varepsilon_0}$$
$$\therefore E = \frac{\lambda}{2\pi\varepsilon_0 r}$$

となる. よって, 円筒導体 I, II 間の電圧 (電位差) は, I の方が II よりも電位が高いことを考慮に入れて,

$$V = -\int_b^a E dr$$
$$= -\int_b^a \frac{\lambda}{2\pi\varepsilon_0 r} dr$$
$$= -\frac{\lambda}{2\pi\varepsilon_0} \int_b^a \frac{1}{r} dr$$
$$= -\frac{\lambda}{2\pi\varepsilon_0} \Big[\log r \Big]_b^a$$
$$= -\frac{\lambda}{2\pi\varepsilon_0} (\log a - \log b)$$
$$= -\frac{\lambda}{2\pi\varepsilon_0} \log \frac{a}{b}$$
$$= \frac{\lambda}{2\pi\varepsilon_0} \log \frac{b}{a}$$

となる. 単位長さあたりの電荷は λ なので, 電気容量 C は,

$$C = \frac{\lambda}{V}$$
$$= \frac{\lambda}{\dfrac{\lambda}{2\pi\varepsilon_0} \log \dfrac{b}{a}}$$
$$= \frac{2\pi\varepsilon_0}{\log \dfrac{b}{a}}$$

4.3 (1) C_1, C_2 の合成容量を C' とすると, C_1 と C_2 は並列に接続されているので,

$$C' = C_1 + C_2$$
$$= 10 + 20$$
$$= 30 \ \mu\text{F}$$

(2) C_1, C_2, C_3 の合成容量を C とすると, C_1 と C_2 の合成容量と C_3 が直列に接続されているので,

$$\frac{1}{C} = \frac{1}{30} + \frac{1}{15} = \frac{1}{10}$$

$$\therefore \ C = 10 \ \mu\mathrm{F}$$

(3) 図 D.15 のように，各コンデンサーに蓄えられる電荷を Q_1, Q_2, Q_3 とおく．はじめコンデンサーの電荷は 0 なので，図 D.15 の点線内において電荷保存の法則より，

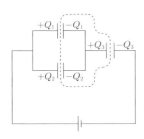

図 **D.15**

$$-Q_1 + (-Q_2) + Q_3 = 0$$

ここで，XY，YZ 間の電圧をそれぞれ V_1, V_2 とすると，

$$-C_1 V_1 + (-C_2 V_1) + C_3 V_2 = 0$$
$$-10 V_1 - 20 V_1 + 15 V_2 = 0$$
$$\therefore \ 2V_1 - V_2 = 0 \qquad\text{———①}$$

また，電圧の関係を式に表すと，

$$V_1 + V_2 = 30 \qquad\text{———②}$$

①，② を連立させて，

$$V_1 = 10 \ \mathrm{V}, \ V_2 = 20 \ \mathrm{V}$$

また，C_1, C_2, C_3 に蓄えられる電荷はそれぞれ

$$Q_1 = (10 \times 10^{-6}) \times 10 = 1.0 \times 10^{-4} \ \mathrm{C}$$
$$Q_2 = (20 \times 10^{-6}) \times 10 = 2.0 \times 10^{-4} \ \mathrm{C}$$
$$Q_3 = (15 \times 10^{-6}) \times 20 = 3.0 \times 10^{-4} \ \mathrm{C}$$

（参考）
図 D.15 の点線内における電荷保存の法則より，

$$-Q_1 + (-Q_2) + Q_3 = 0 \qquad\text{———①}$$

電圧の関係を表す式 $V_1 + V_2 = 20$ より，

$$\frac{Q_1}{C_1} + \frac{Q_3}{C_3} = 20 \qquad\text{———②}$$

また，2 つのコンデンサー C_1, C_2 の極板間の電圧は等しいので

$$\frac{Q_1}{C_1} = \frac{Q_2}{C_2} \qquad\text{———③}$$

$C_1 = 10 \times 10^{-6}$, $C_2 = 20 \times 10^{-6}$, $C_3 = 15 \times 10^{-6}$ を代入して，①，②，③ を連立させることにより Q_1, Q_2, Q_3 を求めてもよい．

4.4 (1) 2 つのコンデンサー C_1, C_2 がもつ静電エネルギーの和 U_1 は，

$$U_1 = \frac{Q_0^2}{2C} + \frac{Q_0^2}{2(2C)} = \frac{3Q_0^2}{4C}$$

(2) 十分に時間が経ったのちの C_1, C_2 に蓄えられる電荷を図 D.16 のようにそれぞれ Q_1, Q_2 とおくと，図 D.16 の点線内の電荷保存の法則より，

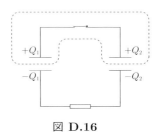

図 **D.16**

$$Q_1 + Q_2 = 2Q_0 \qquad\text{———①}$$

となる．また，C_1, C_2 の極板間の電圧は等しいので，

$$\frac{Q_1}{C} = \frac{Q_2}{2C} \qquad\text{———②}$$

①，② を連立させて，

$$Q_1 = \frac{2}{3} Q_0 \ [\mathrm{C}], \ Q_2 = \frac{4}{3} Q_0 \ [\mathrm{C}]$$

よって，スイッチ S を閉じてから十分に時間が経ったのちのコンデンサーに蓄えられる静電エネルギー U_2 は，

$$
\begin{aligned}
U_2 &= \frac{Q_1^2}{2C} + \frac{Q_2^2}{2(2C)} \\
&= \frac{2Q_0^2}{9C} + \frac{4Q_0^2}{9C} \\
&= \frac{2Q_0^2}{3C} \ [\mathrm{J}]
\end{aligned}
$$

(3) スイッチ S を閉じる前後での静電エネルギーの変化量 $\Delta U = U_2 - U_1$ は，

$$
\begin{aligned}
\Delta U &= U_2 - U_1 \\
&= \frac{2Q_0^2}{3C} - \frac{3Q_0^2}{4C} \\
&= -\frac{Q_0^2}{12C} \ [\mathrm{J}]
\end{aligned}
$$

4.5 (1) C_1, C_2, C_3 に蓄えられる電荷を図 D.17 のように Q_1, Q_2, Q_3 とおく．図 D.17 の点線内において電荷保存の法則より，

$$
-Q_1 + Q_2 = 0 \qquad \text{———①}
$$

また，電圧の関係より，

$$
\frac{Q_1}{C} + \frac{Q_2}{2C} = 0 \qquad \text{———②}
$$

①，②を連立させて，

$$
Q_1 = Q_2 = \frac{2}{3}CV
$$

また，

$$
Q_3 = 0
$$

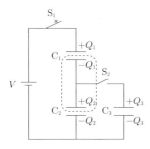

図 **D.17**

(2) C_1, C_2, C_3 に蓄えられる電荷を図 D.18 のように Q_1', Q_2', Q_3' とおく．スイッチ S_1

を開いてスイッチ S_2 を閉じたとき，C_1 に蓄えられた電荷は移動できないので，

$$
Q_1' = Q_1 = \frac{2}{3}CV
$$

図 D.18 の点線内で電荷保存の法則より，

$$
Q_2' + Q_3' = Q_2 + Q_3 = \frac{2}{3}CV
$$

$$
\text{———③}
$$

また，電圧の関係より，

$$
\frac{Q_2'}{2C} = \frac{Q_3'}{C} \qquad \text{———④}
$$

③，④を連立させて，

$$
Q_2' = \frac{4}{9}CV, \qquad Q_3' = \frac{2}{9}CV
$$

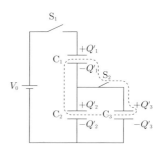

図 **D.18**

4.6 誘電体を挿入した後の電気容量は $C = \varepsilon_r C_0$ である．

(1) スイッチ S は閉じたままなので，誘電体の挿入する前後での極板間の電圧は等しい．よって，

$$
\text{電圧}：V
$$

$$
\text{電気量}：Q = CV = \varepsilon_r C_0 V
$$

(2) スイッチ S は開いているので電荷の移動はおきず，コンデンサーに蓄えられている電荷は変化しない．よって，

$$
\text{電気量}：Q = C_0 V
$$

$$
\text{電圧}：\frac{Q}{C} = \frac{C_0 V}{\varepsilon_r C_0} = \frac{1}{\varepsilon_r}V
$$

4.7　(1)　極板の電荷密度 σ は

$$\sigma = \frac{Q}{S}$$

となるので, 極板間の電場の強さ E_0 は

$$E_0 = \frac{\sigma}{\varepsilon_0} = \frac{Q}{\varepsilon_0 S}$$

となる. よって, 極板間の電圧 V_0 は,

$$V_0 = E_0 l = \frac{Ql}{\varepsilon_0 S}$$

となるので, コンデンサーの電気容量 C_0 は,

$$C_0 = \frac{Q}{V_0} = \frac{\varepsilon_0 S}{l}$$

(2)　E_1 は (1) の E_0 と等しく,

$$E_1 = \frac{Q}{\varepsilon_0 S}$$

また, 導体内部の電場の強さは 0 なので,

$$E_2 = 0$$

よって, 極板間の電圧 V_1 は,

$$V_1 = E_1(l-d) + E_2 d = \frac{Q(l-d)}{\varepsilon_0 S}$$

となるので, コンデンサーの電気容量 C_1 は,

$$C_1 = \frac{Q}{V_1} = \frac{\varepsilon_0 S}{l-d}$$

(3)　C_0 と C_1 の比は

$$\frac{C_1}{C_0} = \frac{\dfrac{\varepsilon_0 S}{l-d}}{\dfrac{\varepsilon_0 S}{l}} = \frac{l}{l-d}$$

となるので, $\dfrac{l}{l-d}$ 倍となる.

4.8　(1)　極板の電荷密度 σ は,

$$\sigma = \frac{Q}{S}$$

となるので, 誘電体の誘電率を ε とおくと, 極板間の真空部分と誘電体中の電場の強さ E_1, E_2 はそれぞれ

$$E_1 = \frac{\sigma}{\varepsilon_0} = \frac{Q}{\varepsilon_0 S}$$
$$E_2 = \frac{\sigma}{\varepsilon} = \frac{Q}{\varepsilon S} = \frac{Q}{\varepsilon_0 \varepsilon_r S}$$

(2)　極板間の電圧 V は,

$$V = E_1(l-d) + E_2 d$$
$$= \left(\frac{l-d}{\varepsilon_0 S} + \frac{d}{\varepsilon_0 \varepsilon_r S} \right) Q$$
$$= \frac{Q}{\varepsilon_0 S} \left(l - d + \frac{d}{\varepsilon_r} \right)$$

(3)　コンデンサーの電気容量 C は,

$$C = \frac{Q}{V}$$
$$= \frac{\varepsilon_0 S}{l - d + \dfrac{d}{\varepsilon_r}}$$
$$= \frac{\varepsilon_0 \varepsilon_r S}{\varepsilon_r(l-d) + d}$$

(4)　コンデンサー C_1, C_2 の電気容量はそれぞれ,

$$C_1 = \frac{\varepsilon_0 S}{l-d}$$
$$C_2 = \frac{\varepsilon_0 \varepsilon_r S}{d}$$

となる. よって, この 2 つのコンデンサーを直列に接続したときの電気容量を C とすると,

$$\frac{1}{C} = \frac{1}{C_1} + \frac{1}{C_2}$$
$$= \frac{l-d}{\varepsilon_0 S} + \frac{d}{\varepsilon_0 \varepsilon_r S}$$
$$= \frac{\varepsilon_r(l-d) + d}{\varepsilon_0 \varepsilon_r S}$$

となるので,

$$C = \frac{\varepsilon_0 \varepsilon_r S}{\varepsilon_r(l-d) + d}$$

となり, (3) の結果と一致する.

第 5 章

5.1　(1)　$\cdots vt$

(2)　$\cdots nSvt$

(3)　$\cdots enSvt$

(4)　$\cdots enSv$

(5)　$\cdots \dfrac{V}{l}$

(6)　$\cdots \dfrac{eV}{l}$

(7) $\cdots \dfrac{eV}{kl}$

(8) $\cdots \dfrac{kl}{ne^2 S}$

(9) $\cdots \dfrac{k}{ne^2}$

5.2 (1) 2 つの抵抗が並列に接続されているとき，それぞれの抵抗にかかる電圧は等しい．よって，それぞれの抵抗にかかる電圧を V とすると，$I_1 = \dfrac{V}{R_1}$, $I_2 = \dfrac{V}{R_2}$ なので，

$$I_1 : I_2 = \dfrac{V}{R_1} : \dfrac{V}{R_2} = R_2 : R_1$$

また，

$$P_1 : P_2 = I_1 V : I_2 V = I_1 : I_2 = R_2 : R_1$$

(2) 2 つの抵抗が直列に接続されているとき，それぞれの抵抗を流れる電流は等しい．よって，それぞれの抵抗を流れる電流を I とすると，$V_1 = R_1 I$, $V_2 = R_2 I$ なので，

$$V_1 : V_2 = R_1 I : R_2 I = R_1 : R_2$$

また，

$$P_1 : P_2 = I V_1 : I V_2 = V_1 : V_2 = R_1 : R_2$$

5.3 〔1〕(1) AB 間の合成抵抗を R とおくと，

$$\dfrac{1}{R} = \dfrac{1}{30 + 70} + \dfrac{1}{20 + 30} = \dfrac{3}{100}$$
$$\therefore R = \dfrac{100}{3} = 33 \ \Omega$$

(2) 点 B を電位の基準とする．抵抗 R_1 および R_2 を流れる電流 I_1 は，

$$I_1 = \dfrac{10}{30 + 70} = 0.10 \ \text{A}$$

となるので，点 C の電位 V_C は，

$$V_C = 70 \times 0.10 = 7.0 \ \text{V}$$

同様にして，抵抗 R_3 および R_4 を流れる電流 I_2 は，

$$I_2 = \dfrac{10}{20 + 30} = 0.20 \ \text{A}$$

となるので，点 D の電位 V_D は，

$$V_D = 30 \times 0.20 = 6.0 \ \text{V}$$

となる．よって，CD 間の電位差 V_{CD} は，

$$V_{CD} = V_C - V_D = 7.0 - 6.0 = 1.0 \ \text{V}$$

(2)(1) スイッチ S を閉じると CD 間に電流は流れるが，CD 間の抵抗は 0 なので，CD 間の電圧は $V_{CD} = 0$ となる．

(2) 抵抗 R_1, R_3 を流れる電流をそれぞれ I_1, I_2, C から D に流れる電流（スイッチ S を流れる電流）を I とすると，抵抗 R_2 を流れる電流は $I_1 - I$, 抵抗 R_4 を流れる電流は $I_2 + I$ となる．よって，キルヒホッフの第 2 法則を示す式は

$$30 I_1 = 20 I_2$$
$$70(I_1 - I) = 30(I_2 + I)$$
$$\therefore 30 I_1 + 70(I_1 - I) = 10$$

となるので，これらを連立させて解くと，

$$I = \dfrac{1}{33} = 0.0303 \cdots = 0.030 \text{A}$$

(3) (2) より，R_1, R_2 を流れる電流の大きさはそれぞれ

$$I_1 = \dfrac{4}{33} = 0.121 \cdots = 0.12 \text{A}$$
$$I_2 = \dfrac{2}{11} = 0.181 \cdots = 0.18 \text{A}$$

5.4 (1) 抵抗を流れる電流の大きさを I_1 とする．キルヒホッフの第 2 法則を示す式より，

$$E - r I_1 + E - r I_1 - R I_1 = 0$$
$$\therefore \ I_1 = \dfrac{2E}{2r + R}$$

(2) 抵抗を流れる電流の大きさを I_2 とする．明らかに電池を流れる電流は $\dfrac{1}{2} I_2$ となる．よって，キルヒホッフの第 2 法則を示す式より，

$$E - r \left(\dfrac{1}{2} I_2 \right) - R I_2 = 0$$
$$\therefore \ I_2 = \dfrac{E}{\frac{1}{2} r + R} = \dfrac{2E}{r + 2R}$$

5.5　それぞれの抵抗を流れる電流の向きを図 D.19 のように，その大きさをそれぞれ I_1, I_2, I_3 とおく．

分岐点 A での電流の関係式はキルヒホッフの第 1 法則より，

$$I_1 + I_2 = I_3 \qquad\text{———①}$$

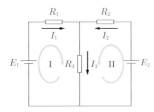

図 D.19

図 D.19 の閉回路 I, II におけるキルヒホッフの第 2 法則を示す式はそれぞれ，

$$12 - 4I_1 - 6I_3 = 0 \qquad\text{———②}$$
$$2 - 8I_2 - 6I_3 = 0 \qquad\text{———③}$$

①，②，③を連立させて，

$$I_1 = 1.5\,\text{A}$$
$$I_2 = -0.50\,\text{A}$$
$$I_3 = 1.0\,\text{A}$$

以上より，それぞれの抵抗を流れる電流の向きと大きさは，これらを連立させて，

R$_1$：向き…右向き，大きさ…1.5A

R$_2$：向き…右向き，大きさ…0.50A

R$_3$：向き…下向き，大きさ…1.0A

5.6　検流計 G を流れる電流が 0 なので，抵抗 R_1, R_3 を流れる電流は等しく I_1，抵抗 R_2, R_4 を流れる電流は等しく I_2 とおく．よって，キルヒホッフの第 2 法則を示す式は，

$$I_1 R_1 = I_2 R_2$$
$$I_1 R_3 = I_2 R$$

となる．よって，

$$\frac{R_1}{R_3} = \frac{R_2}{R}$$
$$\therefore\ R = \frac{R_2 R_3}{R_1} = \frac{6.0 \times 10}{20} = 3.0\ \Omega$$

5.7　(1)(i)　電流計を流れる電流は，抵抗を流れる電流と電圧計を流れる電流の和となるので，

$$I_1 = \frac{V_1}{R_0} + \frac{V_1}{r_\text{V}}$$
$$= \left(\frac{1}{R_0} + \frac{1}{r_\text{V}} \right) V_1$$

(ii)　測定値より得られる抵抗値を R_1 とおくと，

$$R_1 = \frac{V_1}{I_1}$$
$$= \frac{1}{\frac{1}{R_0} + \frac{1}{r_\text{V}}}$$
$$= \frac{R_0 r_\text{V}}{R_0 + r_\text{V}}$$

となるので，この場合の相対誤差 ε_1 は，

$$\varepsilon_1 = \frac{\left| \dfrac{R_0 r_\text{V}}{R_0 + r_\text{V}} - R_0 \right|}{R_0} = \frac{R_0}{R_0 + r_\text{V}}$$

(iii)　相対誤差 ε_1 を小さくするためには，R_0 に比べて r_V が大きい方が良い．

(2) (i)　電圧計の測定値は，電流計での電圧降下と抵抗での電圧降下の和となるので，

$$V_2 = r_\text{A} I_2 + R_0 I_2$$
$$= (r_\text{A} + R_0) I_2$$

(ii)　測定値より得られる抵抗値を R_2 とおくと，

$$R_2 = \frac{V_2}{I_2}$$
$$= R_0 + r_\text{A}$$

となるので，この場合の相対誤差 ε_2 は，

$$\varepsilon_2 = \frac{|(R_0 + r_\text{A}) - R_0|}{R_0} = \frac{r_\text{A}}{R_0}$$

(iii)　相対誤差 ε_2 を小さくするためには，R_0 に比べて r_A が小さい方が良い．

5.8　(1)　キルヒホッフの第 2 法則を示す式は，

$$E - rI - RI = 0$$

となるので,
$$I = \frac{E}{R+r}$$

となる. よって, 抵抗での消費電力 P は,

$$\begin{aligned} P &= IV \\ &= RI^2 \\ &= R\left(\frac{E}{R+r}\right)^2 \\ &= \frac{E^2 R}{(R+r)^2} \end{aligned}$$

(2) $P = P(R) = \dfrac{E^2 R}{(R+r)^2}$ の両辺を R で微分して

$$\begin{aligned} \frac{dP}{dR} &= \frac{E^2(R+r)^2 - E^2 R \cdot 2(R+r)}{(R+r)^4} \\ &= -\frac{E^2(R-r)}{(R+r)^3} \end{aligned}$$

となる. よって, $\dfrac{dP}{dR} = 0$ となるのは $R = r$ のときであり, $R > 0$ での増減表は図 D.20 のようになる. よって, $R = r$ のとき, 消費電力 $P(R)$ は最大となり, その最大値は $\dfrac{E^2}{4r}$ となる.

R	0		r	
$\frac{dP}{dR}$		$+$	0	$-$
$P(R)$		↗		↘

図 D.20

第6章

6.1 磁場 $\overrightarrow{B}$ を成分表示すると $\overrightarrow{B} = (0, B, 0)$ となる.

(1)
$$\overrightarrow{v_1} = (0, 0, v)$$

なので,
$$\overrightarrow{v_1} \times \overrightarrow{B} = (-vB, 0, 0)$$

よって,
$$\overrightarrow{f_1} = (-qvB, 0, 0)$$

(2)
$$\overrightarrow{v_2} = \left(\frac{\sqrt{2}}{2}v, \frac{\sqrt{2}}{2}v, 0\right)$$

なので,
$$\overrightarrow{v_2} \times \overrightarrow{B} = \left(0, 0, \frac{\sqrt{2}}{2}vB\right)$$

よって,
$$\overrightarrow{f_2} = \left(0, 0, \frac{\sqrt{2}}{2}qvB\right)$$

(3)
$$\overrightarrow{v_3} = \left(0, \frac{\sqrt{3}}{2}v, \frac{1}{2}v\right)$$

なので,
$$\overrightarrow{v_3} \times \overrightarrow{B} = \left(-\frac{1}{2}vB, 0, 0\right)$$

よって,
$$\overrightarrow{f_3} = \left(-\frac{1}{2}qvB, 0, 0\right)$$

(4)
$$\overrightarrow{v_4} = (0, -v, 0)$$

なので,
$$\overrightarrow{v_4} \times \overrightarrow{B} = (0, 0, 0)$$

よって,
$$\overrightarrow{f_4} = (0, 0, 0)$$

6.2 (1) $1\mathrm{eV} = 1.6 \times 10^{-19}$ J なので,

$$\begin{aligned} 2.5 \times 10^3 \mathrm{eV} &= (2.5 \times 10^3) \times (1.6 \times 10^{-19}) \\ &= 4.0 \times 10^{-16}\mathrm{J} \end{aligned}$$

(2) 運動エネルギーは $K = \dfrac{1}{2}mv^2$ となるので,

$$\begin{aligned} v &= \sqrt{\frac{2K}{m}} \\ &= \sqrt{\frac{2 \times (4.0 \times 10^{-16})}{9.1 \times 10^{-31}}} \\ &= 2.96 \cdots \times 10^7 \\ &\fallingdotseq 3.0 \times 10^7 \mathrm{m/s} \end{aligned}$$

(3)　電子が電場から受ける力の向きは x 軸の負の向きとなるので，直進運動をさせるためには電子が磁場から受ける力の向きが x 軸の正の向きとなればよい．よって，磁場の向きは z 軸の負の向きとすればよい．また，電場から受ける力と磁場から受ける力がつりあえばいいので，磁場の大きさを B [T] とすれば $eE = evB$ より，

$$\begin{aligned}
B &= \frac{E}{v} \\
&= \frac{3.0 \times 10^4}{2.96 \times 10^7} \\
&= 1.01\cdots 10^{-3} \\
&\fallingdotseq 1.0 \times 10^{-3} \text{T}
\end{aligned}$$

6.3　(1)　$f = evB$

(2)　$N = (密度) \times (体積) = n\,(Sl) = nSl$

(3)　それぞれの自由電子が磁場から受ける力 f の和 F は，

$$F = (evB) \times (nSl) = evBnSl$$

となり，$I = enSv$ であるので，

$$F = IBl$$

となる．

6.4　(1)　金属棒が磁場から受ける力の向きが 図 D.21 の方向となるためには，磁場の向きは鉛直上向きでなければいけない．

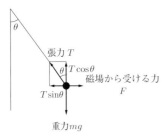

張力 T
θ　$T\cos\theta$
磁場から受ける力 F
$T\sin\theta$
重力 mg

図 D.21

(2)　金属棒にはたらく力は図 D.21 のように，重力 mg，張力 T と電流が磁場から受ける力 F である．力を水平方向と鉛直方向に分解してつりあいを考えると，

$$T\sin\theta = F$$
$$T\cos\theta = mg$$

となるので，

$$\tan\theta = \frac{F}{mg}$$

また，$F = IBl = \dfrac{VBl}{R}$ であるので，

$$\tan\theta = \frac{VBl}{mgR}$$

6.5　(1)　A，B の電流がつくる磁場をそれぞれ $\overrightarrow{B_{1A}}$，$\overrightarrow{B_{1B}}$ とおく．$\overrightarrow{B_{1A}}$，$\overrightarrow{B_{1B}}$ の向きはそれぞれ図 D.22 のようになり，大きさは，

$$|\overrightarrow{B_{1A}}| = \frac{\mu_0 I}{2\pi a}$$
$$|\overrightarrow{B_{1B}}| = \frac{\mu_0 I}{2\pi(3a)} = \frac{\mu_0 I}{6\pi a}$$

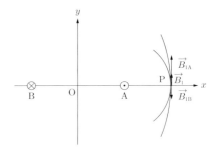

図 D.22

よって，点 P での磁場 $\overrightarrow{B_1}$ の

向き $\cdots y$ 軸の正の方向

大きさ $\cdots |\overrightarrow{B_1}| = \dfrac{\mu_0 I}{2\pi a} + \left(-\dfrac{\mu_0 I}{6\pi a}\right) = \dfrac{\mu_0 I}{3\pi a}$

(2)　A，B の電流がつくる磁場をそれぞれ $\overrightarrow{B_{2A}}$，$\overrightarrow{B_{2B}}$ とおく．$\overrightarrow{B_{2A}}$，$\overrightarrow{B_{2B}}$ の向きはそれぞれ図 D.23 のようになり，大きさは，

$$|\overrightarrow{B_{2A}}| = \frac{\mu_0 I}{2\pi(\sqrt{2}a)} = \frac{\mu_0 I}{2\sqrt{2}\pi a}$$
$$|\overrightarrow{B_{2B}}| = \frac{\mu_0 I}{2\pi(\sqrt{2}a)} = \frac{\mu_0 I}{2\sqrt{2}\pi a}$$

よって，点 Q での磁場 $\overrightarrow{B_2}$ の

向き $\cdots y$ 軸の負の方向

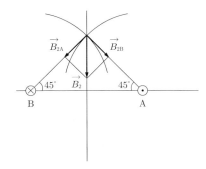

図 **D.23**

$$大きさ \cdots |\overrightarrow{B_1}| = |\overrightarrow{B_{2A}}| \times \sqrt{2} = \frac{\mu_0 I}{2\pi a}$$

（別解）

(1)
$$\overrightarrow{B_{1A}} = \left(0, \frac{\mu_0 I}{2\pi a}, 0\right)$$

$$\overrightarrow{B_{1B}} = \left(0, -\frac{\mu_0 I}{2\pi (3a)}, 0\right) = \left(0, -\frac{\mu_0 I}{6\pi a}, 0\right)$$

$$\therefore \ \overrightarrow{B_1} = \overrightarrow{B_{1A}} + \overrightarrow{B_{1B}} = \left(0, \frac{\mu_0 I}{3\pi a}, 0\right)$$

(2)
$$\overrightarrow{B_{2A}}$$
$$= \left(-|\overrightarrow{B_{2A}}| \cos 45^\circ, -|\overrightarrow{B_{2A}}| \sin 45^\circ, 0\right)$$
$$= \left(-\frac{\mu_0 I}{4\pi a}, -\frac{\mu_0 I}{4\pi a}, 0\right)$$
$$\overrightarrow{B_{2B}}$$
$$= \left(|\overrightarrow{B_{2B}}| \cos 45^\circ, -|\overrightarrow{B_{2B}}| \sin 45^\circ, 0\right)$$
$$= \left(\frac{\mu_0 I}{4\pi a}, -\frac{\mu_0 I}{4\pi a}, 0\right)$$

$$\therefore \ \overrightarrow{B_2} = \overrightarrow{B_{2A}} + \overrightarrow{B_{2B}} = \left(0, -\frac{\mu_0 I}{2\pi a}, 0\right)$$

6.6　導線 A に流れる電流によってコイルの中心 O につくられる磁場 $\overrightarrow{B_1}$ の

　　向き $\cdots$ 紙面に垂直で表から裏に向かう向き
　　大きさ $\cdots B_1 = \dfrac{\mu_0 I}{2\pi (2R)} = \dfrac{\mu_0 I}{4\pi R}$

点 O の磁場を $\overrightarrow{0}$ とするためには，コイル B によってコイルの中心につくられる磁場 $\overrightarrow{B_2}$ の向きは $\overrightarrow{B_1}$ の反対向きであればいいので，コイルに流れる電流の向きは (a)．また，コイルに流れる電流の大きさを I' とすれば，$\overrightarrow{B_2}$ の大きさ

B_2 は
$$B_2 = \frac{\mu_0 I'}{2R}$$

となり，$B_1 = B_2$ であるためには，
$$\frac{\mu_0 I}{4\pi R} = \frac{\mu_0 I'}{2R}$$
$$\therefore I' = \frac{I}{2\pi}$$

6.7　(1)　電流密度は $i = I/(\text{断面積})$ となるので，
$$i = \frac{I}{\pi R^2}$$

(2) (i)　$r < R$ のとき
　　半径 r の内部に流れる電流は，
$$I(r) = i \times \pi r^2 = \frac{I}{\pi R^2} \times \pi r^2 = \frac{r^2}{R^2} I$$

(ii)　$r \geqq R$ のとき
　　半径 r の内部に流れる電流は，
$$I(r) = I$$

(3)　アンペールの法則より，

(i)　$r < R$ のとき，$\displaystyle\oint_{\mathrm{C}} \overrightarrow{B} \cdot d\overrightarrow{s} = \mu_0 I$ より，
$$B \cdot 2\pi r = \mu_0 \times \frac{r^2 I}{R^2}$$
$$\therefore B(r) = \frac{\mu_0 r I}{2\pi R^2}$$

(ii)　$r \geqq R$ のとき，$\displaystyle\oint_{\mathrm{C}} \overrightarrow{B} \cdot d\overrightarrow{s} = \mu_0 I$ より，
$$B \cdot 2\pi r = \mu_0 I$$
$$\therefore B(r) = \frac{\mu_0 I}{2\pi r}$$

(4)　$B(r)$ のグラフは図 D.24 のようになる．

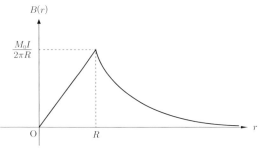

図 D.24

6.8　(1) $\dfrac{1}{2}mv^2 = eV$ より,

$$v^2 = \frac{2eV}{m}$$

$$\therefore\ v = \sqrt{\frac{2eV}{m}}$$

(2) 電子が磁場から受ける力 $f = evB$ が等速円運動の向心力となるので,

$$m\frac{v^2}{R} = evB$$

$$\therefore\ R = \frac{mv}{eB} = \frac{m}{eB}\sqrt{\frac{2eV}{m}} = \frac{1}{B}\sqrt{\frac{2mV}{e}}$$

(3) (2) より, $R^2 = \dfrac{2mV}{eB^2}$ であるので,

$$\begin{aligned}
\frac{e}{m} &= \frac{2V}{B^2 R^2}\\
&= \frac{2\times(1.0\times10^3)}{(1.0\times10^{-2})^2\times(1.1\times10^{-2})^2}\\
&\fallingdotseq 1.7\times10^{11}\ \text{C/kg}
\end{aligned}$$

（参考）

比電荷の値は正確には,

$$\frac{e}{m} = 1.758\cdots\times10^{11}\ \text{C/kg}$$

となる.

6.9　(1) 点 C の位置につくられる磁場 $\overrightarrow{B_1}$ の向きは図 D.25 のようになり, その大きさ B_1 は,

$$B_1 = \frac{\mu_0 I}{2\pi a} + \left(-\frac{\mu_0 I}{2\pi(2a)}\right) = \frac{\mu_0 I}{4\pi a}$$

よって, 導線 C が受ける力 $\overrightarrow{F_1}$ の向きとその大きさ F_1 は

向き $\cdots$ 右向き

大きさ$\cdots F_1 = IB_1 l = \dfrac{\mu_0 I^2 l}{4\pi a}$

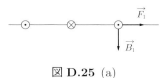

図 **D.25** (a)

(2) 点 C の位置につくられる磁場 $\overrightarrow{B_2}$ の向きは図 D.25(b) のようになり, その大きさ B_2 は,

$$B_2 = \frac{\mu_0 I}{2\pi a}\times(2\cos30^\circ\ ) = \frac{\sqrt{3}\mu_0 I}{2\pi a}$$

よって, 導線 C が受ける力 $\overrightarrow{F_2}$ の向きとその大きさ F_2 は

向き $\cdots$ 下向き

大きさ$\cdots F_2 = IB_2 l = \dfrac{\sqrt{3}\mu_0 I^2 l}{2\pi a}$

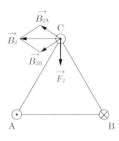

図 **D.25** (b)

6.10　閉回路の AB, BC, CD, DA が受ける力の向きはそれぞれ図 D.26 の方向となる. 明らかに, AD と BC が受ける力はつりあうので, AB と CD が受ける力の合力が閉回路 ABCD が受ける合力となる. AB, CD が受ける力の大きさをそれぞれ F_1, F_2 とすると,

$$F_1 = I_2\times\frac{\mu_0 I_1}{2\pi a}\times a = \frac{\mu_0 I_1 I_2}{2\pi}$$

$$F_2 = I_2\times\frac{\mu_0 I_1}{2\pi(2a)}\times a = \frac{\mu_0 I_1 I_2}{4\pi}$$

以上より, 閉回路 ABCD が受ける力の

向き $\cdots$ 右向き

大きさ $\cdots F = \dfrac{\mu_0 I_1 I_2}{2\pi} + \left(-\dfrac{\mu_0 I_1 I_2}{4\pi}\right)$

$$= \dfrac{\mu_0 I_1 I_2}{4\pi}$$

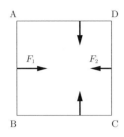

図 **D.26**

第 7 章

7.1　(1)　$\cdots \mathrm{Q} \to \mathrm{P}$

　　(2)　$\cdots \mathrm{P}$

　　(3)　$\cdots f_B = evB$

　　(4)　$\cdots \mathrm{Q} \to \mathrm{P}$

　　(5)　$\cdots eE$

　　(6)　$\cdots (E=)\, vB$

　　(7)　$\cdots (V=)\, vBl$

7.2　コイルを貫く磁束 Φ が増加したとき，レンツの法則よりコイルに流れる電流の向きは dcba の向き（時計回り）となるので，電流 I は負となる.

　(1)　$0 \le t < 1$ のとき

　　　コイルの磁場中に入っている部分の面積を $S(t)$ とすると,

$$S(t) = l \times (lt) = l^2 t$$

よって，コイルを貫く磁束 $\Phi(t)$ は,

$$\Phi(t) = B \cdot S(t) = Bl^2 t$$

となり，コイルに生じる誘導起電力 $V(t)$ は,

$$V(t) = -\dfrac{d\Phi}{dt} = -Bl^2$$

よって，コイルを流れる誘導電流 $I(t)$ は,

$$I(t) = \dfrac{V(t)}{R} = -\dfrac{Bl^2}{R}$$

　(2)　$1 \le t < 2$ のとき

　　　コイルの磁場中に入っている部分の面積を $S(t)$ とすると，コイルはすべて磁場に入っているので,

$$S(t) = l \times l = l^2$$

よって，コイルを貫く磁束 $\Phi(t)$ は,

$$\Phi(t) = B \cdot S(t) = Bl^2$$

となり，コイルに生じる誘導起電力 $V(t)$ は,

$$V(t) = -\dfrac{d\Phi}{dt} = 0$$

コイルを流れる誘導電流 $I(t)$ は,

$$I(t) = \dfrac{V(t)}{R} = 0$$

　(3)　$2 \le t < 3$ のとき

　　　コイルの磁場中に入っている部分の面積を $S(t)$ とすると，図 D.27 より,

$$S(t) = l \times (3l - lt) = l^2(3 - t)$$

よって，コイルを貫く磁束 $\Phi(t)$ は,

$$\Phi(t) = B \cdot S(t) = Bl^2(3 - t)$$

となり，コイルに生じる誘導起電力 $V(t)$ は,

$$V(t) = -\dfrac{d\Phi}{dt} = Bl^2$$

コイルを流れる誘導電流 $I(t)$ は,

$$I(t) = \dfrac{V(t)}{R} = \dfrac{Bl^2}{R}$$

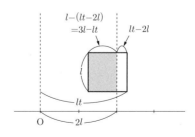

図 **D.27**

(4) $3 \leqq t$ のとき

コイルの磁場中に入っている部分の面積を $S(t)$ とすると，コイルは完全に磁場が存在する領域から出てしまっているので，

$$S(t) = 0$$

よって，コイルを貫く磁束 $\Phi(t)$，コイルに生じる誘導起電力 $V(t)$ はともに 0 となり，コイルを流れる誘導電流 $I(t)$ は，

$$I(t) = 0$$

7.3 コイルの面積 $S = a \times a = a^2$ であるので，コイルを貫く磁束 $\Phi(t)$ は，

$$\Phi(t) = B(t) \times S = B_0 a^2 \sin \omega t$$

であるので，誘導起電力 $V(t)$ は，

$$V(t) = -\frac{d\Phi}{dt} = -B_0 a^2 \omega \cos \omega t$$

7.4 (1) 図 D.28 のように，点 O から x の位置にある自由電子は導体棒とともに磁場中を運動するので，磁場から力を受ける。この自由電子の速さは $v = x \times \omega$ となり，磁場から受ける力の向きは O $\rightarrow$ P となる。よって，点 P 側が負に帯電し，点 O 側が正に帯電するので，電位が高いのは点 O の方となる。

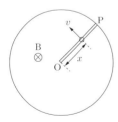

図 D.28

(2) 電子の電荷を $-e$ とすれば，点 O から x の位置にある自由電子が磁場から受ける力の大きさ f_B は，

$$f_B = evB = ex\omega B$$

となる。一方，自由電子の移動により導体棒中には O $\rightarrow$ P の向きに電場が生じ，自由電

子が電場から受ける力 f_E と磁場から受ける力 f_B がつりあったところで自由電子の移動はなくなる。このときの電場の強さを E とすると，$f_E = eE$ であるので，

$$ex\omega B = eE$$

$$\therefore \ E = B\omega x$$

よって，このときの OP 間の電位差 V は，点 P より点 O の方が高電位であることを考慮に入れて，

$$V = -\int_l^0 E dx = \int_0^l B\omega x dx = \frac{1}{2}Bl^2\omega$$

7.5 (1) スイッチ S を S_1 に接続した直後は誘導起電力は 0 であり，導体棒 PQ には Q$\rightarrow$P の向きに $I = \dfrac{E}{R}$ の電流が流れる。よって，導体棒 PQ には図 D.29 の向きに大きさ

図 D.29

$$F = IBl = \frac{EBl}{R}$$

の力を受け，この力により導体棒は坂をのぼりはじめる。導体棒 PQ には電池とは逆向きの起電力が生じ，導体棒 PQ の速さが増すにつれ，誘導起電力の大きさが増加する。導体棒の速さが v のときの導体棒 PQ に生じる誘導起電力の大きさは，

$$V = vBl \cos \theta$$

よって，回路に流れる電流の大きさは，

$$I = \frac{E - V}{R} = \frac{E - vBl \cos \theta}{R}$$

導体棒 PQ が磁場から受ける力の大きさは，

$$F = IBl = \frac{(E - vBl \cos \theta)Bl}{R}$$

導体棒の速さが一定になるとき，導体棒にはたらく力はつりあっているので，斜面に平行な方向の力のつりあいより，

$$mg \sin\theta = F \cos\theta$$

$$mg \sin\theta = \frac{(E - v_1 Bl \cos\theta)Bl \cos\theta}{R}$$

$$\frac{mgR \sin\theta}{Bl \cos\theta} = E - v_1 Bl \cos\theta$$

$$v_1 Bl \cos\theta = E - \frac{mgR \sin\theta}{Bl \cos\theta}$$

$$\therefore\ v_1 = \frac{1}{Bl \cos\theta}\left(E - \frac{mgR \tan\theta}{Bl}\right)$$

(2) スイッチ S を S_2 に接続してしばらくすると，導体棒 PQ はレールをすべり下りる．導体棒の速さが v になったときの導体棒 PQ に生じる誘導起電力の大きさは，

$$V = vBl \cos\theta$$

であり，回路に流れる電流の向きは Q→P で，大きさは，

$$I = \frac{V}{R} = \frac{vBl \cos\theta}{R}$$

導体棒の速さが一定になるとき，導体棒にはたらく力はつりあっているので，斜面に平行な方向の力のつりあいより，

$$mg \sin\theta = IBl \cos\theta$$

$$mg \sin\theta = \left(\frac{v_2 Bl \cos\theta}{R}\right)Bl \cos\theta$$

$$\therefore\ v_2 = \frac{mgR \tan\theta}{B^2 l^2 \cos\theta}$$

7.6 (1)　$0 \leqq t < 0.020$ のとき

コイル L_2 に生じる誘導起電力の大きさ V_2 は，

$$V_2 = \left|-0.50 \times \frac{0.40}{0.020}\right| = 10\ \text{V}$$

また，コイル L_1 を流れる電流が増加すると，コイル L_2 を右向きに貫く磁束が増加するので，コイル L_2 には左向きに貫く磁束をつくる電流が流れようとする．よって，X の方が Y より電位が高い．以上より，

$$V_2 = 10\ \text{V}$$

(2)　$0.020 \leqq t < 0.040$ のとき

コイル L_2 に生じる誘導起電力の大きさ V_2 は，

$$V_2 = \left|-0.50 \times \frac{0}{0.020}\right| = 0\ \text{V}$$

(3)　$0.040 \leqq t < 0.080$ のとき

コイル L_2 に生じる誘導起電力の大きさ V_2 は，

$$V_2 = \left|-0.50 \times \frac{0 - 0.40}{0.040}\right| = 5.0\ \text{V}$$

また，コイル L_1 を流れる電流が減少すると，コイル L_2 を右向きに貫く磁束が減少するので，コイル L_2 には右向きに貫く磁束をつくる電流が流れようとする．よって，X の方が Y より電位が低い．以上より，

$$V_2 = -5.0\ \text{V}$$

7.7 (1)　スイッチを S_1 に入れた後，コイルに流れる電流はしだいに増加するので，コイル内には A→B の方向の磁束が増加する．銅線の輪を貫く磁束も A→B 方向に増加するので，それを妨げる方向，つまりコイルとは逆方向の電流が流れる．

(2)　図 D.30(a) のようになるので，銅線の輪が受ける力は（ロ）の向きとなり，輪は（ロ）の向き（コイルから遠ざかる向き）に動く．

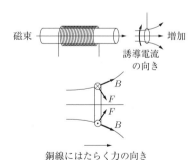

図 D.30 (a)

(3)　スイッチを S_1 に開いた直後，コイルに流れる電流はしだいに減少するので，コイル内には A→B の方向の磁束が減少する．よっ

て，銅線の輪を貫く磁束も A→B 方向に減少するので，それを妨げる方向，つまり (1) での方向とは逆向きに電流が流れる．よって，図 D.30(b) のようになるので，銅線の輪が受ける力は (イ) の向きとなり，輪は (イ) の向き（コイルに近づく向き）に動く．

(4) スイッチを S_2 に入れた場合も同様に考えて，銅線の輪は (1) と同様にコイルから遠ざかる向きに力を受ける．よって，輪は同様に (ロ) の向き（コイルから遠ざかる向き）に動く．

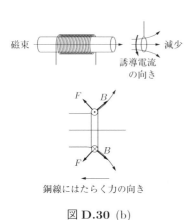

図 **D.30** (b)

7.8 〔1〕(1) キルヒホッフの第 2 法則を示す式より，

$$V_0 - RI - L\frac{dI}{dt} = 0$$

(2) (1) より，

$$\frac{dI}{dt} = \frac{V_0 - RI}{L}$$

変数分離法を用いて解くと，

$$\int \frac{1}{V_0 - RI}dI = \int \frac{1}{L}dt$$

$$-\frac{1}{R}\log|V_0 - RI| = \frac{1}{L}t + C'$$

$$\therefore \ \log|V_0 - RI| = -\frac{R}{L}t + C''$$

明らかに，$V_0 > RI$ なので，

$$V_0 - RI = Ce^{-\frac{R}{L}t}$$

$$I = \frac{1}{R}\left(V_0 - Ce^{-\frac{R}{L}t}\right)$$

初期条件 $t = 0$ のとき $I = 0$ より，$C = V_0$ となる．よって，

$$I(t) = \frac{V_0}{R}\left(1 - e^{-\frac{R}{L}t}\right)$$

(3) $t \to \infty$ のとき，$I \to \dfrac{V_0}{R}$ となるので，$I_0 = \dfrac{V_0}{R}$

〔2〕(1) キルヒホッフの第 2 法則を示す式は

$$-RI - L\frac{dI}{dt} = 0$$

(2) (1) の微分方程式を解くと，

$$\frac{dI}{dt} = -\frac{R}{L}I$$

$$\int \frac{1}{I}dI = -\frac{R}{L}\int dt$$

$$\log|I| = -\frac{R}{L}t + C_2'$$

$$\therefore \ I = C_2 e^{-\frac{R}{L}t}$$

初期条件 $t = t_1$ のとき，$I = I_0$ より，$I_0 = C_2 e^{-\frac{R}{L}t_1}$ なので，$C_2 = I_0 e^{\frac{R}{L}t_1}$ となる．よって，

$$I(t) = I_0 e^{-\frac{R}{L}(t-t_1)}$$

〔3〕グラフは図 D.31 のようになる．

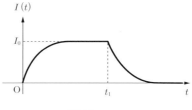

図 **D.31**

第 8 章

8.1 〔1〕(1) AB 間の電位差は $Q = CV$ より，$V = \dfrac{Q}{C}$ となり，点 A は点 B よりも電位が高くなるので，

$$V_1 = \frac{Q}{C}$$

(2) コンデンサーに蓄えられる電荷 Q とコンデンサーに流れこむ電流 I の関係を示す式は，

$$I = \frac{dQ}{dt}$$

（参考）
もし，図 D.32(a) のように電流の向きを逆においたとき，点 B を基準としたときの点 A の電位は $V_1 = \dfrac{Q}{C}$ であるが，コンデンサーに蓄えられる電荷 Q とコンデンサーに流れこむ電流 I の関係を示す式は，$I = -\dfrac{dQ}{dt}$ となる。

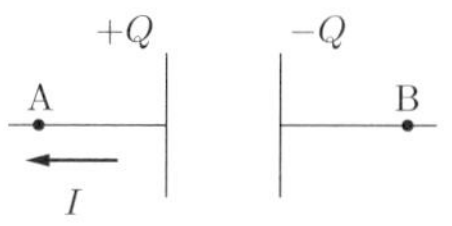

$$+Q \quad -Q$$

図 D.32 (a)

〔2〕(1) コイルを流れる電流が変化すると，自己誘導によりコイルには誘導起電力が生じる。今，点 A，B の電位をそれぞれ V_A，V_B とすると，I が増加するときは $V_A > V_B$，I が減少するときは $V_A < V_B$ の起電力となる。よって，点 A の電位が点 B の電位よりも高くなるのは電流 I が増加するときとなる。

(2) 点 B を基準としたときの点 A の電位は，

$$V_2 = L\frac{dI}{dt}$$

（参考）
コイルの両端の電圧（電位差）について，図 D.32(b) の向きに電流を I をおいたとき，電圧降下の大きさは

$$L\frac{dI}{dt}$$

となる。

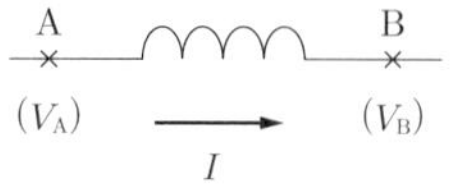

図 D.32 (b)

点 B を基準としたときの点 A の電位は
$$L\frac{dI}{dt}$$
点 A を基準としたときの点 B の電位は
$$-L\frac{dI}{dt}$$

となる。また，点 A，B のどちらが高電位になるかは電流の向きではなく，$\dfrac{dI}{dt}$ の符号（電流の増減）によって決まる。つまり，

$$\frac{dI}{dt} > 0 \text{ ならば，} V_2 = V_A - V_B > 0$$
$$\rightarrow \text{点 A の方が点 B よりも高電位}$$
$$\frac{dI}{dt} < 0 \text{ ならば，} V_2 = V_A - V_B < 0$$
$$\rightarrow \text{点 A の方が点 B よりも低電位}$$

となる。また，$\dfrac{dI}{dt} = 0$ のときは（一定の電流が流れているとき），コイルの両端の電圧（電位差）は 0 となる。

8.2 (1)
$$V_1 = RI = RI_0 \sin\omega t$$
$$V_2 = L\frac{dI}{dt} = \omega L I_0 \cos\omega t$$

(2)
$$V = V_1 + V_2$$
$$= RI_0 \sin\omega t + \omega L I_0 \cos\omega t$$
$$= I_0 \sqrt{R^2 + (\omega L)^2} \sin(\omega t + \phi)$$
$$\left(\text{ただし，} \tan\phi = \frac{\omega L}{R} \right)$$

(3)

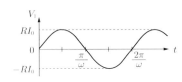

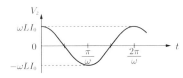

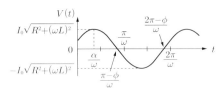

図 D.33

8.3　(A)　コイルを接続した場合

〔1〕　十分に時間が経ったのちには，コイルに生じる起電力は 0 なので，$V = RI$ より，

$$I = \frac{V}{R}$$

〔2〕(1)　回路を流れる電流は

抵抗での電圧降下 $\cdots V_R = RI$

コイルでの電圧降下 $\cdots V_L = L\dfrac{dI}{dt}$

キルヒホッフの第 2 法則を示す式は

$$V - RI - L\frac{dI}{dt} = 0$$

となり，

$$L\frac{dI}{dt} + RI = V_0 \sin\omega t$$

となる．この微分方程式は 1 階線形非同次微分方程式となり，右辺を 0 とした同次形の解は $t \to \infty$ のとき $I \to 0$ となるので，十分に時間が経ったのちの回路に流れる電流は，非同次形の特解のみを求めればよい．ここで，方程式の特解を，$I(t) = A_1 \sin\omega t + B_1 \cos\omega t$ とおくと，

$$\frac{dI}{dt} = A_1\omega\cos\omega t - B_1\omega\sin\omega t$$

方程式に代入して，

$$L(A_1\omega\cos\omega t - B_1\omega\sin\omega t)$$
$$+ R(A_1\sin\omega t + B_1\cos\omega t) - V_0\sin\omega t$$
$$= 0$$

$$(-\omega L B_1 + R A_1 - V_0)\sin\omega t$$
$$+ (\omega L A_1 + R B_1)\cos\omega t = 0$$

よって，

$$\begin{cases} -\omega L B_1 + R A_1 - V_0 = 0 \quad\text{———①} \\ \omega L A_1 + R B_1 = 0 \quad\quad\quad\text{———②} \end{cases}$$

①，②を連立させて，

$$A_1 = \frac{R V_0}{R^2 + (\omega L)^2}$$
$$B_1 = -\frac{\omega L V_0}{R^2 + (\omega L)^2}$$

以上より，

$$I(t) = \frac{R V_0}{R^2 + (\omega L)^2}\sin\omega t$$
$$- \frac{\omega L V_0}{R^2 + (\omega L)^2}\cos\omega t$$

となる．よって，三角関数の合成の公式より，

$$I(t) = \frac{V_0}{\sqrt{R^2 + (\omega L)^2}}\sin(\omega t - \phi_1)$$
$$\left(\text{ただし，} \tan\phi_1 = \frac{\omega L}{R}\right)$$

(2)　この回路に流れる電流の最大値は

$$I_0 = \frac{V_0}{\sqrt{R^2 + (\omega L)^2}}$$

(3)　この回路のインピーダンス Z は

$$Z = \sqrt{R^2 + (\omega L)^2}$$

(B)　コンデンサーを接続した場合

〔1〕　十分に時間が経ったのちには，コンデンサーに電流は流れ込まないので，回路を流れる電流 $I = 0$ となる．

〔2〕(1)　コンデンサーに蓄えられている電荷を Q として，この瞬間の回路を流れる電流を I とすると，抵抗での電圧降下は $V_R = RI$

となり，コンデンサーの極板間の電位差は $V_C = \dfrac{Q}{C}$ となるので，キルヒホッフの第2法則を示す式より，

$$V - RI - \frac{Q}{C} = 0$$

$$\therefore\ Q = C(V - RI)$$

また，$I = \dfrac{dQ}{dt}$ なので代入して，

$$I = C\left(\frac{dV}{dt} - R\frac{dI}{dt}\right)$$

$V = V_0 \sin\omega t$ より，$\dfrac{dV}{dt} = \omega V_0 \cos\omega t$ なので，

$$I = C\left(\omega V_0 \cos\omega t - R\frac{dI}{dt}\right)$$

$$\therefore\ CR\frac{dI}{dt} + I = \omega C V_0 \omega s\omega t$$

となる．この方程式の解を，$I(t) = A_2 \sin\omega t + B_2 \cos\omega t$ とおくと，

$$\frac{dI}{dt} = A_2\omega\cos\omega t - B_2\omega\sin\omega t$$

となるので，方程式に代入して，

$$CR(A_2\omega\cos\omega t - B_2\omega\sin\omega t)$$
$$+(A_2\sin\omega t + B_2\cos\omega t)$$
$$= \omega C V_0 \cos\omega t$$

となる．よって，$\sin\omega t, \cos\omega t$ について整理すると

$$(-\omega CR B_2 + A_2)\sin\omega t + (\omega CR A_2$$
$$+B_2 - \omega C V_0)\cos\omega t = 0$$

となるので，

$$\begin{cases} -\omega CR B_2 + A_2 = 0 & \text{③} \\ \omega CR A_2 + B_2 - \omega C V_0 = 0 & \text{④} \end{cases}$$

③，④ を連立させて，

$$A_2 = \frac{(\omega C)^2 R}{1 + (\omega CR)^2}V_0$$
$$B_2 = \frac{\omega C}{1 + (\omega CR)^2}V_0$$

以上より，

$$I(t) = \frac{(\omega C)^2 R V_0}{1 + (\omega CR)^2}\sin\omega t$$
$$+ \frac{\omega C V_0}{1 + (\omega CR)^2}\cos\omega t$$

$$\therefore\ I(t) = \frac{V_0}{R_2 + \left(\dfrac{1}{\omega C}\right)^2}$$
$$\left\{R\sin\omega t + \left(\frac{1}{\omega C}\omega s\omega t\right)\right\}$$

三角関数の合成の公式より，

$$I(t) = \frac{V_0}{\sqrt{R^2 + \left(\dfrac{1}{\omega C}\right)^2}}\sin(\omega t + \phi_2)$$

$$\left(\text{ただし，}\tan\phi_2 = \frac{1}{\omega CR}\right)$$

(2) この回路に流れる電流の最大値は

$$I_0 = \frac{V_0}{\sqrt{R^2 + \left(\dfrac{1}{\omega C}\right)^2}}$$

(3) この回路のインピーダンス Z は

$$Z = \sqrt{R^2 + \left(\frac{1}{\omega C}\right)^2}$$

8.4 (1) 抵抗を流れる電流 I_1：
キルヒホッフの第2法則を示す式より，$V = RI_1$ なので，

$$I_1 = \frac{V_0}{R}\sin\omega t$$

コイルを流れる電流 I_2：
コイルでの電圧降下は $L\dfrac{dI_2}{dt}$ なので，キルヒホッフの第2法則より，

$$V - L\frac{dI_2}{dt} = 0$$
$$\frac{dI_2}{dt} = \frac{V_0}{L}\sin\omega t$$
$$\therefore\ I_2 = -\frac{V_0}{\omega L}\cos\omega t$$

コンデンサーに流れこむ電流 I_3：
コンデンサーに蓄えられている電荷を Q とすると

$$Q = CV = CV_0\sin\omega t$$

また，コンデンサーに流れこむ電流を I_3 とする

と $I_3 = \dfrac{dQ}{dt}$ より,

$$I_3 = \omega C V_0 \cos \omega t$$

(2) 回路を流れる全電流 $I(t)$ は

$$
\begin{aligned}
I &= I_1 + I_2 + I_3 \\
&= \frac{V_0}{R} \sin \omega t + \left(-\frac{V_0}{\omega L} \right) \cos \omega t \\
&\qquad\qquad\qquad + \omega C V_0 \cos \omega t \\
&= V_0 \left\{ \frac{1}{R} \sin \omega t + \left(\omega C - \frac{1}{\omega L} \right) \cos \omega t \right\}
\end{aligned}
$$

三角関数の合成の公式より,

$$
\begin{aligned}
I &= \sqrt{ \left(\frac{1}{R} \right)^2 + \left(\omega C - \frac{1}{\omega L} \right)^2 } \\
&\qquad\qquad\qquad \times V_0 \sin(\omega t + \phi) \\
&\left(\text{ただし, } \tan \phi = \frac{\omega C - \dfrac{1}{\omega L}}{\dfrac{1}{R}} \right)
\end{aligned}
$$

(3) 電流の最大値を I_0 とすると,

$$I_0 = \sqrt{ \left(\frac{1}{R} \right)^2 + \left(\omega C - \frac{1}{\omega L} \right)^2 } \, V_0$$

となるので, この回路のインピーダンス Z は

$$Z = \frac{1}{\sqrt{ \left(\dfrac{1}{R} \right)^2 + \left(\omega C - \dfrac{1}{\omega L} \right)^2 }}$$

索　引

著者紹介

御法川幸雄 (みのりかわ ゆきお)

1967 年	神戸大学理学部理学研究科修了
1993 年	近畿大学理工学部教授
2008 年	近畿大学非常勤講師
現 在	フェニックスゼミ主幹兼講師
	理学博士
専 攻	宇宙線物理学
主 著	New Introduction to Physics (3rd Edition) (2007, 学術図書出版社)
	ベクトルで考え微積で解く基礎物理学 (2010, 現代図書)
	高校微積で解く医学部受験物理 (2011, ミヤオビパブリッシング)
	演習で理解する基礎物理学―力学― (2012, 共立出版)

新居毅人 (あらい たかひと)

2001 年	大阪府立大学大学院工学研究科博士後期課程修了
現 在	近畿大学理工学総合研究所准教授
	博士 (工学)
専 攻	非線形力学
主 著	ファンダメンタル物理学 電磁気・熱・波動 (2009, 共立出版)
	演習で理解する基礎物理学―力学― (2012, 共立出版)
	ファンダメンタル物理学 力学 (2013, 共立出版)

演習で理解する 基礎物理学
　　　　―電磁気学―

Understanding Fundamentals of Physics
with Exercises
―Electromagnetics―

2016 年 11 月 25 日　初版 1 刷発行

著　者　御法川幸雄・新居毅人 ⓒ 2016

発行者　南條光章

発行所　**共立出版株式会社**
郵便番号　112–0006
東京都文京区小日向 4-6-19
電話 03-3947-2511 （代表）
振替口座 00110-2-57035
URL http://www.kyoritsu-pub.co.jp/

印　刷　藤原印刷
製　本　協栄製本

一般社団法人
自然科学書協会
会員

検印廃止
NDC 427
ISBN 978–4–320–03599–7

Printed in Japan

■物理学関連書

http://www.kyoritsu-pub.co.jp/ 共立出版